全国科学技术名词审定委员会

公　　布

科学技术名词·自然科学卷（全藏版）

17

昆 虫 学 名 词

CHINESE TERMS IN ENTOMOLOGY

昆虫学名词审定委员会

国家自然科学基金资助项目

科 学 出 版 社

北 京

内 容 简 介

本书是全国科学技术名词审定委员会审定公布的昆虫学名词，内容包括：总论、昆虫分类与进化、昆虫外部形态、昆虫内部构造、昆虫发育与生活史、昆虫生态学、昆虫行为与信息化学、昆虫生理与生化、昆虫毒理与药理、昆虫病理学及蜱螨学 11 部分，共 2940 条。本书对每条词都给出了定义或注释。这些名词是科研、教学、生产、经营以及新闻出版等部门应遵照使用的昆虫学规范名词。

图书在版编目（CIP）数据

科学技术名词. 自然科学卷：全藏版 / 全国科学技术名词审定委员会审定.
—北京：科学出版社，2017.1
ISBN 978-7-03-051399-1

I. ①科⋯ II. ①全⋯ III. ①科学技术–名词术语 ②自然科学–名词术语
IV. ①N61

中国版本图书馆 CIP 数据核字（2016）第 314947 号

责任编辑：高素婷 / 责任校对：陈玉凤
责任印制：张 伟 / 封面设计：铭轩堂

科学出版社 出版
北京东黄城根北街 16 号
邮政编码：100717
http://www.sciencep.com
北京厚诚则铭印刷科技有限公司印刷
科学出版社发行 各地新华书店经销
＊
2017 年 1 月第 一 版 开本：787×1092 1/16
2017 年 1 月第一次印刷 印张：15 3/4
字数：450 000
定价：5980.00 元（全 30 册）
（如有印装质量问题，我社负责调换）

全国科学技术名词审定委员会
第四届委员会委员名单

特邀顾问：吴阶平　　钱伟长　　朱光亚　　许嘉璐

主　　任：卢嘉锡

副 主 任：路甬祥　　章　综　　邵立勤　　张尧学　　马　阳　　朱作言

　　　　　于永湛　　李春武　　王景川　　叶柏林　　傅永和　　汪继祥

　　　　　潘书祥

委　　员（以下按姓氏笔画为序）：

马大猷	王　夔	王大珩	王之烈	王永炎	王国政
王树岐	王祖望	王窝骧	韦　弦	方开泰	卢鉴章
叶笃正	田在艺	冯志伟	冯英涛	师昌绪	朱照宣
仲增墉	华茂昆	刘瑞玉	祁国荣	许　平	孙家栋
孙敬三	孙儒泳	苏国辉	李行健	李启斌	李星学
李保国	李焯芬	李德仁	杨　凯	吴　奇	吴凤鸣
吴志良	吴希曾	吴钟灵	汪成为	沈国舫	沈家祥
宋大祥	宋天虎	张　伟	张　耀	张广学	张光斗
张爱民	张增顺	陆大道	陆建勋	阿里木·哈沙尼	
陈太一	陈运泰	陈家才	范少光	范维唐	林玉乃
季文美	周孝信	周明煜	周定国	赵寿元	赵凯华
姚伟彬	贺寿伦	顾红雅	徐　僖	徐正中	徐永华
徐乾清	翁心植	席泽宗	黄玉山	黄昭厚	康景利
章　申	梁战平	葛锡锐	董　琨	韩布新	粟武宾
程光胜	程裕淇	鲁绍曾	蓝　天	雷震洲	褚善元
樊　静	薛永兴				

昆虫学名词审定委员会委员名单

顾　问：朱弘复　　周明牂　　邱式邦　　周　尧

主　任：钦俊德

副主任：钟香臣　　刘友樵　　刘孟英

委　员（按姓氏笔画为序）：

　　　　丁　翠　　王荫长　　王慧芙　　尹文英　　邓国藩

　　　　古德祥　　印象初　　李典谟　　李绍文　　杨星科

　　　　杨冠煌　　吴厚永　　冷欣夫　　张广学　　陆宝麟

　　　　陈永林　　郑乐怡　　赵建铭　　姜在阶　　袁　锋

　　　　郭予元　　曹　骥　　蒋书楠　　程振衡　　虞佩玉

秘　书：杨星科(兼)　　高家祥

卢嘉锡序

科技名词伴随科学技术而生,犹如人之诞生其名也随之产生一样。科技名词反映着科学研究的成果,带有时代的信息,铭刻着文化观念,是人类科学知识在语言中的结晶。作为科技交流和知识传播的载体,科技名词在科技发展和社会进步中起着重要作用。

在长期的社会实践中,人们认识到科技名词的统一和规范化是一个国家和民族发展科学技术的重要的基础性工作,是实现科技现代化的一项支撑性的系统工程。没有这样一个系统的规范化的支撑条件,科学技术的协调发展将遇到极大的困难。试想,假如在天文学领域没有关于各类天体的统一命名,那么,人们在浩瀚的宇宙当中,看到的只能是无序的混乱,很难找到科学的规律。如是,天文学就很难发展。其他学科也是这样。

古往今来,名词工作一直受到人们的重视。严济慈先生60多年前说过,"凡百工作,首重定名;每举其名,即知其事"。这句话反映了我国学术界长期以来对名词统一工作的认识和做法。古代的孔子曾说"名不正则言不顺",指出了名实相副的必要性。荀子也曾说"名有固善,径易而不拂,谓之善名",意为名有完善之名,平易好懂而不被人误解之名,可以说是好名。他的"正名篇"即是专门论述名词术语命名问题的。近代的严复则有"一名之立,旬月踟躇"之说。可见在这些有学问的人眼里,"定名"不是一件随便的事情。任何一门科学都包含很多事实、思想和专业名词,科学思想是由科学事实和专业名词构成的。如果表达科学思想的专业名词不正确,那么科学事实也就难以令人相信了。

科技名词的统一和规范化标志着一个国家科技发展的水平。我国历来重视名词的统一与规范工作。从清朝末年的科学名词编订馆,到1932年成立的国立编译馆,以及新中国成立之初的学术名词统一工作委员会,直至1985年成立的全国自然科学名词审定委员会(现已改名为全国科学技术名词审定委员会,简称全国名词委),其使命和职责都是相同的,都是审定和公布规范名词的权威性机构。现在,参与全国名词委领导工作的单位有中国科学院、科学技术部、教育部、中国科学技术协会、国家自然科学基金委员会、新闻出版署、国家质量技术监督局、国家广播电影电视总局、国家知识产权局和国家语言文字工作委员会,这些部委各自选派了有关领导干部担任全国名词委的领导,有力地推动科技名词的统一和推广应用工作。

全国名词委成立以后,我国的科技名词统一工作进入了一个新的阶段。在第一任主任委员钱三强同志的组织带领下,经过广大专家的艰苦努力,名词规范和统一工作取得了显著的成绩。1992年三强同志不幸谢世。我接任后,继续推动和开展这项工作。在国家和有关部门的支持及广大专家学者的努力下,全国名词委15年来按学科共组建了 50 多个学科的名词审定分委员会,有 1800 多位专家、学者参加名词审定工作,还有更多的专家、学者参加书面审查和座谈讨论等,形成的科技名词工作队伍规模之大、水平层次之高前所未有。15 年间共审定公布了包括理、工、农、医及交叉学科等各学科领域的名词共计 50 多种。而且,对名词加注定义的工作经试点后业已逐渐展开。另外,遵照术语学理论,根据汉语汉字特点,结合科技名词审定工作实践,全国名词委制定并逐步完善了一套名词审定工作的原则与方法。可以说,在 20 世纪的最后 15 年中,我国基本上建立起了比较完整的科技名词体系,为我国科技名词的规范和统一奠定了良好的基础,对我国科研、教学和学术交流起到了很好的作用。

在科技名词审定工作中,全国名词委密切结合科技发展和国民经济建设的需要,及时调整工作方针和任务,拓展新的学科领域开展名词审定工作,以更好地为社会服务、为国民经济建设服务。近些年来,又对科技新词的定名和海峡两岸科技名词对照统一工作给予了特别的重视。科技新词的审定和发布试用工作已取得了初步成效,显示了名词统一工作的活力,跟上了科技发展的步伐,起到了引导社会的作用。两岸科技名词对照统一工作是一项有利于祖国统一大业的基础性工作。全国名词委作为我国专门从事科技名词统一的机构,始终把此项工作视为自己责无旁贷的历史性任务。通过这些年的积极努力,我们已经取得了可喜的成绩。做好这项工作,必将对弘扬民族文化,促进两岸科教、文化、经贸的交流与发展作出历史性的贡献。

科技名词浩如烟海,门类繁多,规范和统一科技名词是一项相当繁重而复杂的长期工作。在科技名词审定工作中既要注意同国际上的名词命名原则与方法相衔接,又要依据和发挥博大精深的汉语文化,按照科技的概念和内涵,创造和规范出符合科技规律和汉语文字结构特点的科技名词。因而,这又是一项艰苦细致的工作。广大专家学者字斟句酌,精益求精,以高度的社会责任感和敬业精神投身于这项事业。可以说,全国名词委公布的名词是广大专家学者心血的结晶。这里,我代表全国名词委,向所有参与这项工作的专家学者们致以崇高的敬意和衷心的感谢!

审定和统一科技名词是为了推广应用。要使全国名词委众多专家多年的劳动成果——规范名词——成为社会各界及每位公民自觉遵守的规范,需要全社会的理解和支持。国务院和 4 个有关部委[国家科委(今科学技术部)、中国科学院、国家教委(今教育部)和新闻出版署]已分别于 1987 年和 1990 年行文全国,要求全国各科研、教学、生产、经营以及新闻出版等单位遵照使用全国名词委审定公布的名词。希望社会各界自觉认真地执行,共同做好这项对于科技发展、社会进步和国家统一极为重要的基础工作,为振兴中华而努力。

值此全国名词委成立 15 周年、科技名词书改装之际,写了以上这些话。是为序。

卢嘉锡

2000 年夏

钱 三 强 序

科技名词术语是科学概念的语言符号。人类在推动科学技术向前发展的历史长河中,同时产生和发展了各种科技名词术语,作为思想和认识交流的工具,进而推动科学技术的发展。

我国是一个历史悠久的文明古国,在科技史上谱写过光辉篇章。中国科技名词术语,以汉语为主导,经过了几千年的演化和发展,在语言形式和结构上体现了我国语言文字的特点和规律,简明扼要,蓄意深切。我国古代的科学著作,如已被译为英、德、法、俄、日等文字的《本草纲目》、《天工开物》等,包含大量科技名词术语。从元、明以后,开始翻译西方科技著作,创译了大批科技名词术语,为传播科学知识,发展我国的科学技术起到了积极作用。

统一科技名词术语是一个国家发展科学技术所必须具备的基础条件之一。世界经济发达国家都十分关心和重视科技名词术语的统一。我国早在1909年就成立了科学名词编订馆,后又于1919年中国科学社成立了科学名词审定委员会,1928年大学院成立了译名统一委员会。1932年成立了国立编译馆,在当时教育部主持下先后拟订和审查了各学科的名词草案。

新中国成立后,国家决定在政务院文化教育委员会下,设立学术名词统一工作委员会,郭沫若任主任委员。委员会分设自然科学、社会科学、医药卫生、艺术科学和时事名词五大组,聘任了各专业著名科学家、专家,审定和出版了一批科学名词,为新中国成立后的科学技术的交流和发展起到了重要作用。后来,由于历史的原因,这一重要工作陷于停顿。

当今,世界科学技术迅速发展,新学科、新概念、新理论、新方法不断涌现,相应地出现了大批新的科技名词术语。统一科技名词术语,对科学知识的传播,新学科的开拓,新理论的建立,国内外科技交流,学科和行业之间的沟通,科技成果的推广、应用和生产技术的发展,科技图书文献的编纂、出版和检索,科技情报的传递等方面,都是不可缺少的。特别是计算机技术的推广使用,对统一科技名词术语提出了更紧迫的要求。

为适应这种新形势的需要,经国务院批准,1985年4月正式成立了全国自然科学名词审定委员会。委员会的任务是确定工作方针,拟定科技名词术语审定工作计划、实施方案和步骤,组织审定自然科学各学科名词术语,并予以公布。根据国务院授权,委员会审定公布的名词术语,科研、教学、生产、经营以及新闻出版等各部门,均应遵照使用。

全国自然科学名词审定委员会由中国科学院、国家科学技术委员会、国家教育委员会、中国科学技术协会、国家技术监督局、国家新闻出版署、国家自然科学基金委员会分别委派了正、副主任担任领导工作。在中国科协各专业学会密切配合下，逐步建立各专业审定分委员会，并已建立起一支由各学科著名专家、学者组成的近千人的审定队伍，负责审定本学科的名词术语。我国的名词审定工作进入了一个新的阶段。

这次名词术语审定工作是对科学概念进行汉语订名，同时附以相应的英文名称，既有我国语言特色，又方便国内外科技交流。通过实践，初步摸索了具有我国特色的科技名词术语审定的原则与方法，以及名词术语的学科分类、相关概念等问题，并开始探讨当代术语学的理论和方法，以期逐步建立起符合我国语言规律的自然科学名词术语体系。

统一我国的科技名词术语，是一项繁重的任务，它既是一项专业性很强的学术性工作，又涉及到亿万人使用习惯的问题。审定工作中我们要认真处理好科学性、系统性和通俗性之间的关系；主科与副科间的关系；学科间交叉名词术语的协调一致；专家集中审定与广泛听取意见等问题。

汉语是世界五分之一人口使用的语言，也是联合国的工作语言之一。除我国外，世界上还有一些国家和地区使用汉语，或使用与汉语关系密切的语言。做好我国的科技名词术语统一工作，为今后对外科技交流创造了更好的条件，使我炎黄子孙，在世界科技进步中发挥更大的作用，作出重要的贡献。

统一我国科技名词术语需要较长的时间和过程，随着科学技术的不断发展，科技名词术语的审定工作，需要不断地发展、补充和完善。我们将本着实事求是的原则，严谨的科学态度做好审定工作，成熟一批公布一批，提供各界使用。我们特别希望得到科技界、教育界、经济界、文化界、新闻出版界等各方面同志的关心、支持和帮助，共同为早日实现我国科技名词术语的统一和规范化而努力。

钱三强

1992 年 2 月

前　言

　　昆虫是动物界种类最多的动物,与人类和其他生物的关系密切。昆虫学作为研究昆虫的学科已有悠久的历史,积累的文献资料极为丰富。近 50 年来,随着科学的迅速发展,原来以分类、形态为主体的昆虫学出现了新的分支学科,如生理、生态、毒理、病理等,内容趋于复杂精湛,一大批新的名词随之产生。所以,作为独立的学科很有必要使用统一的名词,以满足强化教学的需要,促进国内外的学术交流,对于这门学科的迅速健康发展也极有裨益。

　　关于昆虫学的名词工作,我国已有一定的基础。1962 年科学出版社出版的《英汉昆虫学词典》是我国生命科学领域出版最早的、有中外文名词对照和定义的词典,1991 年又出了第二版。此外尚有《英汉农业昆虫学词汇》(农业出版社,1983)等。但由于新的名词大量涌现,需要对已有的名词和新的名词予以审定和统一。为此,中国昆虫学会受全国科学技术名词审定委员会(以下简称全国名词委)的委托,于 1996 年 4 月组建了昆虫学名词审定委员会,开展昆虫学名词的审定工作。根据本学科当前发展形势,分成 11 部分收集应审定的名词,包括总论、昆虫分类与进化、昆虫外部形态、昆虫内部构造、昆虫发育与生活史、昆虫生态学、昆虫行为与信息化学、昆虫生理与生化、昆虫毒理与药理、昆虫病理学及蜱螨学。这里应加以说明的是:蜱螨实非昆虫,两者属于不同的纲。由于数十年来在中国昆虫学会的专业活动中,始终含有蜱螨这一组,为顺应这一情况,便把它并入本工作范围。此外,蜱螨的形态构造与昆虫的差异较大,因此保留了蜱螨的全部形态学名词。

　　昆虫学名词的审定工作分两个阶段完成。由于审定工作涉及多个分支学科,为了便于集中撰写和审议,遂将上述 11 部分合并成 6 组,分组审定,各组的负责人有:刘友樵、陈永林、刘孟英、钟香臣、丁翠、姜在阶,钦俊德负责汇总。各审定组由 5～10 名专家组成。第一阶段的工作是词条的选择与审定。先由几位委员从已出版的昆虫学词典和词汇以及有关文献书籍中选出拟审名词的初稿,计 1 700 余词条,分送各委员和相关的专家征求意见,进行增删。各审定组于 1997 年 4 月分别对相关分支学科的词条进行审议,经审定汇总形成 3 700 余词条的"一稿"。再经征求意见、审议和修订以及主任扩大会议审定后,于 1997 年 9 月完成"二稿",用以广泛征求意见。"二稿"分送全国有关院校和科研单位的 90 多位专家征集意见,并在 10 月中国昆虫学会第六次代表大会期间,征求有关昆虫学家的意见。随后进行一些修改、补充和删除,经主任扩大会议讨论审定后,于 1998 年 3 月完成"词条审定稿",共计 3 500 余词条。

　　第二阶段作词条的释义并审定。1998 年 4 月开始,各审定组分别对相关词条进行释义和审议,写出词条释义的"初稿"。经征求委员们和有关专家的意见后,再进行修改。蜱螨学的词条释义稿曾在第七届全国蜱螨学术讨论会上进行讨论与修改。1998 年 12 月经汇总和审议修改后,形成了释义的"二稿"。该稿又经征集意见和充分讨论、修改后,于 1999 年 6~7 月各审定组分别审定词条的释义,完成"三稿"。1999 年 9 月全国名词委委托赵修复、吕鸿声、陆明贤、吴燕如、唐振华和吴坤君 6 位先生对该稿进行复审。12 月再次召开会议,按专家复审的意见进行讨论和修改。最后经主任会议终审定稿。经全国名词委审核批准,予以公布出版。

这次公布的昆虫学名词共计 2 940 条,按上述 11 部分分别列出。各部分的词条大体上按概念体系排列。词条包括汉文名、定义和对应的英文名(或拉丁名)三部分。有关分类阶元的词条只到亚目一级。概念相同的两个不同汉文名,一般仅采用近年来广为接受的一个,必要时则在词义中列出另一个。如"气味腺(odoriferous gland)",在词义中写明又称"臭腺(scent gland)"。一个汉文名词若有多个对应的英文名,一般只列出最常见的 1~3 个。少数使用较混乱的名词,如 pharate adult,有"隐成虫"、"潜成虫"、"被成虫"、"拟成虫"等多个称谓,经讨论后统一为"隐成虫"。个别名词过去在使用上有些混淆,现加以区分,如"阳具(phallus)"和"阳茎[端](aedeagus)",前者包括阳[茎]基、阳茎[端]等构造。一个名词有两个不同涵义时,则在释义中分别加以阐明。

在近 4 年的审定过程中,全国昆虫学界及许多专家、学者曾给予热情的支持与帮助,提出许多有益的意见和建议,在此深表感谢。在审定工作的整个过程中,数十位昆虫学专家积极参与,辛勤劳动,作出极大的贡献。他们的敬业精神令人敬佩,特表敬意。

由于我们缺乏经验,错误与疏漏在所难免。望本学科同行和关心本工作的人士继续多提宝贵意见,以便今后修改与增补,使之日臻完善。

昆虫学名词审定委员会

2000 年 春

编 排 说 明

一、本批公布的是昆虫学名词。

二、全书分 11 部分:总论、昆虫分类与进化、昆虫外部形态、昆虫内部构造、昆虫发育与生活
史、昆虫生态学、昆虫行为与信息化学、昆虫生理与生化、昆虫毒理与药理、昆虫病理学及
蜱螨学。

三、正文按汉文名所属学科的相关概念体系排列,汉文名后给出了与该词概念相对应的英文
名。

四、每个汉文名都附有相应的定义或注释。当一个汉文名有两个不同的概念时,则用"(1)"、
"(2)"分开。

五、一个汉文名对应几个英文同义词时,英文词之间用","分开。

六、凡英文词的首字母大、小写均可时,一律小写。

七、"[ ]"中的字为可省略的部分。

八、主要异名和释文中的条目用楷体表示,"又称"一般为不推荐用名;"简称"为习惯上的缩简
名词;"曾称"为被淘汰的旧名。

九、正文后所附的英汉索引按英文字母顺序排列;汉英索引按汉语拼音顺序排列。所示号码
为该词在正文中的序码。索引中带"∗"者为规范名的异名和在释文中的条目。

目　　录

01. 总 论

01.001 昆虫学 entomology
动物学的分支,专门研究昆虫的学科。

01.002 普通昆虫学 general entomology
研究昆虫的基本特性和基础知识的学科。

01.003 应用昆虫学 applied entomology
又称"经济昆虫学(economic entomology)"。关于昆虫的治理和利用的学科。

01.004 农业昆虫学 agricultural entomology
研究与农业有关昆虫的发生规律、控制和利用的原理和方法的学科。

01.005 森林昆虫学 forest entomology
研究防治林木害虫及对天敌昆虫和资源昆虫利用的学科。

01.006 医学昆虫学 medical entomology
研究危害人类健康的昆虫种类、生物学特性、疾病媒介关系及防治的学科。

01.007 环境昆虫学 environmental entomology
研究昆虫与环境治理之间关系的学科。

01.008 水生昆虫学 aquatic entomology
研究在水中生活的昆虫种类、形态、生理、生态和治理的学科。

01.009 土壤昆虫学 soil entomology
研究在土壤中生活的昆虫种类、形态、生理、生态和治理的学科。

01.010 仓储昆虫学 stored products entomology
研究危害或影响储藏物的昆虫种类、形态、生理、生态和治理的学科。

01.011 检疫昆虫学 quarantine entomology
研究检疫昆虫的种类、地理分布、生物学、传播途径、监测、检疫措施和根除方法的学科,通过严格货物运输检查以防止其蔓延和扩散。

01.012 城市昆虫学 urban entomology
研究与城市环境及人类生活相关的昆虫种类、生物学及其治理的学科。

01.013 兽医昆虫学 veterinary entomology
研究家畜害虫的种类、习性、危害及防治方法的学科。

01.014 法医昆虫学 forensic entomology
与法医学以及刑事侦查有关的昆虫学分支学科。

01.015 洞穴昆虫学 cave entomology
研究营洞穴生活的昆虫种类及其生物学的学科。

01.016 古昆虫学 paleoentomology
研究化石昆虫的种类、进化及其与地史关系的学科。

01.017 昆虫技术学 insect technology
关于昆虫学研究技术以及应用与实验方法的学科。

01.018 昆虫系统学 insect systematics
研究昆虫的分类和系统发生的学科。

01.019 昆虫生物地理学 insect biogeogra-

phy

研究昆虫地理分布的格局和形成机制的学科。

01.020 昆虫生物学 insect bionomics, insect biology

研究昆虫生活史、行为、习性以及繁殖、适应等方面的学科。

01.021 昆虫形态学 insect morphology

研究昆虫形态与构造的学科。

01.022 昆虫形态测量 insect morphometrics

昆虫形态特征的测度。

01.023 昆虫超微结构 insect ultrastructure

电镜下可分辨的昆虫细胞或组织结构。

01.024 昆虫细胞遗传学 insect cytogenetics

研究昆虫细胞遗传物质的组成、特性和变异的学科。

01.025 昆虫精子学 insect spermatology

研究昆虫精子的学科。

01.026 昆虫胚胎学 insect embryology

研究昆虫胚胎发育的学科。

01.027 昆虫生理学 insect physiology

研究昆虫的生命现象及器官组织功能的学科。

01.028 昆虫生物化学 insect biochemistry

研究昆虫体内化学物质的形成、分子结构、代谢和反应等方面的学科。

01.029 昆虫分子生物学 insect molecular biology

从分子水平上研究昆虫的生理、生化、免疫、遗传、生长、进化等生命现象的学科。

01.030 昆虫生态学 insect ecology

研究昆虫与环境相互关系的学科。

01.031 昆虫行为学 insect ethology, insect behavior

研究昆虫行为活动及其机制的学科。

01.032 昆虫毒理学 insect toxicology

研究杀虫药剂对昆虫作用的学科,是研制新杀虫剂和合理使用杀虫剂防治害虫的理论基础。

01.033 农药环境毒理学 environmental toxicology

研究农药在环境中的迁移、转化和归宿及对生物体的危害与其毒效机制的学科。

01.034 生态毒理学 ecotoxicology

研究有毒物质对环境中生物的毒害效应,其目的是减轻和消除毒害物质对人类及生态系统的不良影响。

01.035 昆虫药理学 insect pharmacology

研究药物在昆虫各系统内的吸收、分布、代谢和排泄等过程动态规律性的学科。

01.036 昆虫病理学 insect pathology

研究昆虫感染病原体导致形态、生理、行为变化的学科。

01.037 害虫生物防治 biological control of insect pests

研究利用天敌治理害虫的理论和实践。

01.038 昆虫资源 insect resources

可供人类开发利用的昆虫种类及产品。

02. 昆虫分类与进化

02.001 分类学 taxonomy
关于生物分类、鉴定和命名的原理和方法的学科。

02.002 系统学 systematics
研究生物系统发生的学科。

02.003 分类 classification
分类学的基本步骤,包括区分和鉴定分类单元,确定阶元等级和建立分类体系。

02.004 自然分类 natural classification
生物学中,依据自然谱系关系制定的分类系统。

02.005 α分类 alpha taxonomy
对种级分类单元进行鉴定、命名和描述的分类工作。

02.006 β分类 beta taxonomy
将种级分类单元归纳排列成适当阶元等级分类系统的工作。

02.007 γ分类 gamma taxonomy
种下单元的分类学以及物种形成和分化的研究。

02.008 谱系学 genealogy
研究类群谱系的学科。

02.009 系统发生学 phylogenetics
研究生物系统发生的学科,有时特指支序学。

02.010 系统发生 phylogeny
生物类群的进化历史。

02.011 系统发生图 phylogram
用以表示系统发生过程的示意图。

02.012 进化分类学 evolutionary taxonomy
以生物进化原理为指导的分类学学派;在近代分类学研究中,特指在建立分类系统时,同时考虑谱系关系和特征差异程度两种因素的学派。

02.013 支序分类学 cladistics
严格按照支序分析获得的结果来构建分类系统的分类学派。

02.014 数值分类学 numerical taxonomy
根据性状的总体相似性程度进行分类和构建分类体系的分类学派。

02.015 大分类学 macrotaxonomy
研究种以上高级分类单元的分类学。

02.016 小分类学 microtaxonomy
研究种级和种下分类单元的分类学。

02.017 化学分类学 chemotaxonomy
利用化学作为分类依据的生物分类学科。

02.018 细胞分类学 cytotaxonomy
利用细胞学和细胞遗传性状作为生物分类的学科。

02.019 核型 karyotype
一种生物或细胞的染色体组成。

02.020 分子系统学 molecular systematics
在分子水平上进行生物系统研究的学科。

02.021 分类单元 taxon, taxa(复)
分类学工作中的客观操作单位。如一个

属、一个科、一个目等。

02.022 等级 rank
根据系统发育关系决定的分类单元在分类系统中的位置。

02.023 分类阶元 category
由各分类单元按等级排列的分类系统。

02.024 序位体系 hierarchy
又称"阶元系统"。按照分类等级的差异排成阶梯式系统,低级阶元包容于高级阶元中。

02.025 支序分析 cladistic analysis
根据共有衍征确定分类单元的系统发育地位和关系的分析过程。

02.026 单系 monophyly
由一个最近的共同祖先繁衍而来的全部分类单元。

02.027 并系 paraphyly
未包括全部同一共同祖先的后裔在内的单系动物群。

02.028 复系 polyphyly
源自不同单系的动物群。

02.029 姐妹群 sister group
支序图中源自同一分叉的两个支系。

02.030 祖征 plesiomorphy
在同源性状系列中,相对原始的性状状态。

02.031 共同祖征 symplesiomorphy
两个或两个以上分类单元共同具有的祖征。

02.032 衍征 apomorphy
在同源性状系列中,相对发生衍变的性状状态。

02.033 共同衍征 synapomorphy

从祖先到后裔发育过程中,从原始特征衍生而成的进化特征。

02.034 非同源共同衍征 nonhomologus synapomorphy
又称"假衍征(pseudoapomorphy)"。两个或两个以上分类单元因趋同而共有的衍征。

02.035 内群 ingroup
在支序分析中,作为实际分析对象的类群。

02.036 外群 outgroup
指在研究的对象类群之外的参照类群。

02.037 二态性状 two-state character, bimorphic character
仅具有两种状态的性状。

02.038 数量性状 quantitative character
可以量化的特征。

02.039 多态性状 multistate character, polymorphic character
具有两种以上状况的性状。

02.040 性状极化 character polarization
在一个性状演变系列中或在一对同源性状中确定性状演变方向的过程。

02.041 性状 character
又称"特征"。生物分类上通常指分类所依据的形态学指标,包括形态、构造等。

02.042 自有衍征 autapomorphy
支序图中某一末端分类单元单独具有的衍征。

02.043 返祖[现象] atavism
后裔中出现祖先性状的现象。

02.044 进化新征 evolutionary novelty
进化过程所产生的新特征。

02.045　累变发生　anagenesis
又称"前进进化"。某一支系或谱系在进化过程中未出现分支现象的性状演变。

02.046　分支单元　cladon
支序图按分义确立的分类中的单元。

02.047　分支发生　cladogenesis
某一支系在进化中出现分支现象的过程。

02.048　支序图　cladogram
由支序分析结果得出的谱系图。

02.049　分支点　node
指支序图分支的交结点。

02.050　异源同形　homoplasy
由于趋同、同功、拟态等原因而产生的非共同起源相似性。

02.051　祖衍镶嵌　heterobathmy
亲缘相关的物种间,祖征与衍征交叉分布的现象。

02.052　原始型　archetype
假设的祖先类型,该类群的现存型被认为由其衍化形成。

02.053　幼征　paedomorphy
成体保留的幼期特征。

02.054　共生起源　symbiogenesis
蚁类或其他昆虫中社会性共生关系的发生。

02.055　趋同进化　convergent evolution
亲缘不相关的类型,在进化过程中出现相似性状的现象。

02.056　趋异进化　divergent evolution
由分支方式产生后裔的进化过程。

02.057　协同进化　coevolution
物种间由于生态上相互依赖或关系密切而产生的相互选择、相互适应共同衍变的进化方式。

02.058　顺序进化　sequential evolution
一种生物的进化跟随另一种生物进化之后,其结果对前者的进化尤重要影响。

02.059　检索表　key
为便于分类鉴定而编制的引导式特征区别表。

02.060　命名法　nomenclature
关于生物分类单元命名的法则。

02.061　双名法　binominal nomenclature
由林奈确定的生物命名法则,物种的拉丁文学名由属名和种名两部分组成。

02.062　三名法　trinomen, trinominal name, trinominal nomenclature
亚种的拉丁文学名由属名、种名和亚种名三部分组成的动物命名法则。

02.063　优先律　law of priority
生物命名法的一项重要规定,在属级和种级的可用名中,惟有最早命名的名称是有效名。

02.064　纲　class
介于界和目之间的生物分类阶元。

02.065　目　order
介于纲和科之间的生物分类阶元。

02.066　总科　superfamily
介于目和科之间的生物分类阶元,由一系列关系密切的科组成。

02.067　科　family
介于目和属之间的生物分类阶元。

02.068　亚科　subfamily
科级阶元的进一步划分,由一群关系密切的属组成。

02.069　族　tribe
介于科和属之间的生物分类阶元。

02.070　属　genus, genera（复）
介于族和种之间的分类阶元,由一个或多个物种组成,它们具有若干相似的鉴别特征,或者具有共同的起源特征。

02.071　新属　new genus, n. gen., genus novum（拉）, gen. nov.
首次报道并记述的属。

02.072　单型属　monotypical genus
根据单一种建立的属。

02.073　亚属　subgenus
属级阶元的进一步划分。

02.074　物种形成　speciation
在进化中产生或形成新物种的过程。

02.075　异域物种形成　allopatric speciation
栖居于不同地域,因地理隔离而形成新物种的方式。

02.076　同域物种形成　sympatric speciation
栖居于相同地域,因生殖隔离而形成新物种的方式。

02.077　种　species
生物中具有统一的构造和适应幅度,占有一定地理分布的群体,能自相繁殖而对其他群体呈现生殖隔离,代表着生物类群发展的一定阶段。分类中的阶元,包括亚种、变种和宗。

02.078　亚种　subspecies
种内地理分布不同或宿主不同,并具有一定形态差异的亚群。

02.079　模式种　type species
建立新属时所依据的种,即该属的载名种。

02.080　干群　stemgroups
支序图中分叉的基点,即共同祖先。

02.081　新种　new species, n. sp., species nova（拉）, sp. nov.
首次报道并记述的种。

02.082　未定种　species indeterminata（拉）, sp. indet.
分类地位暂未决定的种。

02.083　端始种　incipient species
新物种的发端,其性状尚具一定可塑性。

02.084　异时种　allochronic species
不同时期发生的物种。

02.085　隐存种　cryptic species
又称"姐妹种(sibling species)"。形态难以区分,但有生殖隔离的不同种。

02.086　同属种　congeneric species
隶属于同一属的若干种。

02.087　种下阶元　infraspecific category
种以下的分类单位。如亚种等。

02.088　半[分化]种　semispecies
介于种与亚种之间的过渡类型。

02.089　进化种　evolutionary species
强调物种为一进化单位,代表进化谱系中的一分支。

02.090　生物学种　biological species
强调物种为一生殖单元,不同物种间存在生殖隔离。

02.091　生态种　ecospecies
适应不同生态环境而形成的种。

02.092　生态亚种　ecological subspecies
依习性或栖息地划分的亚种。

02.093　地理亚种　geographic subspecies
因地理分布不同而形成的亚种。

02.094　生态宗　ecological race
种内适应本地区生态条件的种群集合。

02.095　型　morph
种内存在的不同形态类型。可因季节、生境、性别等差异而形成。

02.096　群　group
一组分类单元的泛称,可适用于不同阶元。

02.097　级　grade
结构水平相当的动物类群。

02.098　[异物]同名　homonym, hom.
用以称谓不同分类单元的同一名称。

02.099　[同物]异名　synonym, syn.
用以称谓同一分类单元的不同名称。

02.100　客观异名　objcctive synonym
模式标本相同的异名。

02.101　学名　scientific name
分类单元的拉丁文或拉丁化的科学名称。

02.102　俗名　common name, vernacular name
学名之外的普通名称。

02.103　无记述名　nomen nudum（拉）, nom. nud., nomina nuda（复）
未满足《国际动物命名法规》规定的发表要求的名称。

02.104　否定名　rejected name
除有效名以外的任何名称。

02.105　主观异名　subjective synonym
模式标本不同的异名。

02.106　有效名　valid name
在《国际动物命名法规》规定下的惟一正确名称。

02.107　无效名　invalid name
除有效名以外的可用名。

02.108　替代名　replacement name
用以替代已占用的名称或替代无效名的新名称。

02.109　新名　nomen novum（拉）, nomina nova（复）, nom. nov.
首次报道的替代名。

02.110　疑名　nomen dubium（拉）, nomen dubia（复）, nom. dub.
一个所指不明的、有效性有待国际动物命名委员会裁决的名称。

02.111　遗忘名　nomen oblitum（拉）
按照 1961～1973 年出版的《国际动物命名法规》规定失效的名称。

02.112　保留名　nomen conservandum（拉）
一个原为无效或不可用的名称,但经国际动物命名委员会裁决保留为有效的名称。

02.113　模式标本　type specimen
建立种级新分类单元时依据的标本。

02.114　正模　holotype
新种发表时,由作者指定作为载名模式的一个标本。

02.115　配模　allotype
与正模性别不同的一个模式标本。

02.116　副模　paratype
除正模以外的模式标本。

02.117　可用名　available name
符合《国际动物命名法规》关于学名组成和发表要求规定的名称。

02.118 属模 type species of genus
一个被指定为属的模式的物种,属是根据此种建立的。

02.119 全模 syntype, cotype
作者发表新种未指定正模时所依据的一系列模式标本的统称。

02.120 后模 metatype
经原命名者与正模标本比较后认为其为同种的标本。

02.121 等模 homotype, homeotype
经原命名者以外的人与原来的模式标本对比后,确定其为同种的标本。

02.122 选模 lectotype
在原始记述之后,从全模中选定的一个载名模式。

02.123 副选模 paralectotype
全模标本中,选模以外的其他标本。

02.124 新模 neotype
当正模、选模或全模标本损坏或遗失后被指定为载名模式的一个标本。

02.125 补模 apotype
不是原来的,而是作者用来补作记述或图例的同种标本。

02.126 次模 secondary type
非原始模式标本的任何模式标本,包括补模和地模,但不包括新模。

02.127 地模 topotype
在模式标本产地采得的同种标本。

02.128 模式产地 type locality
正模、选模或新模标本的产地。

02.129 动物区系 fauna
某一地区动物种类的组成。

02.130 全北界 Holarctic Realm
世界动物地理区域名,为古北界和新北界的总称。

02.131 古北界 Palearctic Realm
世界动物地理区域名,包括欧洲、喜马拉雅山脉以北的亚洲、阿拉伯北部以及撒哈拉沙漠以北的非洲。

02.132 东洋界 Oriental Realm
世界动物地理区域名,包括亚洲印度河以东、喜马拉雅山及长江以南、斯里兰卡、苏门答腊、爪哇及菲律宾。

02.133 非洲界 Afrotropical Realm
又称"埃塞俄比亚界(Ethiopian Realm)"。世界动物地理区域名,包括非洲撒哈拉以南、南阿拉伯和马达加斯加地区。

02.134 澳大利亚界 Australian Realm
世界动物地理区域名,包括澳大利亚、新西兰、巴布亚新几内亚的一部分、东马来半岛及玻利尼西亚。

02.135 新北界 Nearctic Realm
世界动物地理区域名,包括格陵兰和北美洲至墨西哥高原。

02.136 新热带界 Neotropical Realm
世界动物地理区域名,包括南美洲、中美洲、西印度群岛及墨西哥高原以南地区。

02.137 节肢动物门 Arthropoda
体具环节,体壁骨化,并有分节附肢的动物。

02.138 六足类 Hexapoda
具有 3 对胸足的节肢动物。

02.139 昆虫纲 Insecta
体躯分为头、胸、腹三部分的节肢动物,头部具有 1 对触角、胸部有 3 对足,一般有 1 对或 2 对翅;腹部一般无行动附肢,生殖孔开口于腹部近末端,胚后发育须经变态。

02.140 无翅亚纲 Apterygota
昆虫纲的亚纲之一,原始无翅,多无变态。

02.141 原尾目 Protura
昆虫纲的原始目,口器内口式,无触角和复眼,增节变态。通称"原尾虫"。

02.142 弹尾目 Collembola
无翅,无变态,腹部具有弹器和黏管。通称"跳虫"。

02.143 双尾目 Diplura
口器内口式,无翅,无变态,无单眼和复眼;跗节一节,腹部末端有一对尾须。通称"双尾虫"。

02.144 缨尾目 Thysanura
口器外口式,无翅,无变态,具一对细长的尾须和一条中尾丝,体被鳞片,胸节相似。包括衣鱼等。

02.145 有翅亚纲 Pterygota
昆虫纲的亚纲之一。原始具翅的昆虫,但可次生性退化成无翅,有不同变态类型。

02.146 外翅类 exopterygotes, Exopterygota
有翅昆虫的一部分,不完全变态或变态不显著,很少有蛹期,幼期有外生的翅芽。

02.147 内翅类 endopterygotes, Endopterygota
有翅昆虫的一部分,完全变态,均有蛹期。

02.148 古翅类 paleopterans, Paleoptera
翅在背上不能折叠,保留有较多的原始特征的有翅类群。

02.149 新翅类 neopterans, Neoptera
翅能折叠,静止时覆盖在背面的有翅类群。

02.150 蜉蝣目 Ephemeroptera, Ephe-
merida
属古翅类,具网状翅脉,静止时竖立不折叠,具退化的咀嚼式口器,胸部各节并合不紧密,腹部具尾须和中尾丝,原变态。通称"蜉蝣"。

02.151 蜻蜓目 Odonata
古翅类昆虫,具咀嚼式口器,头部能转动,胸部各节并合紧密,四翅相似,长而平,不完全变态,雄虫交配器位于腹基部。通称"蜻蜓"。

02.152 无变态类 Ametabola
成、幼期形态相似,不经变态的昆虫类群。

02.153 半变态类 Hemimetabola
不全变态昆虫的一部分,幼期生活于水中,具有鳃等暂时器官。

02.154 全变态类 Holometabola
较高等的昆虫,个体发育经过卵、幼虫、蛹、成虫4个虫态的类群。

02.155 缺翅目 Zoraptera
小型,大多无翅,触角念珠状,9节,口器嚼吸式,前胸节发达,跗节2节,尾须短,1节。通称"缺翅虫"。

02.156 蛩蠊目 Grylloblattodea
体狭长无翅,触角丝状,口器咀嚼式,前胸方或长方形,中胸大于后胸,尾须一对,细长。通称"蛩蠊"。

02.157 直翅目 Orthoptera
前翅革质,后翅膜质,静止时成扇状折叠,口器咀嚼式,雄虫常具发音器,不完全变态。包括蝗虫、螽斯、蟋蟀等。

02.158 竹节虫目 Phasmatodea, Phasmida
体形细长呈竹节状或宽叶片状,触角短或细长,呈丝状或念珠状,口器咀嚼式。通称"竹节虫","蛸"。

02.159　襀翅目　Plecoptera, Plectoptera

翅膜质,静止时扇状折叠,口器咀嚼式,胸部各节并合不紧密,前胸可动,半变态。通称"石蝇"。

02.160　蜚蠊目　Blattodea

体扁平,头部较小,隐藏于前胸背板下,活动自如,有长丝状触角,口器咀嚼式,跗节5节,前翅革质,后翅膜质。通称"蜚蠊","蟑螂"。

02.161　螳螂目　Mantodea

头部三角形,活动自如,触角细长多节,口器咀嚼式,前胸显著延长,前足为捕捉足,前翅革质,后翅膜质透明,静止时扇状折叠。通称"螳螂"。

02.162　等翅目　Isoptera

翅膜质,前后翅脉序相似,口器咀嚼式,胸部各节相似,并合不紧密,不完全变态。通称"白蚁"。

02.163　革翅目　Dermaptera

前翅鞘质,短小,后翅膜质,折叠于前翅之下,口器咀嚼式,腹部末端具尾铗,不完全变态。通称"蠼螋"。

02.164　半翅目　Hemiptera, Rhynchota, Rhyngota

口器刺吸式,前翅基部增厚为革质,端部为膜质。狭义的半翅目则专指蝽类,相当于异翅亚目。通称"蝽"。

02.165　同翅目　Homoptera

口器刺吸式,前后翅膜质或近革质,有翅或无翅,不完全变态。

02.166　缨翅目　Thysanoptera

前后翅相似,膜质狭长,翅缘具长缨毛,口器锉吸式,不完全变态。通称"蓟马"。

02.167　纺足目　Embioptera

体小狭长,触角线状,口器咀嚼式,雄虫有翅,雌虫无翅。通称"足丝蚁"。

02.168　啮虫目　Psocoptera, Copeognatha, Corrodentia

体小形,柔软,有翅或无翅,口器咀嚼式适于啮食,变态不完全,胸部各节并合不紧密。通称"啮虫"。

02.169　食毛目　Mallophaga

体小且扁,无翅,口器咀嚼式,各胸节相似,不完全变态。寄生鸟类。通称"羽虱","鸟虱"。

02.170　虱目　Anoplura, Siphunculata

体扁平,无翅,口器刺吸式,触角短,3～5节,复眼退化或消失。营外寄生生活,主要寄生哺乳动物。通称"虱"。目前,国际上也有将食毛目和虱目合称"虱目(Phthiraptera)"。

02.171　广翅目　Megaloptera

体多粗壮,触角丝状、念珠状或栉齿状,口器咀嚼式,翅膜质宽大,脉序多少呈网状,幼虫水生。包括鱼蛉、泥蛉等。

02.172　脉翅目　Neuroptera

翅膜质透明,脉序网状,具翅痣,口器咀嚼式,完全变态。包括草蛉、粉蛉、蚁蛉等。

02.173　蛇蛉目　Raphidioptera, Raphidiodea

雌虫有可伸缩的产卵器,口器咀嚼式,前胸节特别延长,翅膜质,翅脉网状,有翅痣,幼虫陆生。通称"蛇蛉"。

02.174　捻翅目　Strepsiptera

小型的内寄生昆虫,雌虫营寄生生活,体型蛆状,雄虫营自由生活,口器为退化的咀嚼式,触角鞭状,前翅退化呈棒状,有一对扇形翅。通称"捻翅虫","蝎"。

02.175　鞘翅目　Coleoptera

体躯坚硬,前翅鞘质,静止时覆盖于身体背

面,口器咀嚼式,前胸发达,完全变态。通称"甲虫"。

02.176　毛翅目　Trichoptera
翅膜质,被毛,静止时呈屋脊状置放于身体背面,口器咀嚼式,不发达,头部能活动,完全变态,通称"石蛾"。幼虫水生,通称"石蚕"。

02.177　鳞翅目　Lepidoptera
体翅均被有鳞片,具可卷曲的虹吸式口器,完全变态,幼虫蠋型。包括蛾类和蝶类。

02.178　长翅目　Mecoptera
头部延长成喙状,咀嚼式口器,前后翅相似,膜质,雄虫腹端常膨大,上弯成蝎尾状,完全变态。通称"蝎蛉"。

02.179　膜翅目　Hymenoptera
翅膜质二对,前翅常较后翅为大,脉少,口器咀嚼式或嚼吸式,腹部第一节并入胸部,第二节常细缩成柄形,雌虫常具针状产卵器,完全变态。包括蜂类和蚂蚁。

02.180　双翅目　Diptera
口器刺吸式、刮吸式或舐吸式,中胸发达,前后胸退化,仅具一对膜质前翅,后翅退化为平衡棒,完全变态。包括蚊、蠓、蚋、虻、蝇等。

02.181　蚤目　Siphonaptera, Rhophoteira
成虫体小而侧扁,头与胸部紧密接合,口器刺吸式,无翅,后足适于跳跃,完全变态。成虫依靠吸食哺乳类和鸟类的血液为生。通称"蚤"。

03．昆虫外部形态

03.001　体节　segment, somite, metamera
昆虫身体在肌肉着生的曲折区域之间的环或分部。

03.002　体段划分　tagmosis
昆虫身体分为数个体节组,构成明显体段的现象。

03.003　头前叶　procephalic lobe
胚胎头部前面突出的部分。

03.004　体段　tagma, tagmata（复）
一组由连续体节形成,体现不同功能特征的明显躯段。

03.005　前躯　prosoma
昆虫身体前面的部分,常指头部。

03.006　中躯　mesosoma, mesosomata（复）
昆虫身体位于中间的部分,多数指胸部,但在膜翅目的细腰亚目部分种类中,还包括了并胸腹节。

03.007　后躯　metasoma
昆虫身体最后的部分,多数指腹部。

03.008　背中线　dorsomeson
体躯背面的正中纵线。

03.009　背侧线　dorsopleural line
体躯背部和侧部之间的分界线,常由一褶或沟所标志。

03.010　腹侧线　sternopleural line
体躯腹面部分和侧部之间的分界线,常由一褶或沟所标志。

03.011　外骨骼　exoskeleton
主要由几丁质组成的骨化的身体外壳,肌肉着生于其内壁。

03.012　骨片　sclerite

昆虫体壁被沟所划分的片状骨化区。

03.013 背板 tergum, terga（复）, notum, nota（复）
体节背面骨化部分的总称。

03.014 背片 tergite
体节背面的骨片。

03.015 腹板 sternum, sterna（复）
体节腹面骨化部分的总称。

03.016 腹片 sternite
体节腹面的骨片。

03.017 侧板 pleuron, pleura（复）
体节侧面骨化部分的总称,在具翅胸节中显著发育。

03.018 侧片 pleurite
体节侧面的骨片。

03.019 沟 sulcus, sulci（复）
体壁表面内折所留的凹痕,在体内多呈内脊状,并有肌肉着生。

03.020 表皮内突 apodeme
昆虫体壁内折,向体腔内突出成内长物,以供肌肉着生。

03.021 缝 suture
两骨片之间狭细的膜质分界线,里面无内脊。

03.022 节间褶 intersegmental fold
昆虫初生体节之间的褶。

03.023 节间膜 intersegmental membrane, conjunctivum, conjunctivae（复）
相邻次生分节间可曲折的膜质部分。

03.024 初生分节 primary segmentation
节肢动物和环形动物在胚胎发育阶段的体躯分节方式。

03.025 初生节 primary segment, embryonic metamere
初生分节所形成的体节。

03.026 次生分节 secondary segmentation
在初生分节基础上,体节进一步骨化后,产生的新的分节方式。

03.027 次生节 secondary segment
次生分节所形成的体节。

03.028 附肢 appendage
以关节连接于体躯的任何成对构造。

03.029 基肢节 coxopodite
附肢的基部环节,代表原始的肢基。

03.030 端肢节 telopodite
附肢中,除基肢节以外的部分,位于基肢节的端部。

03.031 内叶 endite
位于肢节内侧的附属物。

03.032 外叶 exite
位于肢节外侧的附属物。

03.033 上肢节 epipodite
基肢节的外叶,常为具鳃的器官。

03.034 外肢节 exopodite
二叉肢的外枝,由底肢节外侧生出的肢节。

03.035 内肢节 endopodite
二叉肢的内枝,着生于底肢节端部的肢节。

03.036 头 head
昆虫体躯前端的体段,具有眼、口器和触角等,为取食和感觉中心。

03.037 头壳 head capsule
头部骨片合并成的坚硬外壳。

03.038 颚节 gnathal segment

昆虫胚胎期,头部发育中形成上颚、下颚和下唇的体节。

03.039 前口式 prognathous type
头部平伸、颚端向前的头型。

03.040 下口式 hypognathous type, orthognathous type
头部与躯干垂直、颚端向下的头型。

03.041 后口式 opisthognathous type
头部和口器斜向体躯后方的头型。

03.042 头顶 vertex
头部介于眼、额及后头之间的顶部区域。

03.043 鬃 bristle
一种粗长坚硬的刚毛。

03.044 毛隆 chaetosema
某些鳞翅目成虫头部的感觉毛丛。

03.045 髭 vibrissa, vibrissae（复）
某些双翅目昆虫中,着生于髭角上的一或数根粗刚毛。

03.046 髭角 vibrissal angle
双翅目昆虫头部侧面观前下端的角。

03.047 蜕裂线 ecdysial line, epicranial suture
又称"头盖缝"。昆虫头部背面中央的丫形缝,包括头顶中央的冠缝及向前分二叉的额缝。幼期蜕皮时沿此缝开裂,向后可延至胸部,在某些成虫中保留此缝的痕迹。

03.048 冠缝 coronal suture
丫形蜕裂线的中干。

03.049 额缝 frontal suture, epicranial arm
蜕裂线的侧缝。

03.050 顶鬃 vertical bristle
双翅目昆虫中,位于头顶、两复眼之间、单

眼三角周围的 3～4 对鬃的统称。

03.051 额囊缝 ptilinal suture
双翅目昆虫头部新月片上方的沟,为额囊缩入之处。

03.052 毛瘤 verruca
身体表面具多数刚毛的隆起。

03.053 接眼式 holoptic type
双翅目等昆虫两复眼连接,将额分成上下两部的形式。

03.054 离眼式 dichoptic type
双翅目等昆虫两复眼不相连接的形式。

03.055 眼眶 orbit
复眼周围的狭窄区域。

03.056 复眼 compound eye
由多数小眼集合组成的视觉器官,位于头部两侧。

03.057 单眼 ocellus, ocelli（复）
由单一晶体和视网膜组成的视觉器官,位于头顶中央或两侧,单个或成小群。

03.058 中单眼 median ocellus
昆虫成虫中,位于头部中央的单眼。

03.059 侧单眼 stemma, stemmata（复）, lateral ocellus
常指全变态昆虫幼虫的单眼,多成小群,位于头部两侧。

03.060 单眼三角区 ocellar triangle
昆虫成虫中三个单眼所在的位置,形成三角形小区。

03.061 小眼面 facet
组成复眼表面的若干小型单位,由小眼的角膜构成,常为六角形。

03.062 假眼 pseudoculus

原尾虫特有的眼状感觉器官,位于头部背面两侧。

03.063　小眼　ommatidium, ommatidia（复）
组成复眼的视觉器官单位。

03.064　颅侧区　parietal
位于额与后头区之间的头壳侧面区域,上面被冠缝及额缝分隔,每区包括头顶、复眼和颊等。

03.065　额　frons, front
(1)头部位于蜕裂线侧臂之间的不成对骨片。(2)头部位于两个颊区及唇基之间的骨片。

03.066　额囊　ptilinum
双翅目环裂类初羽化成虫触角基部上方的翻缩囊,羽化时膨胀,从额缝中伸出,用以顶破蛹壳。

03.067　间额　interfrontalia, frontal vitta
双翅目昆虫头部位于两个侧额片之间的中央区域。

03.068　新月片　lunule
又称"额眉片(frontal lunule)"。蝇类触角基部上方的小骨片,其状如新月形。

03.069　额突　frontal tubercle
(1)白蚁的兵蚁中,头部的显著角状突起,额腺的导管开口于此。(2)有些蚜科(Aphididae)昆虫中,触角着生处的隆起构造。

03.070　旁额片　adfrontal sclerites
鳞翅目幼虫头壳前方的一对狭长骨片,在额的两侧,位于蜕裂线和旁额缝之间。

03.071　旁额缝　adfrontal suture
鳞翅目幼虫头部额唇基区和旁额片之间的缝。

03.072　侧额　parafrontalia
双翅目昆虫中,位于颜脊和复眼间的区域。而在蝇类中,特指位于复眼内侧的狭窄区域。

03.073　颜面　face, facia(复)
头部的前面,泛指介于复眼之间、由口上方至头顶之间的区域。

03.074　颜脊　facial carina
双翅目昆虫中,特别是有缝组,分开触角沟的中脊。

03.075　唇基　clypeus
昆虫头部位于额唇基沟和上唇之间的区域。

03.076　额唇基　frontoclypeus
额和唇基愈合而成的骨片,两者之间的沟消失。

03.077　额唇基沟　frontoclypeal suture
又称"口上沟(epistomal suture)"。连接颊下沟前端、横贯颜部的沟。

03.078　触角　antenna, antennae（复）
位于头部的一对分节的感觉附肢。

03.079　触角窝　antennal socket, antennal fossa
触角着生处的凹陷。

03.080　角基膜　antacoria, basantenna
触角连接头壳的膜质环。

03.081　支角突　antennifer
触角窝上的尖轴状突起,作为触角柄节基部的支柱及连接点,使触角能自由转动。

03.082　柄节　scape
触角的第一节,有时很长。

03.083　梗节　pedicel, pedicellus, pedicelli（复）

触角的第二节,鞭节着生其端部。

03.084 鞭节 flagellum
触角梗节后的部分,一般细长而多节。

03.085 鞭小节 flagellar segment, flagellomere
组成触角鞭节的各个小节。

03.086 棒节 clava, club
棒形触角的端部膨大部分。

03.087 索节 funicle
触角鞭节基部与梗节相连处,由狭窄小节组成的部分。

03.088 角后瘤 postantennal tubercle
又称"额瘤(frontal elevation)"。甲虫触角窝之后或其上方的隆起,有时它的里端延伸,其形状常为分类的重要依据。

03.089 上唇 labrum
口器的组成部分之一。基部与唇基相连,并构成口前腔的前盖。

03.090 上颚 mandible
口器的组成部分之一。为昆虫中的第一对颚,在咀嚼式口器中,坚强而具齿。

03.091 切齿 incisor
上颚端部用以切割食物的齿。

03.092 臼齿 mola
上颚内侧或基部的粗糙有隆脊的摩擦面。

03.093 髁 condyle
任何附肢上一个作为转动关节的突起,与一凹臼关连。

03.094 关节 articulation
某构造的两个部分或两节之间连接处的活动部位。

03.095 上颚杆 mandibular lever

半翅目昆虫中,上颚基部向侧方伸出的小杆状构造,上颚伸肌和缩肌可附着其上。

03.096 下颚 maxilla, maxillae(复)
口器的组成部分之一。为昆虫的第二对颚,通常出轴节、茎节、外颚叶、内颚 叶和下颚须五部分组成。

03.097 轴节 cardo, cardines(复)
下颚基部连接头壳的部分。

03.098 茎节 stipes, stipites(复)
下颚的主要组成部分,基部与轴节相连,载有可活动的外颚叶、内颚叶和下颚须。

03.099 外颚叶 galea
下颚的外叶,着生在茎节外端,常分二节。

03.100 内颚叶 lacinia, laciniae(复)
下颚的内叶,着生在茎节的内端。

03.101 内颚侧叶 lacinella
当内颚叶具二叶时,其内侧的一叶。

03.102 下颚须 maxillary palp
着生在下颚茎节外端的一对须,通常有五节,具感觉功能。

03.103 负颚须节 palpifer
茎节上着生下颚须的骨片。

03.104 下颚杆 maxillary lever
缨翅目管尾亚目和半翅目昆虫中,下颚基部的小杆状结构,下颚伸肌和缩肌可附着其上。

03.105 下唇 labium
口器的组成部分,位于下颚后方,为一复合构造,形成咀嚼口式昆虫口前腔底部,由前颏、后颏、颏、下唇须等部分组成。

03.106 前颏 prementum
下唇端部可活动的部分,载有下唇须和唇舌,位于后颏的端部。

03.107 后颏 postmentum

下唇的基部区域。在某些咀嚼式口器中，由亚颏和颏两部分组成。

03.108 亚颏 submentum

后颏的基部骨片附着于头部的部分。

03.109 颏 mentum

后颏端部骨片。

03.110 下唇须 labial palp, labipalp

着生于前颏上的一对须，通常有三节，具感觉功能。

03.111 负唇须节 palpiger, kappa

下唇前颏上着生下唇须的骨片。

03.112 唇舌 ligula

中唇舌和侧唇舌合并或分离时的总称。

03.113 侧唇舌 paraglossa

位于前颏端部两侧的叶状构造，有时分离并分二节。

03.114 中唇舌 glossa, glossae（复）

位于前颏端部中央成对的叶状构造。

03.115 下颚下唇复合体 labio-maxillary complex

下唇和下颚愈合形成的构造。

03.116 额颊沟 frontogenal suture, subantennal suture

又称"角下沟"。位于额和颊之间的沟，一般由触角沟下伸至颊下沟。

03.117 颊 gena, genae（复），cheeks

头部侧面复眼以下伸展至外咽缝的区域。

03.118 小颊 buccula, bucculae（复）

半翅目中，颊在喙基部每侧伸出的壁状构造。

03.119 颊栉 genal comb

蚤目成虫中着生于颊部排列成栉状的刺列。

03.120 下颊 temple

复眼下、前和后的颊部。

03.121 颊突 genal process

蚤目成虫中，颊的后延部分，通常末端尖。

03.122 颊下沟 subgenal sutures

头部侧面颊下方的沟，内部形成一颊下脊，如有额唇基沟，则在前方与之连接。

03.123 口上片 epistoma

紧靠上唇的口缘或骨片。

03.124 口侧沟 pleurostomal suture

颊下沟在上颚上方的部分。

03.125 口侧区 pleurostomal area

颊下区在上颚上方的部分。

03.126 口后沟 hypostomal suture

颊下沟在上颚之后的部分。

03.127 口后区 hypostomal area

颊下区在上颚之后的部分。

03.128 口后片 hypostomal sclerite

蝇类幼虫头咽骨中，呈 H 形的中间骨片。

03.129 口后桥 hypostomal bridge

在后头孔下方两侧的口后区向中央互相靠拢并愈合的骨片。

03.130 后头沟 occipital sulcus

头后部围绕头孔的拱形沟，下端止于上颚后关节的前方，把"头顶－颊"和"后头－后颊"分开。

03.131 后头 occiput

头壳在头顶和后头孔边缘之间的部分，很少由沟划分明显的骨片，它与下方的后颊之间无明显的分界。双翅目昆虫头部的整个后面。

03.132 上后头 epicephalon
双翅目大多数直裂的短角类和全部环裂亚目的成虫中,后头中央的一个明显骨片。

03.133 下后头 metacephalon
在双翅目成虫中,扩大的颊区。

03.134 次后头沟 postoccipital sulcus
围绕后头孔边缘的沟,沟后为次后头,后幕骨陷在其下端。

03.135 次后头 postocciput
围绕后头孔边缘与次后头沟之间的狭窄骨片。

03.136 后头突 odontoidea
头孔每边的三角形突起,不被颈膜所盖,用作颈骨片的支接点。

03.137 后颊 postgena
后头沟后方的侧面部分,颊的后部,具有接纳上颚突的臼。

03.138 后颊桥 postgenal bridge, gena-
ponta
一些膜翅目成虫中,由后颊两侧相向延伸愈合所形成的后头孔腹桥。

03.139 外咽片 gula, gular plate
位于一些前口式昆虫头部腹面的中间骨片,由颈部至后幕骨陷之间继续延至后颊。

03.140 外咽缝 gular suture
外咽片两侧的沟,是次后头沟的延伸部,对称或在中央合并为一条。

03.141 后头孔 foramen magnum, occipi-
tal foramen
头部后面的孔,由头通向颈和胸部。

03.142 口 mouth
消化道前端的开口。

03.143 口缘 peristome, peristomium,
peristoma(拉)
口的边缘区。

03.144 口盘 oral disc
双翅目昆虫口器的端部,由一对半圆形唇瓣组成。

03.145 口器 mouthparts, trophi
上唇、上颚、下颚及下唇的总称。

03.146 口腔 buccal cavity, oral cavity
口道的第一部分,由口至咽之间的部分。

03.147 内唇 epipharynx, epiglossa,
epiglottis
上唇或唇基的内壁。

03.148 上内唇 labrum-epipharynx
双翅目昆虫刺吸式口器位于中央的一根不成对的口针。

03.149 食窦 cibarium, cibarial chamber
又称"食室"。舌基部与内唇之间在口前部所形成的空间,为口前腔的一个部分。

03.150 口前腔 preoral cavity, mouth ca-
vity
上唇及口器所包围的空间。

03.151 前口 prestomum
双翅目昆虫口器中,食物道开口前的裂隙,位于两唇瓣叶之间。

03.152 咀嚼式口器 chewing mouthparts,
biting mouthparts
具有咀嚼功能的口器,上颚发达,为昆虫口器的模式类型。

03.153 嚼吸式口器 biting-sucking
mouthparts
上唇和上颚与咀嚼式口器相似,下颚和下唇高度特化为吸吮器官的口器类型。见于蜂类。

03.154　舌悬骨　suspensorium of the hypo-
pharynx, fulturae
舌基部伸向两侧的一对靠近口的棍状骨或
一群骨片。

03.155　内唇片　epipharyngeal sclerites
蜜蜂内唇基部两侧向后伸展的一对带状骨
片。

03.156　中舌瓣　flabellum
蜜蜂中唇舌末端的透明叶状构造。

03.157　食物道　food meatus, food channel
昆虫口前腔在上唇和舌间的部分。

03.158　刺吸式口器　piercing-sucking
mouthparts
上颚或下颚特化成口针的口器类型,适于
刺入植物或动物组织。见于半翅目、虱目、
蚤目和部分双翅目昆虫。

03.159　舌侧片　lorum, lora（复）
膜翅目昆虫亚颏基部支持喙的一对 V 形
骨片。半翅目昆虫唇基两侧的骨片,相当
于上颚片或下颚片。

03.160　锉吸式口器　rasping-sucking mou-
thparts
具有不对称上颚的刺吸式口器。见于蓟
马。

03.161　喙　proboscis, promuscis, rostrum
任何延长的口器或头部前方延伸的部分。

03.162　中喙　haustellum, haustella（复）
蝇类口器(喙)的中间部分。

03.163　卷喙　lacinia convoluta
卷于头部下面的喙。见于鳞翅目昆虫。

03.164　喙齿　dents of proboscis
蝇类唇瓣口两侧的小齿。

03.165　喙沟　rostral groove
半翅目昆虫中,胸部腹面的中纵凹陷,用以
放置管状的喙。

03.166　后唇基　postclypeus
唇基分成两部时的上部。

03.167　前唇基　anteclypeus
唇基的前部,上唇着生其上。

03.168　口针　stabbers, stylet
口器中的针状构造。

03.169　舐吸式口器　licking mouthparts,
sponging mouthparts, lapping
mouthparts
具有舐吸汁液的大形唇瓣,但缺少口针的
口器。见于非叮刺式的双翅目昆虫。

03.170　基喙　basiproboscis
蝇类口器(喙)中的基部部分。

03.171　端喙　distiproboscis
存在于双翅目、膜翅目昆虫口器中,指喙的
最前端的部分。个别类群进一步特化。如
蝇类的唇瓣。

03.172　唇瓣环沟　pseudotrachea
又称"假气管"。双翅目昆虫唇瓣中的若干
形似气管的小沟,被一系列骨环所支持,液
体性食物通过沟底吸入。

03.173　唇瓣　labellum, labella(复)
端喙的特化类型。在双翅目昆虫口器(喙)
端部成对的瓣状构造,蜜蜂中唇舌端部的
小匙形叶。

03.174　虹吸式口器　siphoning mouthparts
左右下颚的外颚叶结合成细管状能卷曲的
喙,用于吸食。见于鳞翅目昆虫。

03.175　唇侧片　pilifer
鳞翅目成虫和蛹中,上唇每侧的小骨片或

突起。

03.176　吐丝器　spinneret, fusus, fusi
　　　　　　　　　（复）
昆虫幼虫下唇中央的小管状构造,丝腺管
开口于其顶端。

03.177　刮吸式口器　scratching mouth-
　　　　　　　　　parts
舐吸式口器的变型。特点为:下唇坚硬,高
度骨化,适于刮刺,上唇长而尖锐,舌发达,
下颚须显著。见于厩螫蝇等。

03.178　口钩　oral hooks, mouth hooks
又称"上颚"。蝇类幼虫头咽骨的前部,为
成对的坚强爪状构造。

03.179　颈部　cervicum, cervix, rag
头与胸间的膜质部分。

03.180　颈片　cervical sclerites, cervicalia
　　　　　　　jugular sclerites
连接头与胸部的膜质中的小骨片。

03.181　侧颈片　lateral cervicale, laterocer-
　　　　　　　vicalia
位于颈部侧面的颈片。

03.182　负头突　cephaliger
与后头髁相关连的侧颈片前端突起。

03.183　胸部　thorax, thoraces（复）
昆虫体躯的第二体段或中间体段,为运动
中心。由前胸、中胸及后胸三节组成,具有
足和翅。

03.184　前胸　prothorax
胸部的第一胸节,具有前足,但不具翅。

03.185　前胸背板　pronotum
前胸节背面的骨化部分。

03.186　前胸腹板　prosternum
前胸节腹面的骨化部分,位于前足之间。

03.187　前胸腹突　prosternal process
(1)在水生鞘翅目昆虫中,前胸腹板上的针
状突起。(2)甲虫前胸腹板端部的突起。

03.188　前胸侧板　propleuron, propleura
　　　　　　　　（复）
前胸节侧面的骨化部分。

03.189　前背折缘　hypomeron, hypomera
　　　　　　　　（复）
鞘翅目昆虫中前胸背板侧面的折边。

03.190　中鬃　acrostichal bristle
双翅目昆虫中胸背中央的两行鬃。

03.191　背中鬃　dorsocentral bristle
双翅目昆虫中,位于中鬃两侧并与之平行
的鬃列。

03.192　翅胸　pterothorax
又称"具翅胸节"。泛指有翅昆虫的中胸和
后胸。

03.193　前脊沟　antecostal sulcus
背板或腹板靠近前缘的沟,标志前内脊的
位置。

03.194　前盾沟　prescutal sulcus
中胸背板或后胸背板在前脊沟后的横沟,
为盾片和前盾片之间的界线。

03.195　盾间沟　scutoscutellar sulcus
具翅胸节背板划分背板为盾片和小盾片之
间的沟。

03.196　端背片　acrotergite, pretergite
次生节背板前脊沟之前的狭窄骨片,有时
极为扩大,但常常退化或消失。

03.197　前盾片　prescutum, protergite
具翅胸节背板在前脊沟和前盾沟之间的骨
片。

03.198　盾片　scutum, scuti（复）

具翅胸节背板的中部骨片,位于小盾片的前方,常占背板的大部。

03.199　盾沟　scutal sulcus, scutal suture
某些双翅目昆虫中,盾片上的一条横沟。

03.200　小盾片　scutellum, scutelli（复）
具翅胸节背板后面部分的骨片。例如在鞘翅目和半翅目中,中胸小盾片成为位于前翅基部间的三角形骨片。

03.201　上侧背片　superior pleurotergite
又称"侧后小盾片（lateral postscutellar plate）"。蝇类中,位于小盾片的下侧方、中胸后背片的两侧、下腋瓣后下方的骨片。

03.202　后背板　postnotum, posttergite, phragmanotum
背板的端背片因前脊沟内悬骨上强大背纵肌的作用,致使该端背片发达并与前一胸节间的节间膜紧缩前移而与前一胸节紧密结合,成为前一胸节背板的最后部分,称为该胸节的后背板。多发生在翅发达的胸节中。

03.203　背翅突　alaria, alariae（复）
背板侧缘的明显突起,翅与之连接。

03.204　前背翅突　anterior notal wing process
盾片侧缘前部的背翅突,与翅基的第一腋片相连。

03.205　后背翅突　posterior notal wing process
翅胸背板侧缘后部的突起,与翅基的第三腋片相连。

03.206　翅桥　alaraliae
翅前桥与翅后桥的统称。

03.207　翅前桥　prealare, prealar bridge, prealaria, prealariae（复）

具翅背板前内脊区的前侧角向下的延伸部分,有时达前侧片,在侧板的前面支撑背板。

03.208　翅后桥　postalare, postalar bridge, postalaria, postalariae（复）
具翅胸节后背板在翅基后的侧向延伸部分,通常与后侧片合并。

03.209　前侧片　episternum, episterna（复）
侧板在侧沟之前的骨片。

03.210　前侧鬃　propleural bristle
双翅目昆虫位于前胸侧板上靠近前足基节的一或数根鬃。

03.211　上前侧片　anepisternum, supraepisternum
前侧片被沟划分为两部时的上部。

03.212　下前侧片　katepisternum, infraepisternum
前侧片被沟划分为两部时的下部。

03.213　后侧片　epimeron, epimera（复）, postpleuron
侧板在侧沟之后的骨片。

03.214　上后侧片　anepimeron
后侧片被一横沟划分时的上部。

03.215　下后侧片　hypopleuron, hypopleura（复）, katepimeron, infraepimeron
后侧片被一横沟划分时的下部。

03.216　基侧片　coxopleurite, eutrochantin, trochantinopleura
胸部侧板的骨片,有关节与基节的背缘相连。

03.217　上基侧片　anapleurite

某些胸部侧板中,基节上方骨化区背面的骨片。

03.218　基转片　trochantin
有翅昆虫基侧片的残存小骨片,为基节与侧板间的第二个关节。

03.219　上侧片　epipleurite
在侧翅突的前、后膜质中,各有一或数个小骨片,统称上侧片。

03.220　前上侧片　basalare, preparapteron, preparaptera（复）
侧翅突前方游离于膜质中的小骨片,翅前侧肌着生于其内面。

03.221　后上侧片　subalare, postalifer
侧翅突后方游离于膜质中的小骨片,翅后侧肌着生于其内面。

03.222　侧侧片　lateropleurite
某些同翅目昆虫的前上侧片分为上、下两部的下部。

03.223　侧沟　pleural suture
具翅胸节侧板上背腹走向的沟,为前侧片和后侧片的分界。

03.224　侧翅突　pleural wing process, pleuralifera, alifer
侧板在侧沟背端处向背方延伸生成的突起,用作翅运动的支点。

03.225　侧基突　pleural coxal process, coxifer
侧沟内脊腹端处向腹方延伸的突起,用作足(基节)运动的支点。

03.226　背侧片　notopleuron, notopleura（复）
双翅目昆虫中,胸部侧面位于肩胛与翅基之间、中侧片背方、盾片侧腹方的骨片,常略呈三角形。

03.227　背侧沟　notopleural suture
双翅目昆虫中,背侧面由肩胛伸达翅基之间的沟,分隔背侧片和中侧片。

03.228　基前桥　precoxale, precoxalia（复）, precoxal bridge
侧板上位于基转节前的部分,通常与前侧片连接,并与基腹片合并,有时可为明显的骨片。

03.229　基后桥　postcoxale, postcoxalia（复）, postcoxal bridge
侧板上位于基节后的部分,常与腹板合并,并与小腹片连接。

03.230　翅侧片　pteropleuron, pteropleura（复）
双翅目昆虫中胸后侧片的上部,位于下后侧片的上方和翅基下方。

03.231　主腹片　eusternum
具翅胸节的各节腹板中,除具刺腹片以外的腹片,可进一步分为前腹片、基腹片和小腹片。

03.232　前腹片　presternum
主腹片或基腹片前端的狭窄骨片。

03.233　基腹片　basisternum
主腹片中,位于腹内突陷或腹脊沟之前的骨片。

03.234　小腹片　sternellum
主腹片中,位于基腹片之后的骨片。

03.235　间腹片　intersternite
胸部腹面的原生节间骨片。

03.236　具刺腹片　spinasternum
内脊成为刺突状的间腹片。

03.237　腹侧片　sternopleurite
胸部某些侧片与腹片相愈合形成的复合骨

片。双翅目昆虫的中胸下前侧片,位于中侧片下方,常成三角形。

03.238 前腹沟 presternal sulcus
主腹片前部划分出前腹片的横沟。

03.239 腹脊沟 sternacostal sulcus
划分基腹片与小腹片的横沟,其两端为腹内突陷,内脊为腹内脊。

03.240 腹内脊 sternocosta
腹脊沟的内脊。

03.241 中胸 mesothorax
胸部的第二胸节,位于前胸之后,后胸之前,具有中足和前翅。

03.242 中胸背板 mesonotum
中胸节的背板。

03.243 中胸腹板 mesosternum
中胸节的腹板。

03.244 中胸侧板 mesopleuron, mesopleura(复)
(1)中胸节的侧板。(2)又称"中侧片"。双翅目中胸前侧片的上部,位于前气门的后方、腹侧片的上方。

03.245 后胸 metathorax
胸部的第三胸节,位于中胸之后,具有后足和后翅。

03.246 后胸背板 metanotum
后胸节的背板。

03.247 后胸腹板 metasternum
后胸节的腹板。

03.248 后胸侧板 metapleuron, metapleura(复)
后胸节的侧板。

03.249 胸足 thoracic leg
昆虫胸节上的足。

03.250 前足 foreleg
前胸节的足。

03.251 中足 middle leg, midleg
中胸节的足。

03.252 后足 hindleg
后胸节的足。

03.253 基节窝 coxal cavity, acetabulum, acetabula(复)
又称"基节臼"。胸部侧板上围绕足基节的窝或相关区域。

03.254 基节 coxa, coxae(复)
足的基部与体躯连接的足节。

03.255 后基片 meron, mera(复)
足基节基部侧后方的一部分,与基节的主体之间有沟划分,鳞翅目、双翅目等昆虫中发达。

03.256 转节 trochanter
足的一节,位于基节与股节之间,有时分为二节。

03.257 股节 femur, femora(复)
又称"腿节"。足的一节,位于转节和胫节之间,常较粗壮。

03.258 胫节 tibia, tibiae(复)
足的一节,位于股节与跗节之间,一般细长具刺。

03.259 距 spur
表皮上可活动的刺状突起,通常位于胫节上。

03.260 胫节距 tibial spur
胫节末端或近末端的一根或数根刺状突起。

03.261 前胫突 epiphysis
鳞翅目昆虫前足胫节内侧的叶状突起。

03.262 跗节 tarsus, tarsi(复)
足的端部部分,由1~5节构成。

03.263 基跗节 basitarsus
跗节基部的第一节。

03.264 前跗节 pretarsus
足的最末端构造,常由一对侧爪和不成对的中央构造组成。

03.265 跗分节 tarsomer
组成跗节的小节。

03.266 跗爪 tarsungulus
鞘翅目多食亚目幼虫足端部的似爪构造,由跗节和爪愈合而成。

03.267 跗垫 tarsal pulvillus, tarsal pulvilli(复), euplantula
跗分节腹面的垫状构造。

03.268 爪 claw, onychium, onychia(复)
足前跗节的钩状骨化构造,单一或成对。

03.269 掣爪片 unguitractor plate
前跗节基部腹面的骨片,陷入其前的跗分节中,为爪的缩肌着生处。

03.270 爪垫 pulvillus, pulvilli(复)
爪下或爪间的柔软垫状或叶状构造。

03.271 爪间突 empodium, empodia(复)
掣爪片的突起,为单一的中央构造,刺状或叶状。

03.272 中垫 arolium, arolia(复), arolella, arolanna, arolannae(复)
爪间的单一垫状构造。

03.273 小爪 unguiculus, unguiculi(复)
弹尾目昆虫足端位于爪下方的小形爪状构

造。

03.274 黏毛 tenent hair, adhesive organ
跗节腹面的特化黏性毛,用以附着。

03.275 步行足 ambulatorial leg, ambulacra(复)
适于步行的足。

03.276 跳跃足 saltatorial leg
适于跳跃的足。

03.277 捕捉足 raptorial leg
适于捕捉猎物的足。

03.278 开掘足 fossorial leg
适于掘土或钻穴的足。

03.279 游泳足 natatorial leg
适于游泳的足。

03.280 抱握足 clasping leg
适于抱握的足。

03.281 攀附足 scansorial leg
适于攀附宿主毛发的足。

03.282 携粉足 corbiculate leg
具有毛刷、适于携带花粉的足。

03.283 净角器 strigilis, antenna cleaner
前足胫节端部和(或)跗节基部用以清洁触角的构造,常为具缘毛的缺口。

03.284 花粉篮 pollen basket, corbicula, corbiculae(复)
蜜蜂后足胫节宽扁,表面下凹,生有长缘毛,形成一空间,用以携带采得的花粉。

03.285 花粉刷 pollen brush, scopa, scopae(复)
采集花粉的蜂类中,后足基跗节或胫节内面排成若干横列的短硬毛组成的刷状构造,用以梳理附于体毛上的花粉。

03.286　花粉夹　pollen press
蜜蜂类后足基跗节基部外角的小突起,用以将花粉压入花粉篮内。

03.287　翅　wing
昆虫的飞行器官,一般为二对,分别着生于中、后胸上。

03.288　侧背叶　paranotum, paranota（复）
昆虫体节中,背板侧面扩张形成的叶状构造。

03.289　香鳞　androconia
鳞翅目和毛翅目昆虫翅上一种能释放性信息素的特化鳞片。

03.290　[翅]前缘　costal margin, protoloma
翅的前方的边缘。

03.291　[翅]外缘　outer margin
翅外方的边缘,其两端为翅的顶角和后角。

03.292　[翅]内缘　inner margin
又称"[翅]后缘"。翅位于后方的边缘,其两端为翅的后角和臀角。

03.293　肩角　humeral angle
(1)翅基部由前缘与内缘(或其延长线)形成的角。(2)鞘翅目昆虫鞘翅肩区的角。

03.294　顶角　apical angle, protogonia
翅的前缘与外缘形成的角。

03.295　臀角　anal angle
翅的外缘与内缘形成的角。

03.296　基褶　basal fold, plica basalis
翅折叠时,翅基部的折线,位于腋区与中、肘域基部之间。

03.297　臀褶　vannal fold, anal fold, plica vannalis
翅折叠时,位于臀前区与臀区之间的折线。

03.298　轭褶　jugal fold, plica jugalis
轭区发达的翅折叠时,位于臀区与轭区之间的折线。

03.299　臀前区　remigium, preanal area
翅前半部在臀区前方的广大区域,平展并含有翅的多数主要纵脉及其分支。

03.300　臀区　anal region, vannal region, vannus
翅后半部常可折叠的区域,内有臀脉分布。

03.301　腋区　axillary region
翅基部包含腋片的区域。

03.302　轭区　jugal region, neala
翅最后部的区域,位于轭褶之后,多狭小,有轭脉分布或无脉。

03.303　臀叶　anal lobe
(1)膜翅目昆虫中翅的后叶。(2)双翅目昆虫中翅基臀脉后的区域。(3)蚧科(Coccidae)中,掩盖肛门孔的一对小三角形瓣。

03.304　翅瓣　alula, alulae（复）, aluler, cuilleron
双翅目昆虫翅基部后方的叶状片,位于翅的主体与腋瓣之间,以一缺口与翅的主体分开。

03.305　翅痣　pterostigma, stigma
翅前缘上的加厚深色部分,位近径脉的中部或末端。

03.306　鳞片　scale, lepis
昆虫体壁由刚毛特化变形而成的扁平外长物。

03.307　翅关节片　pteralia
昆虫翅基部的关节骨片(翅基片除外)的统称。

03.308 腋片 axillaries
翅关节片的组成部分,1～3片,与亚前缘脉、径脉、臀脉基部相关连。

03.309 肩板 humeral plate
翅前缘脉基方的小形骨片。

03.310 翅基片 tegula, tegulae(复)
翅前缘脉最基部的小骨片,位于肩板的基部。

03.311 腋索 axillary cord
翅基部关节膜的后缘,因加厚并有皱褶而成索状。

03.312 中片 median plate
翅关节片的组成部分,为位于第二、三腋片与中脉、肘脉基部之间的两块骨片。

03.313 平衡棒 halter
双翅目昆虫中,位于后胸两侧的小棒状构造,末端膨大,为后翅特化所形成,具有飞行时维持平衡的功能。

03.314 拟平衡棒 pseudohalteres, pseudo-elytra
捻翅目的退化前翅,成棒状。

03.315 覆翅 tegmen, tegmina(复)
质地坚韧的前翅,不能弯曲或折叠。

03.316 半鞘翅 hemelytron, hemelytra(复), hemielytron, hemielytra(复)
半翅目昆虫的前翅,其基半部革质加厚,端半部膜质。

03.317 爪片 clavus, clavi(复)
半翅目半鞘翅的臀域,常骨化成一狭片。

03.318 革片 corium
半翅目昆虫鞘翅的骨化部分中,位于爪片前方的区域。

03.319 楔片 cuneus, cunei(复)
半翅目昆虫半鞘翅中,革片外端部被一横缝(楔片缝)划出的小三角形区。

03.320 膜片 membrane
半翅目昆虫半鞘翅中,膜质的端部部分。

03.321 缘片 embolium
半翅目昆虫半鞘翅中,位于革片前缘处的狭条状区域,以一纵走沟纹与革片分界。

03.322 鞘翅 elytron, elytra(复)
甲虫的革质或骨化前翅,静止时覆盖后翅,常在背中相遇成一直线。

03.323 缘折 epipleuron, epipleura(复)
鞘翅前缘向下或向内弯折的部分。

03.324 鞘翅缘突 elytral flange
甲虫两鞘翅在背中缝相合处的衔接构造,其一侧的缝缘凸出成边,伸入对侧缝缘的纵槽中。

03.325 锁突 locking flange
甲虫鞘翅靠近前缘内的一条纵脊或突起,与翅下的腹节侧缘弯折的侧腹片相嵌,使鞘翅停放稳定。

03.326 条纹 stria, striae(复)
泛指纵走的细刻纹。鞘翅目昆虫鞘翅上的纵条或沟,常有刻点。

03.327 刻纹 sculpture
体表由于下陷或隆起所形成的斑点或图案。

03.328 明斑 corneus point
脉翅目和毛翅目昆虫中,位于翅中域的小白斑或几乎透明的斑点。

03.329 明斑室 thyridial cell
毛翅目昆虫中脉第一分叉形成的翅室,位于明斑后方的翅室。

03.330 翅褶 plica, plicae（复）

翅表的褶线或皱折。

03.331 腋瓣 calypter, calypteres（复），
squama, squamae（复）

(1)翅的第三腋片下膜质化的膨大部分。
(2)双翅目昆虫平衡棒基部前上方的一对膜质小片状构造。

03.332 上腋瓣 upper squama, alar ca-
lypter

双翅目昆虫静止时位于上方,翅展时位于外方的腋瓣。

03.333 下腋瓣 lower squama, thoracic ca-
lypter

双翅目昆虫静止时位于下方,翅展时位于内方的腋瓣。

03.334 前缘刺 costal spine

鳞翅目昆虫后翅前缘脉近基部的刺状刚毛列,用于翅的连锁。

03.335 缘毛 fringe

又称"缨毛"。翅或其他构造边缘的毛列,常较长而排列整齐。

03.336 肩胛 humeral callus

双翅目昆虫中胸盾片的前侧方略为隆出的区域。鞘翅目昆虫前翅肩部近方形或圆形的突起。

03.337 领片 patagium, patagia（复）

鳞翅目昆虫前胸背面两侧的片状小突起,上生鳞毛。

03.338 胝 callus, calli（复）

泛指体表的瘤状构造或加厚部分。

03.339 翅脉 vein, nervure

昆虫翅上的管状加厚的构造,用以加强翅面。

03.340 脉序 venation, nervulation, neur-
ation

又称"脉相"。翅脉的分布格局和排列系统。

03.341 纵脉 longitudinal vein

沿翅长轴走向的翅脉。

03.342 前缘脉 costa

位于翅前缘的第一纵脉,用"C"表示。

03.343 亚前缘脉 subcosta

紧位于前缘脉后的纵脉,用"Sc"表示。

03.344 径脉 radius

由翅基发出的第三条纵脉,位于亚前缘脉之后,其分支常不超过5条,用"R"表示。

03.345 径分脉 radial sector

径脉第一次分叉所形成二个分支中的后面一支,用"Rs"表示。

03.346 径干脉 radial stem vein

径脉在分支前的部分。

03.347 中脉 media

径脉之后的纵脉,由翅基部中片伸出,一般位于翅的中部,其分支不多于4条,用"M"表示。

03.348 肘脉 cubitus

位于中脉之后的纵脉,一般分为2支,用"Cu"表示。

03.349 臀脉 anal vein

位于肘脉之后的纵脉,分布于臀区内,一般不多于3条,用"A"表示。

03.350 轭脉 jugal vein

轭区中的1~2根短脉,常成距状,用"J"表示。

03.351 横脉 crossvein

连接两条纵脉之间的短脉。

03.352 肩横脉 humeral crossvein
前缘脉和亚前缘脉之间靠近翅基部的横脉，用"h"表示。

03.353 径横脉 radial crossvein
位于径脉和紧跟其后的径脉分支之间的横脉，用"r"表示。

03.354 分横脉 sectorial crossvein
位于径2+3脉和径4+5脉之间或径3脉和径4脉之间的横脉，用"s"表示。

03.355 径中横脉 radio-medial crossvein
位于径脉和中脉之间的横脉，其模式位置为径4+5脉和中1+2脉之间的横脉，用"r-m"表示。

03.356 中横脉 medial crossvein
位于中2脉和中3脉之间的横脉，用"m"表示。

03.357 阶脉 gradate crossvein
形成连续梯状系列的一系列横脉，可跨越几条纵脉。

03.358 闰脉 intercalary vein
又称"间插脉"。位于两根纵脉之间的游离纵脉。

03.359 伪脉 false vein
纵脉间的翅膜因折叠或加厚形成的似脉状构造。

03.360 弓脉 arculus
蜻蜓目昆虫中，连结R+M脉与肘脉基部之间的横脉。

03.361 并脉 anastomosis
任何两条翅脉的会合或密接部分；有时与翅痣等同。在脉翅目和襀翅目昆虫中，为并列的一系列小横脉。

03.362 结脉 node, nodus, nodi（复）
蜻蜓目中，翅前缘中部连接前缘脉、亚前缘脉及径脉的粗横脉。

03.363 斜脉 oblique vein
蜻蜓目中，位于第二中脉和径分脉间，在结脉的外端并且斜行的明显横脉。

03.364 翅室 cell
被翅脉或被翅脉及翅缘所包围的区域。

03.365 副室 accessory cell, areoles
昆虫中不常见的翅室。由径脉、径分脉并接所围成的封闭小室。

03.366 闭室 closed cell
完全被翅脉所围绕的翅室。

03.367 开室 open cell
伸展至翅缘的翅室。

03.368 中室 discoidal cell, median cell
位于翅中部的显著翅室。

03.369 纵室 oblongum
某些鞘翅目昆虫后翅中的封闭翅室，常为长方形。

03.370 翅轭 jugum, juga（复）
鳞翅目及毛翅目昆虫前翅基部的叶状突起，伸至后翅基部的下方夹持后翅，飞行时使前、后两翅连锁。轭翅之后的翅区。

03.371 翅缰 frenulum
由后翅前缘基部发生的一根或多根硬刚毛，飞行时用于连锁前、后翅。

03.372 系缰钩 retinaculum
前翅腹面亚前缘脉基部（雄）或肘脉基部（雌）上的簇毛或鳞片形成的钩，翅的翅缰插入其中，飞行时使前、后翅连锁。

03.373 翅钩 hamulus, hamuli（复）
膜翅目昆虫后翅前缘上的一系列小钩，飞行时用以挂住前翅的后缘。

03.374 腹部 abdomen
昆虫体躯的第三体段,紧接于胸部之后,一般由 9~11 个明显体节所组成。

03.375 腹节 abdomere, abdominal segment
腹部的各体节。

03.376 腹足 proleg, abdominal leg
昆虫幼虫期腹部的成对突起,常为肉质而不分节。

03.377 腹栉 abdominal comb
位于腹节背板后缘,排列呈栉状的刺。见于蚤目。

03.378 基肢片 coxite
(1)足状附肢基节的组成部分或基部骨片。
(2)昆虫生殖肢的基部骨片。

03.379 中背片 mediotergite
腹部背板的中央部分。

03.380 侧背片 laterotergite, pleurotergite, paratergite
腹部背板两侧的骨片。

03.381 侧腹片 laterosternite, pleurosternite
腹部腹板的侧面部分。

03.382 气门 spiracle, spiracula, spiraculae(复), stigma, stigmata(复)
昆虫的气管系统在体外的开口。

03.383 前气门 prostigma
位于前胸侧板后上方的气门。

03.384 后气门 poststigma
位于后胸侧板前上方的气门。

03.385 气门鳃 spiracular gill
水生昆虫蛹及幼虫气门生出的长条形鳃,供水中呼吸之用。

03.386 并胸腹节 propodeum, propodeon
膜翅目昆虫中,向前并入胸部的第一腹节。

03.387 腹柄 petiole, petiolus, petioli(复), petiolar segment
腹部基部缢缩形成的柄状部分,由 1 节或 2 节组成。

03.388 并胸腹节三角片 propodeal triangle
膜翅目细腰亚目中的后胸后背片。

03.389 柄后腹 gaster
并胸腹节以后各腹节的总称。

03.390 侧接缘 connexivum
半翅目异翅亚目昆虫腹节两侧的区域,常以膜质或沟纹与腹节的中央区域分开。

03.391 合腹节 synsternite
膜翅目细腰亚目中,若干腹节的腹片愈合而成的骨片。

03.392 体刺 armature
粗刚毛、刺或骨化突起等的统称。

03.393 毛序 chaetotaxy
刚毛的排列方式。

03.394 刚毛 seta, setae(复), macrotrichia
坚硬的毛,由单一的毛源细胞形成。

03.395 步刚毛 ambulatorial seta
一些鞘翅目昆虫幼虫腹部腹面的特化毛。

03.396 螫毛 urticating hair, glandular hair
与皮下毒腺相连的毛,能分泌毒液。多见于鳞翅目幼虫。

03.397 腺毛 glandular seta
与皮腺相连、有开口的管形刚毛。

03.398　栉　ctenidium, ctenidia（复）
昆虫任何部分的梳齿状构造。

03.399　点毛　trichobothrium, trichobothria（复）
一种特殊的感觉毛,其基部为一小型隆丘,丘顶下凹。

03.400　毛窝　alveolus, alveoli（复）
体壁的杯状腔或小凹窝,由此发生一根刚毛或一鳞片。

03.401　刺序　acanthotaxy
昆虫体表刺或瘤的排列方式。

03.402　微刺　microtrichi
微小而无基部关节的毛状或刺状构造。见于某些昆虫的翅面等。

03.403　黏管　collophore, ventral tube
弹尾目昆虫第一腹节腹板向下伸出的管状构造,末端常为一双叶状的囊。

03.404　弹器　furcula, saltatorial appendage
又称"跳器"。弹尾目昆虫中用以跳跃的器官,为第五腹节端部的附器。

03.405　弹器基　manubrium, furcular base
弹器的基部一节。

03.406　叉节　dens, dentes（复）
弹器分叉部分中基部较长的一节。

03.407　端节　mucro
弹器分叉部分中的端部较短的一节。

03.408　握弹器　tenaculum, clasp, catch
弹尾目昆虫中,位于第三腹节腹面中央的二叉状小型器官,用以握住弹器。

03.409　刺突　furca, furcae（复）
具刺腹片的表皮内突。

03.410　趾钩　crochet
鳞翅目幼虫腹足底部的弯刺或钩。

03.411　单序趾钩　uniordinal crochets
趾钩的一种排列类型。同一行中,各趾钩的长度相等。

03.412　双序趾钩　biordinal crochets
趾钩的一种排列类型。同一行中的趾钩分为长、短两类,常相间排列。

03.413　复序趾钩　multiordinal crochets
趾钩的一种排列类型。同一行中的趾钩长度有两种以上者。

03.414　环式趾钩　circle crochets
趾钩排列成一整环者。

03.415　缺环式趾钩　penellipse crochets
趾钩排列成半环或一侧边有缺口。

03.416　鼓膜叶　tympanal lobe
蝗虫腹部第一节两侧腹听器前下方的片状构造,遮盖听器的一部分。

03.417　音锉　stridulitrum, file
昆虫以身体的一个部分摩擦另一表面粗糙部分而发出声音,被摩擦的粗糙面即是音锉。

03.418　刮器　scraper, rasp
任何特化或适于擦或刮的构造或部分。

03.419　气管鳃　tracheal gill
水生昆虫幼虫身体上的片状或毛状突起,内含气管分支,用以在水中呼吸。

03.420　腹鳃　abdominal gill
蜉蝣、石蝇等水生幼虫腹部由表皮形成的鳃状构造。

03.421　血鳃　blood gill
水生昆虫幼虫体壁或肛道内的呼吸外长物,常成丝状,无气管分布,血液在其中循环。

03.422 臭腺孔 ostiola, ostiolae（复），scent gland orifice

半翅目异翅亚目昆虫中,臭腺的开口,在成虫中位于后胸侧板近后足基节处,在若虫中位于腹部背面。

03.423 浮水器 hydrostatic organ

又称"水中平衡器"。水生昆虫藉以浮水的器官。如幼虫的气囊等。

03.424 生殖节 genital segment, gonosomite

昆虫生殖器官所在的腹节,雄性主要为第九腹节,雌性主要为第八及第九腹节。

03.425 生殖前节 pregenital segment

昆虫腹部生殖节前的体节。

03.426 生殖后节 postgenital segment

昆虫腹部在生殖节后的体节。

03.427 雌生殖节 gynium

双翅目雌性的第八腹节。

03.428 生殖肢 gonopod

生殖节的附肢,其功能与交配或产卵有关。

03.429 生殖板 gonoplac

雌虫第九腹节生殖基节后侧方突起或延长部分,可发育成为产卵瓣或产卵器鞘。

03.430 下生殖板 subgenital plate, vulvar scale, hypandrium

生殖器腹面的骨片。hypandrium 专用于雄虫。

03.431 雄性生殖背板 epandrium

特指双翅目昆虫雄性腹节第九背板。

03.432 雄性生殖腹板 hypoandrium

特指双翅目昆虫雄性腹节第九腹板。

03.433 生殖囊 genital capsule, pygophore, gonosaccus

雄虫第九腹节变形成一囊状或碗状的构造,外生殖器常位于其中。

03.434 生殖毛 gonosetae

雄性脉翅目昆虫中,位于生殖囊上的1～2组强刚毛。

03.435 生殖突 gonapophysis

低等昆虫中,围绕在生殖孔外的附肢。

03.436 生殖基片 gonocoxite

生殖肢的基肢片。

03.437 生殖刺突 gonostylus, gonostyli（复）

生殖节的刺突,雄性常指抱握器官,雌性常指产卵瓣。

03.438 生殖腔 genital chamber, vagina

(1)雌虫第八腹节腹板后方内凹形成的腔室,内含生殖孔及受精囊孔,常变窄而形成囊状或管状的阴道或子宫。(2)雄虫第九腹节腹板内凹所形成的腔室,含有阳茎等构造。

03.439 生殖口 gonotreme

雌雄两性生殖腔的外口。

03.440 生殖孔 gonopore

射精管或输卵管的外端开口。

03.441 阳茎口 phallotreme, secondary gonopore

又称"次生生殖孔"。内阳茎的顶端开口,通常在阳茎的末端。

03.442 单孔式 monotrysian type

雌蛾腹部末端交配孔与产卵孔合而为一者。见于鳞翅目翅轭亚目昆虫。

03.443 双孔式 ditrysian type

雌蛾腹部末端交配孔与产卵孔彼此分离者。见于多数鳞翅目昆虫。

03.444 外孔式 exotrysian type
蝙蝠蛾总科雌虫中,交配孔与产卵孔虽然分离,但彼此却十分靠近。

03.445 尾须 cercus, cerci（复）
(1)腹部第十一节的成对附肢。(2)双翅日雄虫中的肛尾叶。

03.446 尾铗 forceps, forcipes（复）
腹部末端的钳状构造,用于防御。

03.447 中尾丝 caudal filament, median cercus
第十一腹节背板中央伸出的单一细长、分节的丝状构造。

03.448 腹管 cornicles, corniculus, corniculi（复）, siphunculus
蚜虫第五或第六腹节背板两侧的管状突起,能分泌报警信息素。

03.449 尾节 telson, periproct
又称"围肛节"。昆虫腹部末端含有肛门的部分。

03.450 针突 stylus, style, styli（复）
常指昆虫生殖基肢节或腹板上可活动的、不分节的针状突起。

03.451 尾肢 pygopod
第十腹节附肢的总称。

03.452 尾鳃 caudal gill, cercobranchiate
蜻蜓目束翅亚目稚虫身体末端的三个叶状气管鳃。

03.453 尾器 terminalia
昆虫腹部特化为与生殖有关的端部各节总称。

03.454 侧尾叶 surstylus, surstyli（复）
双翅目雄虫并合于第九腹节背板两侧的成对附器,源于第十腹节背板。

03.455 端附器 apical appendage, dististylus
(1)长翅目雄性昆虫尾部的针突。(2)双翅目雄性昆虫生殖肢的端节。

03.456 臀板 pygidium, pygidia（复）, suranal plate, anal plate
腹部末节的背板。

03.457 臀前鬃 antepygidial bristle, antepygidial setae
蚤目昆虫腹部第七节背板端缘上的一或多个较大刚毛。

03.458 尾叉 urogomphus, urogomphi（复）, anal fork
鞘翅目幼虫第八或第九腹节背板后端的骨化突起,分节或不分节。

03.459 臀栉 anal comb
鳞翅目幼虫肛上板腹面邻近肛门中间部分骨化的栉形或叉形构造,用以弹去粪粒。

03.460 臀棘 cremaster
鳞翅目昆虫蛹的尾端带钩的刺,起附着作用。

03.461 臀裂 anal cleft
雌性蜡蚧若虫由肛门向后延伸的深缺口。

03.462 臀足 caudal leg, caudal proleg
幼虫身体末节上的一对腹足。

03.463 臀胝 callus cerci
某些脉翅目昆虫臀板两侧具毛的丘状隆起。

03.464 肛节 anal segment
昆虫腹部最末的一节。

03.465 载肛突 proctiger
具有肛门的退化的第十腹节。

03.466 肛上板 epiproct, supraanal plate

昆虫第十一腹节的背板。

03.467 肛侧板 paraproct, parapodial plate
肛门两侧的一对侧叶。

03.468 肛下板 hypoproct, hypopygium
专指肛门的下板。有时作为下生殖板。

03.469 肛乳突 anal papilla, anal papillae
（复）
(1)弹尾目昆虫载有肛门的突起。(2)摇蚊
幼虫肛门附近的乳突状或囊状构造。

03.470 肛门腺 anal gland
开口于肛门附近的由外胚层起源的腺体。

03.471 肛门 anus, anali（复）, anal
orifice, vent
消化道末端的开口,食物残渣经之排出。

03.472 肛垫 anal pads
在肛门两侧的一对垫状构造。

03.473 外生殖器 genitalia
与交配、产卵有关的外胚层起源的生殖构
造的总称。

03.474 阳具 phallus
昆虫雄性交配器的统称,一般包括阳[茎]
基和阳茎[端]等。

03.475 阳[茎]基 phallobase, tegmen
阳具的基部部分,为一支持阳茎的构造,其
发育程度变化极大,通常形成一包围阳茎
的褶或鞘。tegmen用于鞘翅目雄虫阳茎
基部的骨片。

03.476 阳茎[端] aedeagus, distiphallus
为插入器主要组成部分,常为骨化管状。
双翅目中使用"distiphallus"。

03.477 内阳茎 endophallus
位于阳茎端部的内陷腔室,射精管开口于
内。

03.478 阳基侧突 paramere
阳基两侧的片状或叶状突起。

03.479 插入器 penis, intromittent organ
雄性的插入器官,生殖孔位于其中。

03.480 抱握器 clasper, harpago,
harpagones（复）
交配时,雄虫抱握雌虫的器官。

03.481 阳[茎]基鞘 phallotheca
包围阳[茎]基的骨化构造。

03.482 内阳[茎]基鞘 endotheca
阳[茎]基鞘的内壁。

03.483 围阳茎器 periphallic organ
第九腹节或其他腹节上围绕阳茎周围的构
造。

03.484 原阳具叶 primary phallic lobe
雄性外生殖器的胚形,最终发育形成各类
群的外生殖器。

03.485 生殖窗 fenestra, fenestrae（复）
又称"膜孔","透明斑"。雄性蜻蜓第二腹
节腹面的次生生殖器的开口。

03.486 耳形突 oreillets, oreilletor
雄性蜻蜓生殖窗两侧背板上的耳状突起。

03.487 肛附器 anal appendage
蜻蜓第十腹节背板端缘上的一对长突起。

03.488 阳具叶 phallomere
在雄性昆虫外生殖器演化过程中,出现于
生殖孔周边的叶状突起,多数情况下合并
形成阳茎。在蜚蠊和螳螂类中,仅发育成
叶状构造。

03.489 阳茎针 cornuti
又称"角状器"。鳞翅目昆虫阳茎端膜上的
细长骨化刺,一至多枚,交配后常留在雌虫
的交配囊内。

03.490 伪阳茎 pseudophallus, pseudopenis

网翅目昆虫左阳茎叶的数个突起中的一个,位于腹方,靠近射精管开口。

03.491 下阴片 hypogynium, hypogynia（复）

雌性昆虫的第八腹板。

03.492 盖片 operculum

遮盖于某种开口或构造外面的片状物。

03.493 肛下犁突 vomer subanalis

竹节虫目雄性昆虫中,位于第十腹节腹板上有助于交配的可动骨片。

03.494 生殖脊 gonocrista, gonocristae（复）

脉翅目草蛉科雄虫第九腹板背膜上单一或成对的齿板。

03.495 殖弧梁 tignum

部分脉翅目草蛉科雄虫中,介于肛下板和殖弧叶之间的横拱形结构。

03.496 殖弧叶 gonarcus

广翅目、脉翅目雄虫中,介于肛节之下和阳茎之上的拱形结构。

03.497 殖下片 gonapsis, gonapsides（复）

某些脉翅目草蛉雄虫中,与第九腹板背膜的下表面愈合的片状构造。

03.498 阳茎端膜 vesica

鳞翅目雄虫阳茎端的特化膜质部分。

03.499 背兜 tegumen

鳞翅目雄性外生殖器中形似围巾或倒置的槽状构造,位于肛门的背面,后端延伸成爪形突,为第九腹节背板演变形成。

03.500 基腹弧 vinculum

雄性鳞翅目昆虫的外生殖器中,由第九腹节腹板衍生的 U 形片,其背臂与背兜连接,后缘与抱器瓣连接。

03.501 爪形突 uncus, unci（复）

(1)昆虫雄性外生殖器的钩状或爪状突起。

(2)鳞翅目昆虫背兜后端向下弯曲的片状或钩状构造。

03.502 抱器瓣 valvae, hapis

鳞翅目昆虫雄性外生殖器中的成对抱握器官,多为片状,大而显著。

03.503 颚形突 gnathos, scaphium, subscaphium

又称"下齿形突"。雄性鳞翅目昆虫外生殖器中,由背兜后缘发生的一对附器,位于爪形突之下,并可向下向后围绕肛管,在其下方中央会合。

03.504 尾突 socius, socii（复）

雄性鳞翅目昆虫外生殖器中,位于背兜后缘靠近爪形突基部的一对细长的突起状构造,常呈棒状,并具毛。

03.505 囊形突 saccus

鳞翅目昆虫雄虫外生殖器中,基腹弧腹面中央向头延伸形成的囊状构造,常骨化较强。

03.506 伪尖突 pseudosaccus, pseudosacci（复）

雄性鳞翅目昆虫外生殖器腹面中央,由抱器瓣的前腹端向头延伸的管状构造。

03.507 阳茎端环 anellus

围绕阳茎端膜质结构,与支持阳茎有关。

03.508 阳茎基环 juxta

围绕鳞翅目阳茎基部的环状骨化构造,与支持阳茎有关。

03.509 围阳茎鞘 manica

鳞翅目昆虫雄性外生殖器中,阳茎端环的

内层。

03.510 抱器背 costa, costae（复）
鳞翅目昆虫雄性外生殖器中,抱器瓣的背侧边缘区域。

03.511 横带片 transtilla
又称"抱器背基突"。雄性鳞翅目昆虫外生殖器中,抱器背基部发生的突起;有时二抱器背基突相互延伸并成一横带。

03.512 抱器腹 sacculus
鳞翅目昆虫雄性外生殖器中,抱器瓣的腹侧边缘基部区域。

03.513 抱器端 cucullus
雄性鳞翅目昆虫外生殖器中,抱器瓣的背面端部区域。

03.514 膨大跗端 vexillum
膜翅目昆虫中某些穴居类跗节端部上的扩张部分。

03.515 阳茎基腹铗 volsella
膜翅目昆虫雄性外生殖器中,阳茎基的腹侧突起。

03.516 抱器指突 digitus
鳞翅目昆虫雄性外生殖器中,端部内侧发生的小型指状或乳状突起。

03.517 产卵器 ovipositor, oviscapt
雌虫腹端用以产卵的管状或瓣状构造。

03.518 腹产卵瓣 ventrovalvula, ventro-valvulae（复）
又称"第一产卵瓣"。产卵器的腹瓣,源于第八腹节的生殖突。

03.519 内产卵瓣 intervalvula, intervalvu-lae（复）
又称"第二产卵瓣"。产卵器的中间瓣,源于第九腹节的生殖突。

03.520 背产卵瓣 dorsovalvula, dorsoval-vulae（复）
产卵器的背瓣,第九腹节生殖基节的外侧突起,可成包围产卵器的鞘。

03.521 负瓣片 valvifer
又称"载瓣片"。产卵器基部的构造,为生殖肢的基肢节演变形成的骨片,其上生有产卵瓣,包括第八腹节的第一负瓣片和第九腹节的第二负瓣片。

03.522 瓣间片 gonangulum, gonangula（复）
又称"生殖棱"。产卵器基部的小骨片,与第一生殖突基部腹面相连,并与第九腹节背板以及第二生殖基节相关联,可能与第九腹节基肢节的前背角部分同源。

03.523 导卵器 egg-guide
直翅目昆虫雌虫第八腹节腹面后端位于产卵器的二个腹瓣之间的小突起。

03.524 阴道 vagina
雌虫位于中输卵管后面的一段管道,由生殖腔衍生而成。

03.525 阴门 vulva
雌虫阴道的开口。

03.526 交配孔 ostium, ostia（复）
鳞翅目雌虫的外生殖孔,用以接纳精子,导入交配囊管。

03.527 螯针 sting
膜翅目针尾类昆虫的针状特化产卵器。

03.528 围阴器 perigynium
又称"围雌器"。原尾目雌虫外生殖器的基部部分,大体成一背方开口的环,并生有一对细长的表皮内突。

03.529 阴门瓣 valvula vulvae
蜻蜓目束翅亚目雌虫的第一生殖肢退化成

的两个小瓣状构造,位于阴道的入口处。

03.530 产卵丝 fila ovipositoris
某些竹节虫目雌虫中,伸过腹部末端的腹产卵瓣。

03.531 伪产卵器 false ovipositor
毛翅目雌虫细长能伸缩的第九腹节。

03.532 导管端片 antrum
鳞翅目雌虫的外生殖器中,交配囊管端部高度骨化部分。

03.533 阴片 sterigma
鳞翅目雌虫围绕交配孔周围的骨化结构,其中包括前阴片和后阴片。

03.534 前阴片 lamella antevaginalis
阴片的前部,源自第七、第八腹节节间膜,也有可能一部分源自第七腹板。

03.535 后阴片 lamella postvaginalis

阴片的后部,源自第七、第八腹节节间膜,也有可能一部分源自第八腹板。

03.536 囊突 signum
鳞翅目雌虫的交配囊壁内高度骨化的刺状或小钩状构造,一个或数个。

03.537 精孔 micropyle
昆虫卵壳上的小孔,卵受精时精子由此进入卵内。

03.538 菌室 mycangial cavity
鞘翅目小蠹科昆虫体表的一种特殊凹陷,用于携带共生菌。

03.539 卵盖 egg cap
卵的盖状构造,位于卵的一端,幼虫孵化时被顶开。

03.540 气洞 aeropyle
卵壳内层的微形通气孔道的向外开口。

04. 昆虫内部构造

04.001 体壁 integument
昆虫躯体外表的组织构造,由表皮、真皮和基膜组成。

04.002 表皮 cuticle, cuticula(拉)
昆虫躯体的外层包被物,由真皮细胞分泌形成。亦存在外胚层内陷构造上。如口道、肛道、气管上。

04.003 盖表皮 tectocuticle, cement layer
又称"黏质层"。在某些昆虫上表皮最外面的一层黏质结构。

04.004 上表皮 epicuticle, epicuticula（拉）
表皮中覆盖在外表皮上面的不含几丁质的薄层,由内上表皮、外上表皮、蜡层和黏质

层组成。

04.005 原表皮 procuticle
最初分泌形成的几丁质表皮,以后分化形成外表皮、中表皮和内表皮。

04.006 外表皮 exocuticle, exocuticula（拉）
表皮的外层,琥珀色,由鞣化蛋白和几丁质组成。黑化和硬化均发生在此层。

04.007 中表皮 mesocuticle
介于内表皮和外表皮之间的一层弹性的或骨化的构造。

04.008 内表皮 endocuticle, entocuticle, endocuticula（拉）

表皮的内层,柔软,透明,由几丁质和蛋白质组成。

04.009　真皮 epidermis, hypodermis
昆虫体壁源于外胚层的细胞层,位于表皮之下,由它分泌形成表皮。

04.010　孔道 pore canal
表皮中的狭窄通道,连接真皮层和外表皮基部,运送真皮细胞分泌物到体壁表层。

04.011　基膜 basement membrane
(1)昆虫体壁真皮层下的一层薄膜。(2)上皮细胞层外侧的一层薄膜。如中肠的基膜。

04.012　蜕皮腺 exuvial gland, moulting gland
真皮的腺体,具有分泌蜕皮液的功能。

04.013　内骨骼 endoskeleton
由体壁向内伸入体腔,供肌肉着生的骨化突起。

04.014　悬骨 phragma, phragmata(复)
胸部内骨骼的横分壁;着生肌肉的内表皮的突出构造或内脊。

04.015　前悬骨 prephragma
胸部体节前方的悬骨或分壁,由背板内陷生成。

04.016　后悬骨 postphragma
胸部体节后方的悬骨或分壁,由后背板内陷生成。

04.017　幕骨 tentorium, tentoria(复)
昆虫头部的内骨骼,包括二或三对愈合的表皮内突,成为头部的支架,支持脑和前肠并供头部和胸部肌肉着生。

04.018　幕骨陷 tentorial pit
幕骨臂着生处在头壳表面形成的凹陷;前

幕骨陷位于额颊沟或常在额唇基沟中,后幕骨陷位于次后头沟的下端。

04.019　腹内突 sternal apophysis
主腹片的侧内突臂,在高等昆虫中合并于中央基部上,构成叉骨。

04.020　皮腺 dermal gland
真皮中的单细胞腺体,分泌蜡质、信息素、刺激性毒液等物质。

04.021　兵蜡腺 nasute gland
兵蜡的一种腺体,能产生有护卫作用的分泌物。

04.022　杜氏腺 Dufour's gland, alkaline gland
膜翅目昆虫的一种囊状腺体,分泌由螫刺传送的毒液中的碱性成分。

04.023　气味腺 odoriferous gland
又称"臭腺(scent gland)"。异翅亚目昆虫的腺体,分泌气味强烈的挥发性物质,或臭或香。在若虫它开口于腹部背面,在成虫则开口于后胸腹板或前侧片上。

04.024　背肌 dorsal muscle, musculus doralis(拉)
昆虫背面的纵肌,着生于节间褶或相联背板的前内脊上。

04.025　腹肌 ventral muscle, musculus ventralis(拉)
昆虫腹面的肌肉,肌纤维纵行,着生于节间褶或相联腹板的前内脊上。

04.026　横肌 transverse muscle, musculus transversalis(拉)
昆虫体内位于纵肌肌束间的肌肉,包括背横肌及腹横肌。

04.027　脏肌 visceral muscle, musculus viscerum(拉)

内脏的肌肉,可使脏器蠕动。

04.028 侧肌 lateral muscle, musculus lateralis(拉)
昆虫体节内和体节间着生于背腹面的肌肉。

04.029 展肌 abductor, abductor muscle, musculus abductor(拉)
使附肢伸展或曳离躯体的肌肉。

04.030 收肌 adductor, adductor muscle, musculus adductor(拉)
曳附肢靠向体躯或使各部分并接的肌肉。

04.031 心翼肌 alary muscle, musculus alaris(拉)
位于昆虫躯体背部中央的成对横行肌,连接和支撑着心脏,通常排列成扇形状的肌纤维群。

04.032 鞘肌 muscularis(拉)
包围着昆虫消化道各部分的肌肉层,由环肌及纵肌组成。

04.033 飞行肌 flight muscle
支配着昆虫飞行动作的相关肌肉。

04.034 纤维肌 fibrillar muscle
蜜蜂、胡蜂及很多双翅目昆虫的间接翅肌,由很大的纤维丝束组成,无肌纤维膜,纤维丝由气管束缚在一起。

04.035 同步肌 synchronous muscle
肌纤维收缩频率与神经脉冲频率相一致的肌肉。

04.036 异步肌 asynchronous muscle
肌纤维收缩频率与神经脉冲频率不一致的肌肉。

04.037 肌节 myotome
依体节划分的体肌。

04.038 肌粒 sarcosome
昆虫肌细胞中的大型线粒体。

04.039 心肌壁 myocardium
组成昆虫背血管的肌肉管壁,薄而透明,肌膜横纹不显著,肌纤维排列较松散。

04.040 皮肌纤维 tonofibrilla, tonofibrillae(复)
联结肌肉纤维与表皮内面的表皮纤维丝。

04.041 翅韧带 alar frenum(拉)
(1)双翅目昆虫中,划分翅上腔为前后两部分的小韧带。(2)膜翅目昆虫中,向着翅基穿越翅上沟的小韧带。

04.042 脑 cerebrum, supraoesophageal ganglion
位于昆虫头内食道上的神经团,由前脑、中脑和后脑三部分组成。

04.043 前脑 procerebrum, protocerebrum
脑的前部,含视觉中心和某些神经联系中心。

04.044 前脑桥 protocerebral bridge, pons cerebralis(拉)
位于脑间部后背部的前脑块。

04.045 中央体 central body, corpus centrale(拉)
昆虫前脑中央的一团神经纤维网,呈卵圆形。

04.046 蕈状体 mushroom body, corpora pedunculatum(拉)
前脑的具柄神经团,被认为是昆虫脑的嗅觉和学习与记忆的中枢。在某些昆虫则参与视觉的整合,且与行为有关联。

04.047 蕈体冠 calyx, calyces(复)
蕈状体的顶部构造。

04.048 α叶 alpha lobe
前脑蕈状体所分成的一部分。

04.049 β叶 beta lobe
前脑蕈状体所分成的一部分。

04.050 蕈状体柄 peduncle, pedunculus
（拉），pedunculi（复）
蕈状体的柄状构造。

04.051 视觉中枢 optic center
位于视叶内的神经丛。

04.052 视叶 optic lobe, optic tract
又称"视神经节（optic ganglion）"。前脑的
侧叶，为视觉的神经中心。

04.053 视内髓 opticon, internal medul-
lary mass, medulla interna（拉）
昆虫视叶基部的神经髓质。

04.054 视外髓 epiopticon, medulla exter-
na（拉）
视叶内位于神经节层和视内髓之间的神经
纤维网。

04.055 神经节层 periopticon
昆虫视叶内最外侧由三团神经纤维网组成
的构造。

04.056 视觉筒 optic cartridge
组成神经节层的基本柱状单元。

04.057 内交叉 internal chiasma
昆虫脑视叶内的神经交叉。

04.058 外交叉 external chiasma
昆虫视叶中，视神经纤维在离神经节层后，
相互交叉所形成的构造。

04.059 小叶板 lobula plate
双翅目昆虫脑视叶的组成部分，控制视动
反应。

04.060 前连索 anterior dorsal commissure
前脑中心体背前方的神经连索。

04.061 中脑 deutocerebrum
昆虫脑的中段，由第二原生节的神经节形
成，包括成对的触角叶。

04.062 神经纤维球 glomerulus, glomeruli
（复）
在神经中枢由混合的神经纤维末梢形成的
紧密小团。

04.063 中脑连索 deutocerebral commis-
sure
两边触角神经纤维球间的连索，横经脑的
下部。

04.064 触角叶 antennal lobe
又称"嗅叶（olfactory lobe）"。中脑的组成
部分，触角神经细胞所在处。

04.065 附触角神经 accessory antennal
nerve
从中脑触角叶伸向触角的运动神经。

04.066 后脑 tritocerebrum, oesophageal
lobe
昆虫脑的第三部分，由中脑下方的两脑叶
组成，源自第二触角体节的神经节。

04.067 脑下神经节 hypocerebral gang-
lion, occipital ganglion
回神经在脑后膨胀的部分，向侧连接心侧
体，向后连接嗉囊神经节。

04.068 额神经节 frontal ganglion
交感神经系统中呈小三角形的中央神经
节，位于食道上方和脑的前方，为运动传递
中心。

04.069 额神经 frontal nerve
从额神经节前面发出的神经。

04.070 回神经 recurrent nerve, stomogastric nerve

又称"胃神经"。从额神经节向后延伸的中央口道神经。

04.071 神经节连索 ganglionic commissure

神经节间的神经连索。

04.072 神经分泌细胞 neurosecretory cell

昆虫中央神经系统中具有内分泌功能的神经细胞。

04.073 神经血器官 neurohaemal organ

储存神经分泌细胞产生的激素并释放它到血淋巴的特殊器官。如心侧体。

04.074 心侧体 corpus cardiacum, corpus paracardiacum（拉）

交感神经系统中位于心脏附近的一种腺体状构造,接受从脑神经分泌细胞来的神经分布,有贮存其分泌物的作用,自身也有分泌激素的功能。

04.075 心侧体神经 nervus corpusis cardiacus（拉）

从大脑通心侧体的神经。

04.076 咽侧体 corpus allatum（拉）, corpora allata（复）

来源于外胚层的一对小椭圆形内分泌腺体,在脑后与口道神经节联系,产生保幼激素。

04.077 咽侧体神经 nervus corpusis allatica（拉）

从大脑通心侧体延伸入咽侧体的神经。

04.078 环腺 ring gland, Weismann's ring

在双翅目环裂类幼虫中,由咽侧体、心侧体、胸腺等在脑后围绕大血管形成的环状腺体。

04.079 交感神经系统 sympathetic nervous system, stomatogastric nervous system, stomodeal nervous system

在前肠上和侧面的神经节和相关神经,包括额神经节、脑下神经节、嗉囊神经节等,其神经分布于前肠、中肠及其他一些部分。

04.080 食道下神经节 suboesophageal ganglion

又称"咽下神经节"。昆虫头部位于食道腹面的神经节团,由上颚节、下颚节和下唇节的神经节愈合而成。

04.081 上唇神经 labral nerve

从后脑发出的上唇额神经伸入上唇的部分。

04.082 上颚神经节 mandibular ganglion

控制上颚的神经节,为大型的食道下神经节的组成部分。

04.083 嗉囊神经节 ingluvial ganglion, gastric ganglion, stomachic ganglion

交感神经系统中位于嗉囊两侧的一对神经节,其神经支配着前胸后部和中肠。

04.084 食道神经连索 oesophageal commissure

又称"围咽神经连索（circumoesophageal commissure）"。连接食道下神经节和脑的神经连索。

04.085 咽下神经 subpharyngeal nerve

由食道神经连索或食道下神经节的前端发出的小神经。

04.086 胸神经节 thoracic ganglion

腹神经索的三个神经节,每胸节一个,控制运动器官。

04.087 腹神经节 abdominal ganglion

腹神经索的神经节,通常每腹节一个,发出一对主要神经至体节肌肉。

04.088 腹神经索 ventral nerve cord
从后脑开始,连接腹面胸神经节和腹神经节的神经链索。

04.089 巨轴突 giant axon
在许多昆虫中的腹神经索内的大型轴突,能迅速传导神经脉冲。

04.090 中神经索 median nerve cord
由腹面的成神经细胞形成的中央神经链索。

04.091 侧神经索 lateral nerve cord
从腹面的成神经细胞所形成的侧神经链索。

04.092 体壁神经系统 integumental nervous system
在体壁真皮下的周缘神经体系,由位于体壁内面的双极或多极细胞体和消化道壁上的感觉神经细胞交结形成的神经网络。

04.093 尾交感神经系统 caudal sympathetic nervous system
由腹部最后的复合神经节发出而分布于性器官和消化道后段的神经体系。

04.094 传出神经元 efferent neuron
又称"运动神经元(motor neuron)"。从神经节向外传导脉冲至肌肉或腺体的神经细胞。

04.095 传入神经元 afferent neuron
又称"感觉神经元(sensory neuron)"。从周缘向神经中心传导脉冲的神经细胞。

04.096 中间神经元 interneuron
又称"联络神经元(association neuron)"。联系感觉神经元与运动神经元或两个间经元之间的中间神经细胞。

04.097 图形检测细胞 figure direction cell
在蝇视叶小叶板中的一种中间神经元,它扫描大部分同侧视场。

04.098 气味感觉神经元 odorant sensitive neuron
专一感受气味分子的神经细胞。

04.099 方向选择神经元 directionally selective neuron
在双翅目昆虫视叶的小叶板中的中间神经元,具有方向选择性。

04.100 触角神经元 antennal neuron
支配着触角的神经细胞。

04.101 突触前膜 presynaptic membrane
位于神经突触前缘的质膜,轴突末梢的化学或电的信息经此进入突触间隙而传递至突触后膜。

04.102 突触后膜 postsynaptic membrane
位于突触后缘的质膜,平行于突触前膜,以狭小的间隙相隔。突触后膜接受传递过来的化学或电的信息,再转递至突触后神经元。

04.103 突触小泡 synaptic vesicle
突触前神经末梢中的小型囊泡,含有递质。

04.104 突触间隙 synaptic cleft, synaptic gap
突触前膜与突触后膜之间的空隙,递质通过它从突触前膜扩散至突触后膜。

04.105 突触小体 synaptosome
在脑匀浆中,从神经细胞分离出来的突触神经末梢形成的独立的封闭构造。

04.106 肾上腺素能神经纤维 adrenergic fiber
在其末梢分泌去甲肾上腺素以传导脉冲的神经纤维。

04.107 氧化氮能神经元 nitrergic neuron
昆虫中枢神经系统中以氧化氮为信号分子的神经元。

04.108 特异嗅觉细胞 odor specialist cell
只能感觉一种或少数几种气味的嗅觉细胞。

04.109 锐带 acute zone
雄性双翅目昆虫复眼的背前区,用以检测其他昆虫或运动目标的方位和速度。

04.110 联立眼 apposition eye
昼间活动的昆虫,其含色素的小眼壁能吸收斜射光线,并形成镶嵌像的复眼。

04.111 重叠眼 superposition eye
在暗光中活动的昆虫的复眼,它能让光线透过无色素的小眼壁而联相邻小眼的视杆部分,形成重叠像。

04.112 晶锥眼 eucone eye, eucone ommatidum
复眼的一种类型。其小眼具有由角膜下森氏细胞产生的锥状晶体。

04.113 外晶锥眼 exocone eye
复眼的一种类型。其小眼的晶锥由角膜生成层分泌形成。

04.114 无晶锥眼 acone eye
复眼的一种类型。其小眼既无晶锥,也无液体锥,而由一组伸长而透明的晶锥细胞取代之。

04.115 晶锥 crystalline cone, vitreous body
在昆虫晶锥眼内,由角膜生成层或角膜下面的四个晶锥细胞分泌形成的坚硬而透明并有折光性的锥状体。

04.116 视觉盘 optic disc
蝇类幼虫的脑附器靠近脑处的一个增厚的盘状构造,以后发育成为成虫的复眼。

04.117 单眼梗 ocellar pedicel
连接背单眼和前脑的细长神经柄。

04.118 虹膜细胞 iris cell
又称"虹膜色素细胞(iris pigment cell)"。昆虫小眼中,围绕森氏细胞和晶锥的色素细胞。

04.119 森氏细胞 Semper cell
又称"晶锥细胞"。小眼角膜下方的细胞,产生晶锥。

04.120 视网膜 retina
昆虫眼中成像的部分。

04.121 视小网膜 retinula, retinophora
昆虫小眼内的一组视觉细胞,产生纵行的感杆束。

04.122 绿敏细胞 green-sensitive cell
复眼中对 530nm 波长敏感的视小网膜细胞。

04.123 虹膜反光层 iris tapetum
晶锥下的色素层。

04.124 感杆 rhabdomere
视小网膜细胞的细长杆状部分,为组成感杆束结构的亚单位,其内有紧密纵列的微绒毛和色素颗粒。

04.125 感杆束 rhabdom
小眼的晶锥下,视小网膜中轴区的杆状构造,由多个(7~8)感杆组成。

04.126 感器 sensillum, sensilla(复)
简单的感觉器官,或复合感觉器官的构造单位的总称。

04.127 围被细胞 enveloping cell
感觉器官的居间细胞,或为该器官感觉单元的一个组成部分。

04.128 膜原细胞 tormogen, tormogen cell

与刚毛相关联,围绕毛原细胞并形成毛膜或毛窝的真皮细胞。

04.129 毛原细胞 trichogen, trichogenous cell

产生刚毛的真皮细胞,包被着感觉神经细胞。

04.130 毛形感器 trichoid sensillum, sensillum trichodeum(拉)

表皮外突部分呈毛或刚毛状,基部通常为膜状构造的感觉器,主要为机械或触觉感器。

04.131 刺形感器 sensillum chaeticum(拉)

表皮外突部分呈刺状的触觉感觉器。

04.132 锥形感器 basiconic sensillum, sensillum basiconicum(拉)

感觉器的表皮外突部分为具小孔的薄壁小锥体,具化学感受功能。

04.133 栓锥感器 styloconic sensillum, sensillum styloconicum(拉)

齿状表皮突起具锥状基的感觉器,有触觉和嗅觉的功能。

04.134 腔锥感器 coeloconic sensillum, sensillum coeloconicum(拉)

表皮锥形突陷在浅凹窝内的感觉器,具气味和温湿的感受功能。

04.135 板形感器 placoid sensillum, sensillum placodeum(拉)

感觉器的感觉表皮呈平板状,以膜状表皮与体壁连接,具嗅觉功能,通常分布在触角上。

04.136 鳞形感器 squamiform sensillum, sensillum squamiformium(拉)

表皮外突部分呈鳞片状的感觉器,具机械和化学感受功能。

04.137 具橄感器 scolopidium, scolopophorous sensillum, sensillum scolopophorum(拉)

其感觉细胞具感杆的感觉器,位于表皮之下,而以辅助细胞或表皮丝与表皮相接。

04.138 钟形感器 campaniform sensillum, sensillum campaniformium(拉)

感觉器以薄的表皮形成钟形体陷至表皮下以接纳感觉细胞端突,具机械感受功能。

04.139 坛形感器 ampullaceous sensillum, sensillum ampullaceum(拉)

锥形表皮外突陷入较深的坛形穴中的感觉器,具化学和温湿的感受功能。

04.140 弦音感器 chordotonal sensillum

由具橄神经细胞组成的感觉器,其细胞不一定具有感杆或感橄,其两端附着体壁成长形构造,具听觉的功能。

04.141 听器 tympanic organ, tympanal organ

又称"鼓膜器"。昆虫的听觉器官,由表皮形成的鼓膜,内气囊及含具橄神经细胞的弦音感器等部分组成。

04.142 鼓膜 tympanum, tympana(复), timbal

(1)直翅目等昆虫中盖着听器的表皮膜。
(2)蝉类腹部基部的贝状表皮膜,用以发声。

04.143 听脊 crista acoustica(拉)

螽斯等前肢胫节听器的具橄主弦音感器。

04.144 间弦音器 intermediate chordotonal organ

螽斯和蟋蟀前足胫节基部听器的一部分,与听脊相连的一组具橄感器。

04.145　米勒器　Müller's organ
(1)一群弦音器形成的膨大部分,着生于鼓膜的里面。(2)昆虫听觉神经的膨大末端。

04.146　光感器　sensillum opticum（拉）
眼的光感觉器,或复眼中的小眼。

04.147　内感受器　interoceptor
位于体内以感受体内状况的感觉器官。

04.148　水压感受器　hydrostatic pressure receptor
划蝽等水生昆虫在胸部有带弦音器的表皮突起,能感受水压力。

04.149　牵引感受器　stretch receptor
感受体内的牵引力的内感受器或弦音器。

04.150　紧张感受器　tonic receptor
在刺激期间,内导神经始终产生动作电位的感受器。

04.151　湿感受器　hygroreceptor
能感觉湿度变化的感受器。

04.152　气流感受器　air-flow receptor
能感觉气流的毛状感受器。

04.153　感橛　scolopale, scolopalia（复）, scolops
(1)具橛神经细胞的中空栓状构造。(2)某些感器中包围在感觉细胞末端的鞘形成的感杆或细小杆状囊。

04.154　具橛神经胞　scolophore, integumental scolophore
又称"体壁弦音器"。常附着于体壁的纺锤状感器束,被认为有听觉的作用。

04.155　离壁具橛胞　subintegumental scolophore
具橛神经胞的一类,其神经末梢游离于体腔内。

04.156　内分泌腺　endocrine gland
产生激素的特殊腺体。激素直接或经贮存器官间接地释入血淋巴。

04.157　前胸腺　prothoracic gland
在鳞翅目、膜翅目等昆虫的幼虫和蛹中,附着于近前胸气门的气管上一串特化细胞组成的念珠状腺体,合成和分泌蜕皮激素。

04.158　外分泌腺　exocrine gland
由真皮分泌细胞组成的腺体,其分泌产物通过管道释放出体外。

04.159　下唇腺　labial gland
以导管开口于舌和下唇的基部之间或于舌上的腺体,分泌唾液或丝。在鳞翅目和毛翅目的幼虫,它也分泌丝。

04.160　唾液腺　salivary gland, sialisterium
分泌唾液的腺体总称,开口于口中或消化道最前端。

04.161　唾液管　salivary canal, salivary duct
唾液腺的导管,开口于舌和下唇基部之间。在半翅目昆虫,为口器中下颚针形成的二管道之一,唾液经此由唾液泵射出。

04.162　唾液泵　salivary pump, infunda
具刺吸口器的双翅目和半翅目昆虫在下颚针基部的一种骨化的杯状构造,由唾液窦特化形成。

04.163　唾液窦　salivarium
介于舌和下唇基部的囊状构造,唾液管在此开口。在某些高等昆虫中此构造成为唾液泵或吐丝器。

04.164　下颚腺　maxillary gland
开口于下颚基部附近的小腺体。

04.165　上颚腺　mandibular gland
蜜蜂唾液腺的一部分,开口于上颚基部的

囊状腺体。在工蜂中,分泌报警信息素;在蜂王中分泌蜂王信息素。在鳞翅目幼虫体内为长管状唾液腺,开口于上颚基部。

04.166　胸唾腺　thoracic gland
蜜蜂唾液腺的一部分,分泌一种 pH 值为 6.3～7.0、可用于造巢的分泌物。

04.167　泌丝器　sericterium, sericteria（复）
鳞翅目幼虫产丝的腺体,纺丝构造。

04.168　压丝器　thread press, silk press
鳞翅目幼虫中,泌丝器的后部构造,位于吐丝器内,模造丝线。

04.169　丝压背棍　raphe
蝎类吐丝器的压丝器背壁的中骨化棍。

04.170　咽下腺　hypopharyngeal gland, lateral pharyngeal gland
又称"王浆腺"。(1)在蜜蜂的工蜂中位于咽两侧的一对大腺体,生产哺幼食物和糖酶。(2)在膜翅目成虫中位于头部的一对腺体,以导管开口于舌基部。

04.171　列氏腺　Lyonnet's gland
家蚕和其他一些鳞翅目幼虫中位于丝腺管并合处的泡状腺,可能有润滑丝通过管道的作用。

04.172　口道　stomodaeum, stomodeum
(1)昆虫的前肠。(2)在昆虫胚胎期,为外胚层内凹形成的原口和食道前部。

04.173　咽　pharynx
前肠介于口或口腔与食道之间的部分。

04.174　咽片　pharyngeal sclerite, pharyngea
蝇类幼虫咽部两个不规则的侧片,在背前端由一横片联合,口后片连接于其强骨化的前部。

04.175　食道　oesophagus, gullet
消化道中介于口和嗉囊之间的部分。

04.176　嗉囊　crop, oesophageal diverticulum
又称"食道盲囊"。前肠中连接于食道后端的囊状构造部分,为暂贮食物的场所。

04.177　食道瓣　oesophageal valve
又称"贲门瓣(cardiac valve)"。食道的漏斗状皱褶。在有些昆虫中伸入乳糜室,构成控制食物进入的瓣。

04.178　蜜胃　honey stomach
又称"蜜囊(honey sac)"。膜翅目针尾类昆虫与中肠连接的食道部分膨胀成的薄壁嗉囊,为液体食料的贮存所。

04.179　前胃　gizzard, cardia, proventriculus（拉）
在嗉囊和胃之间的前肠特化部分,囊状构造,其壁具齿或板,用以碾碎食物。

04.180　中肠　midgut, mesenteron（拉）
昆虫肠道的中段,胃及其盲囊等构造的总称。来源于内胚层,为食物消化与吸收的场所。

04.181　围食膜　peritrophic membrane
在中肠由肠壁细胞或其中一部分特殊细胞分泌形成的薄膜,藉以保护肠壁细胞,包围食物。

04.182　微绒毛　microvilli
(1)中肠上皮细胞和马氏管细胞向腔面的微突起。(2)其他细胞的绒毛状微突。

04.183　杯形细胞　calyciform cell, goblet cell
在鳞翅目等昆虫中,中肠的消化细胞内形成一大壶腹,以小孔径狭颈通向肠腔。

04.184　胞窝　nidus, nidi（复）

又称"再生胞囊（regenerative cyst）"。中肠上皮组织中的再生细胞群。

04.185　纹状缘　striated border
在中肠和马氏管，规则排列的微绒毛层形成的向管腔的细胞缘面，呈纹状。

04.186　滤室　filter chamber
同翅目昆虫的中肠两端和后肠前端为肌肉膜鞘包围形成的过滤室，以滤去中肠过多的糖分并浓缩氮。

04.187　幽门腔　pyloric chamber
中肠后端幽门的空腔，与后肠腔相通处有括约肌控制。马氏管开口于腔内。

04.188　幽门括约肌　pyloric sphincter
位于中后肠交界处的括约肌，用以控制中肠中食物进入后肠。

04.189　后肠　proctodeum, proctodaeum
外胚层内陷形成的肛门及向前通至马氏管连接处的肠道。包括马氏管、回肠、直肠。

04.190　回肠　ileum
后肠的前部，自幽门至直肠前端的一段。

04.191　直肠　rectum
后肠特化的末段。包括其附腺。

04.192　直肠腺　rectal gland
直肠中分泌滑润物质的附腺。

04.193　直肠垫　rectal pad
直肠上皮组织加厚形成的垫状部分，参与水分的回吸。

04.194　直肠乳突　rectal papilla
高等双翅目及蚤类成虫的特化直肠垫，为后肠上皮细胞向肠腔形成的乳状突。

04.195　腹腺　abdominal gland
天牛、步行虫等甲虫腹部具有的产生醌类化合物的腺体，有防卫功能。

04.196　集聚细胞　nephrocyte
以细胞群形式散布于昆虫体内的一种特殊细胞，将外来化学物质从血淋巴中排解。

04.197　交哺腺　trophallactic gland
幼虫被喂饲后产生排出物或分泌物给成虫的腺体。

04.198　含菌体　mycetome
由一些特殊细胞组成的构造，容纳着胞内共生的微生物。

04.199　含菌细胞　mycetocyte
构成含菌体的细胞，胞内容有共生的微生物。

04.200　马氏管　Malpighian tube, Malpighian tubule, vasa mucosa（拉）
昆虫体内的细长盲管，盲端游离于血腔中，另端开口于后肠的起始处，为昆虫的排泄器官。

04.201　隐肾管　cryptonephridial tube
马氏管的一类，其封闭的末端部分与肠壁粘连。

04.202　脂肪体　fat body, adipose tissue
由脂肪细胞组成的组织，分布在体腔内和围绕内部器官，有贮存营养物质，进行中间代谢、蛋白质生物合成等功能。

04.203　脂肪细胞　adipocyte, fat cell
脂肪体的组成细胞。

04.204　尿酸盐细胞　urocyte, urate cell
脂肪体中含有尿酸盐晶体的细胞。

04.205　血腔　hemocoel, haemocoel
(1)有血液在内循环的体腔。(2)昆虫胚胎中介于中胚层和其他胚层之间的空腔。

04.206　大血管　aorta

昆虫背血管前部细而不分室的部分,向头部开口,无心门。

04.207 心门 ostium, ostia（复）
昆虫心脏的裂隙状口,围心窦中的血淋巴通过它进入心脏。

04.208 背血管 dorsal blood vessel, dorsal vessel, mesodermal tube
(1)昆虫的心脏,位于肠道背面围心窦内的长管。(2)昆虫胚胎的中胚层管。

04.209 围心窦 pericardial sinus
又称"背窦(dorsal sinus)","围心腔(pericardial chamber)"。体腔中背膈上方围绕背血管的空隙。

04.210 背膈 dorsal diaphragm
又称"围心膈(pericardial diaphragm, pericardial septum)"。附着背血管腹面及其两侧体壁的薄膜组织,为血腔的主要膈膜。

04.211 围心细胞 pericardial cell
沿着背血管两边分布的特化细胞群,有聚集血淋巴中废物的作用,为集聚细胞的一类。

04.212 腹膈 ventral diaphragm
在腹部腹板两侧之间,腹神经索上方的肌膜,隔开围神经窦与围脏窦。

04.213 血细胞 hemocyte, haemocyte
昆虫血淋巴中流动着的游离细胞。

04.214 绛色细胞 oenocyte
按体节排列在腹腔两侧的成群的大型黄色细胞,源于外胚层,与中肠、脂肪或真皮细胞相关联。

04.215 原血细胞 prohemocyte
小型血细胞,呈圆形,核大,胞质嗜强碱性,为形成其他血细胞的干细胞。

04.216 小原血细胞 microcyte
小型的原血细胞。

04.217 原白细胞 proleucocyte
昆虫血淋巴中一种幼态白细胞,胞质嗜碱性,产生其他类型的白细胞。

04.218 多足细胞 polypodocyte
血淋巴中扁薄而具伪足状突起的血细胞。

04.219 浆细胞 plasmatocyte
圆形、卵形、纺锤形或多形性的吞噬细胞,嗜碱性细胞质富含核糖体、线粒体、液泡等,细胞核具嗜伊红颗粒。

04.220 小核浆细胞 micronucleocyte
一种浆细胞,细胞质染色浅,细胞核与细胞的体积之比较小。

04.221 小浆细胞 microplasmatocyte
小型的浆细胞,细胞质少,呈泡状。

04.222 颗粒血细胞 granulocyte, granular hemocyte
有吞噬作用的血细胞,细胞质含有嗜酸性的颗粒和粗面内质网。

04.223 叶状血细胞 lamellocyte
双翅目环裂亚目浆细胞的一种类型,呈扁平状,对外侵物起包囊作用。

04.224 球形细胞 spherulocyte, spherule cell, spherocyte
一种小圆形或椭圆形的血细胞,核小,通常具有许多液泡,含嗜酸性内含物,在脂肪形成和中间代谢中起作用。

04.225 脂血细胞 adipohemocyte, adipohaemocyte
含许多脂滴和其他非脂颗粒的血细胞。

04.226 包囊细胞 coagulocyte, cystocyte
一种昆虫血细胞,破裂后使周围体液发生

沉积,起着凝结或愈伤的作用。

04.227 吞噬细胞 phagocyte, phagocytic hemocyte
血淋巴中具有积极摄食和消化外来物的血细胞。

04.228 畸形细胞 teratocyte, giant cell
寄生昆虫孵化时释放入宿主体腔内的一种巨型细胞,通常为其残留的胚膜细胞。其分泌物有抑制包囊形成和阻滞宿主发育等作用。

04.229 造血器官 hemocytopoietic organ, hemopoietic organ
产生血细胞的构造,由一些干细胞聚集形成。如飞蝗的背膈上的造血构造和鳞翅目幼虫前胸气孔后方的四个有类似功能的器官。

04.230 搏动器 pulsatile organ
昆虫体内的一种肌纤维膜构造,位于头部、胸部或附肢,其收缩有助于血液循环。

04.231 气管系统 tracheal system
由气管和微气管所组成的呼吸系统。

04.232 气管 trachea, tracheae(复)
昆虫体内具螺旋状丝内壁且富弹性的呼吸管道,为呼吸系统的主要组成部分。

04.233 背气管 dorsal trachea
始于气门而分布在体节背面的气管。

04.234 腹气管 ventral trachea
始于气门而分布在体节腹面的气管。

04.235 背气管干 dorsal tracheal trunk
连接各体节的背气管的纵行主背管。

04.236 腹气管干 ventral tracheal trunk
连接体节的腹气管的纵行主腹管。

04.237 侧气管干 lateral tracheal trunk
位于身体两侧连接体节气门的纵行气管。

04.238 气管上腺 epitracheal gland
在烟草天蛾等,位于身体两侧腹气管干上邻近气门的内分泌腺体,具有分泌蜕皮引发激素的功能。

04.239 气管连索 tracheal commissure
连接躯体两侧气管的横管。

04.240 背气管连索 dorsal tracheal commissure
横经背血管上方,连接两侧背气管的气管。

04.241 腹气管连索 ventral tracheal commissure
横经腹神经索下方,连接两侧腹气管的气管。

04.242 螺旋丝 taenidium, taenidia(复)
形成昆虫气管内壁螺旋状突起的几丁质构造。

04.243 成气管细胞 tracheoblast
发育形成微气管的星形细胞。

04.244 微气管 tracheole
极为细小的气管分支。

04.245 换气气管 ventilation trachea
具有可被压瘪的管壁,能对周围各种压力起反应的气管。

04.246 气囊 air sac, air vesicle
气管上的薄壁膨胀部分,螺旋丝缺如或不发达。有助于气管系统的空气流通和飞行。在蝉类,它为共鸣箱。

04.247 气门气管 spiracular trachea
从气门直接发出连接侧气管干的短气管。

04.248 气门室 spiracular atrium
气门的内室,在气门与气管关闭膜之间。

04.249 气门腺 spiracle gland, spiracular gland

气门附近的真皮腺,开口在气门片上,分泌脂类或其他疏水性物质,使气门不被水堵塞。

04.250 气门括约肌 spiracular sphincter

连接气门,控制其开闭的肌肉。

04.251 气管龛 tracheal recess, tracheal camera

古蚖科原尾虫气门室后侧两小孔通至的两梭形盲管。

04.252 呼吸角 respiratory trumpet

某些水生双翅目昆虫的蛹在前胸上一对具有呼吸作用的突起。

04.253 直肠鳃 rectal gill

蜻蜓稚虫直肠内壁特化的突起,具有呼吸功能。

04.254 生殖腺 gonad

昆虫的卵巢或精巢。

04.255 囊导管 ductus bursae(拉)

雌性鳞翅目昆虫中由阴门伸至交配囊的导管。

04.256 悬韧带 suspensory ligament

卵巢管端丝联结成的悬带,附着体壁上。

04.257 卵巢 ovary

雌虫体腔两侧由卵巢管组成的生殖腺。

04.258 端丝 terminal filament

卵巢管膜鞘向前端延伸的细长丝状体。

04.259 卵巢管 ovariole

组成卵巢的管状构造,由端丝、卵管和管柄构成,其生殖细胞发育成卵。

04.260 原卵区 germarium

卵巢管的前端含有卵原细胞的区段。

04.261 生长区 vitellarium

卵巢管中卵母细胞发育成卵的区段。

04.262 滋养细胞 trophocyte, nurse cell

又称"滋卵细胞"。卵巢中来自卵原细胞的滋养细胞,提供卵发育所需物质。

04.263 具滋卵巢管 meroistic ovariole

卵巢管的一种类型,管中卵母细胞和滋养细胞并存,这类型包括端滋卵巢管和多滋卵巢管。

04.264 多滋卵巢管 polytrophic ovariole

滋养细胞和卵母细胞交替排列的卵巢管。

04.265 多滋卵巢 polytrophic ovary

由多滋卵巢管组成的卵巢。

04.266 端滋卵巢管 telotrophic ovariole, acrotrophic ovariole

卵巢管的一种类型,其滋养细胞存在顶端的原卵区内,以细胞质滋养索连接卵母细胞。

04.267 端滋卵巢 telotrophic ovary

由端滋卵巢管组成的卵巢。

04.268 无滋卵巢管 panoistic ovariole

生长区内仅含卵母细胞而无滋养细胞的卵巢管。

04.269 无滋卵巢 panoistic ovary

由无滋卵巢管所组成的卵巢。

04.270 滋养索 nutritive cord

端滋卵巢管中,从顶端滋养细胞通至卵母细胞的细胞质索道,提供营养物质的通道。

04.271 卵室 egg chamber

卵巢管中的一个分隔室或卵泡,由卵泡细胞构成,容有一个卵母细胞。

04.272 卵泡细胞 follicle cell

卵巢管内面的上皮细胞。

04.273 输卵管 oviduct, oviductus（拉）
从卵巢连至阴道的管道,包括中输卵管和侧输卵管,卵经此排出。

04.274 侧输卵管 lateral oviduct, oviductus lateralis（拉）
雌性生殖系统中,连接一侧卵巢与中输卵管的侧管。

04.275 输卵管萼 egg calyx
侧输卵管在卵巢管开口处的膨大部分,为接纳卵进入管内之处。

04.276 中输卵管 median oviduct, oviductus communis（拉）
前端连接两侧输卵管,后端开口在生殖孔的单一输卵管。

04.277 导精管 afferent duct, ductus seminalis（拉）
雌性鳞翅目昆虫中,连接交配囊和中输卵管的管道,有时经受精囊而至中输卵管。

04.278 交配囊 copulatory pouch, bursa copulatrix（拉）
某些昆虫的雌性个体,由阴道演变成的囊状构造,用于交配。

04.279 受精囊 spermatheca, receptaculum seminis（拉）
雌虫在交配时用以接受精子的囊状构造。

04.280 受精囊腺 spermathecal gland
开口入受精囊管的特殊腺体,分泌液体与精子一起排出。

04.281 精包 spermatophore, spermatophora（拉）
又称"精荚"。由雄性黏腺分泌形成的包含着精子的囊,被移送入雌虫体内。

04.282 螫针腺 sting gland
开口于蜂类螫针侧面的腺体,在工蜂中,它产生报警信息素。

04.283 精巢 testis, testes（复）
雄虫的生殖腺。

04.284 精巢管 testicular tube, testicular follicle
又称"睾丸管"。组成精巢的管状构造,精子发生于其中。

04.285 副核 mitochondrial derivative, MD, paracrystalline body
昆虫精细胞中由线粒体衍生而成的构造,在精子形成中演变成鞭毛轴丝旁侧的长条状构造,与鞭毛运动有关。

04.286 中心粒旁体 centriole adjunct
昆虫精子的鞭毛前端围绕中心粒的构造,与精子头部相连接。

04.287 顶体颗粒 acrosomal granule
精细胞中的细胞器,发展分化形成顶体。

04.288 鞭毛 flagellum
昆虫精子的长形尾部,司精子运动。

04.289 轴丝 axoneme, axial filament
昆虫精子鞭毛的中轴构造,实施鞭毛的摆动。

04.290 育精囊 spermatocyst
精巢管中包含精母细胞的囊状构造。

04.291 输精管 seminal duct, vas deferens（拉）, vasa deferentia（复）
雄性生殖系统中的成对侧管之一,前端连接精巢,后端通向射精管。

04.292 贮精囊 seminal vesicle, vesicula seminalis（拉）
输精管的膨大囊状部分,贮藏精子。

04.293 射精管 ejaculatory duct, ductus ejaculatorius（拉）

由两侧输精管汇合而成的细长单导管,与阳茎相连,精液经此射入阴道内。

04.294 射精管球 ejaculatory bulb, bulbus ejaculatorius（拉）
某些昆虫的雄虫阳茎基部,射精管末端膨大成球状构造。

04.295 精泵 sperm pump, ejaculatory pump
胸喙亚目昆虫,雄虫射精管具厚实肌肉的部分。双翅目、蚤目、长翅目昆虫,雄虫射精管基部改进的部分。

04.296 生殖道 genital meatus
蜻蜓目雄虫,开口于第九腹节腹面的生殖管道。

04.297 雄性附腺 paragonia gland
雄性生殖系统的附腺,包括输精管上的中胚层附腺和射精管上的外胚层附腺。

05. 昆虫发育与生活史

05.001 生活史 life history
昆虫完成一个生命周期的发育史。

05.002 生命周期 life cycle
又称“生活周期”。昆虫的新个体自离开母体到性成熟产生后代为止的发育过程。

05.003 成熟前期 prematuration period
由卵孵化至成虫性成熟前的时期。

05.004 变态 metamorphosis, metamorphoses（复）
从卵发育到成虫的过程中所经过的一系列内部构造和外部形态的阶段性变化。

05.005 全变态 complete metamorphosis
有翅亚纲内翅类昆虫在生命周期中经历卵、幼虫、蛹和成虫四个不同的虫态。

05.006 复变态 hypermetamorphosis
属全变态类。主要特征是幼虫期各龄形态明显不同。

05.007 不完全变态 incomplete metamorphosis
又称“直接变态（direct metamorphosis）”。有翅亚纲外翅类昆虫一生只经历卵、若虫（或稚虫）和成虫三个虫态。

05.008 半变态 hemimetamorphosis
属不完全变态类。主要特征为幼期水生,成虫陆生。

05.009 渐变态 paurometamorphosis
属不完全变态类。主要特征是幼期形态与成虫相似,且均为陆生。

05.010 增节变态 anamorphosis
原尾目昆虫的变态类型。主要表现为体节数伴随着蜕皮而增加的变态现象。

05.011 表变态 epimorphosis
又称“无变态（ametabola）”。昆虫变态的原始类型,初孵幼体已具备成虫的特征,胚后发育仅是个体增大,性器官成熟等,成虫期仍能脱皮。如弹尾目、缨尾目、双尾目昆虫的变态。

05.012 异时发生 heterochrony
时间上不规则的发育,特别是功能组织发生的时序差异。

05.013 同动态昆虫 homodynamic insect
又称“连续繁殖昆虫”。只要环境条件适

宜,世代发生就连续不断的昆虫。

05.014 异动态昆虫 heterodynamic insect
有季节性繁殖动态的昆虫,不论环境情况
如何,在其生活周期中的某个阶段都会长
期停止发育。

05.015 化性 voltinism
昆虫(特别是具有滞育特性的昆虫)在一年
内发生的世代数。

05.016 半化性 semivoltine
完成一个生命周期需两年时间的情形。

05.017 二化性 bivoltine, digoneutism
一年发生二代的情形。

05.018 三化性 trivoltine, trigoneutism
一年发生三代的情形。

05.019 多化性 polyvoltine, polygo-
neutism, plurivoltine
一年发生数代的情形。

05.020 静止期 quiescene
越冬或越夏时期昆虫仅需少许营养维持生
命,外表似无活动而处于静止状态。

05.021 休眠 dormancy
又称"蛰伏"。由不利环境引起的生命活动
暂时停滞的现象。当环境条件变好时能立
即恢复生长发育。

05.022 夏蛰 aestivation
昆虫在热带高温、干旱季节发生的休眠状
态。

05.023 冬眠 hibernation
昆虫在低温季节(冬季)进入休眠的状态。

05.024 越冬巢 hibernaculum, hibernacula
(复)
用叶或其他物质所构成的被盖物,幼虫或
蛹隐藏在其内越冬;任何越冬场所或冬茧。

05.025 长日照昆虫 long-day insect
在长光照下不发生滞育的昆虫。

05.026 短日照昆虫 short-day insect
在长光照下发生滞育,而在短光照和低温
下不发生滞育的昆虫。

05.027 二型现象 dimorphism
一种昆虫同一虫态具有两种形状、色泽明
显不同的型,可为季节、性别或地理型。

05.028 三型现象 trimorphism
一种昆虫的同一虫态有三种色泽或构型的
现象。如在蚁类及白蚁类同一工蚁级中。

05.029 多型现象 polymorphism
一种昆虫中同一个虫态有数种类型的现
象。

05.030 幼体发育 paedomorphosis
当性成熟时,其外形仍是幼虫状态。

05.031 幼虫多型 poecilogony
同种昆虫的幼虫有一种以上的形态型,某
些型为幼体生殖,而另一些型则正常发育
为具翅的有性成虫。

05.032 简缩发生 tachygenesis
在进化过程中因胚胎期缩短导致发育加快
的现象。

05.033 有性生殖 gamogenesis
又称"两性生殖(amphigony)"。经受精作
用进行的生殖。

05.034 单配生殖 monogamy
仅有一个配偶的生殖状况。

05.035 异配生殖 heterogamy
两次或一次有性生殖世代和一次孤雌生殖
世代的交替。

05.036 体内卵发育 endotoky
卵在母体内发育的生殖方式。

05.037　体外卵发育　exotoky
卵在母体外发育并不受母虫照料的生殖方式。

05.038　后成期　epigenetic period
雌雄性细胞结合后,器官形成的时期。

05.039　雌核生殖　gynogenesis
精子进入卵、但卵未经受精而发育形成新个体。

05.040　血腔受精　haemocoelic insemination
某些昆虫,如花蝽总科的昆虫,在交配时雄虫外生殖器直接刺穿雌虫的体壁,将精子注入雌虫血腔受精的情况。

05.041　血腔胎生　haemocoelous viviparity
在捻翅目和某些幼体生殖的瘿蚊幼虫中,卵巢无输卵管,卵受精和胚胎发育均在血腔内进行,胚胎直接利用血腔内营养物质而发育的一种胎生方式。

05.042　生殖细胞　germ cell
发育形成卵或精子的细胞。

05.043　卵　egg, ovum, ova（复）
一种可以受精的细胞,含有胚芽、卵黄及包膜,昆虫一生的第一个发育阶段。

05.044　幼虫　larva, larvae（复）
全变态昆虫卵孵化后的幼期虫态,是形态发育的早期阶段,与成虫形状截然不同。

05.045　若虫　nymph
不完全变态类昆虫的幼期,其翅和外生殖器尚未完全发育。

05.046　稚虫　naiad
半变态类昆虫的幼期虫态,水生,与成虫形态差异较大。

05.047　蠋　caterpillar
体表多毛,带趾钩的幼虫。泛指鳞翅目和膜翅目叶蜂的幼虫。

05.048　幼体生殖　paedogenesis
性未成熟期或幼虫期的生殖,常与孤雌生殖及胎生有关。

05.049　无头幼虫　acephalous larva
头部十分退化,全缩入胸部的昆虫幼虫。如蛆。

05.050　三爪蚴　triungulin
芫菁的第一龄幼虫。

05.051　拟三爪蚴　triungulid
捻翅目昆虫的活泼蚴型幼虫。

05.052　成幼同型　homomorpha
昆虫中幼虫形似成虫者。

05.053　蜕皮　moult, ecdysis, ecdyses（复）
昆虫幼体经过一定时间的生长,重新形成新表皮而将旧表皮脱去的过程。

05.054　蜕　exuvium, exuvia（复）
在变态时幼虫、若虫、稚虫或蛹所脱下的皮。

05.055　异速生长　allometry, heterogonic growth
昆虫身体某一部分比其他部分生长快的现象。如兵蚁的头部。

05.056　龄　instar
表述昆虫幼期的生长阶段。从孵化至第一次脱皮为一龄;第一次脱皮至第二次脱皮为二龄,依次类推。

05.057　龄期　stadium, stadia（复）
相邻两次脱皮之间所经历的时间。

05.058　戴氏定律　Dyar's rule
又称"戴氏法则"。相邻龄期的昆虫头壳宽度存在着一定的几何级数关系,这一现象是由 Dyar 在 1890 年测量鳞翅目幼虫的头壳后发现而得名。

05.059　先蛹　pseudopupa, semipupa
鞘翅目幼虫在化蛹前的一两个龄期,幼虫身体呈静止坚皮状态。

05.060　拟蛹　subnymph
雌性介壳虫的静止期或类似蛹的发育阶段,也指化蛹前的时期。

05.061　预蛹　prepupa
介于幼虫期和蛹期之间的一个静止虫态,全变态类幼虫化蛹前的一个活动而不取食的虫态。

05.062　蛹　pupa, pupae（复）
全变态类昆虫生长发育过程中一个相对静止的虫态,处于幼虫和成虫之间。

05.063　围蛹　coarctate pupa
被末龄幼虫表皮形成的坚实外壳包围的蛹。

05.064　离蛹　free pupa, pupa exarata
又称"裸蛹"。其附肢和翅不贴附在身体上,可以活动,腹节间也能活动的蛹。在脉翅目和毛翅目昆虫中离蛹甚至可以爬行或游泳。

05.065　裹蛹　incased pupa, pupa folliculata
有包裹物的蛹或在囊内或茧内的蛹。

05.066　垂蛹　suspensi
仅用丝在尾部悬挂的蛹。如某些蝶类的蛹。

05.067　缢蛹　succincti
用丝束住身体来保持一定的位置的蛹。如部分蝶类的蛹。

05.068　无颚蛹　adecticous pupa
无大颚以破蛹壳或茧的蛹。

05.069　隐头蛹　cryptocephalic pupa
双翅目环裂类昆虫在末龄幼虫蜕皮时形成头部全部内陷的蛹。

05.070　隐成虫　pharate adult
蛹期结束前,已成形的成虫隐藏在蛹壳内,蛹的旧表皮与成虫的新表皮分离,此期的成虫称为隐成虫。

05.071　羽化　emergence, eclosion
成虫从其前一虫态中脱皮而出的过程。

05.072　孵化　hatching, eclosion
昆虫完成胚胎发育后幼体破卵壳而出的过程。

05.073　成虫　imago, imagines(复), adult
昆虫个体发育的最后一个虫态,此期性发育完全成熟。

05.074　亚成虫　subimago
蜉蝣目昆虫从幼期向成虫期转变时所经历的一个特殊虫态,亚成虫的外形与成虫相似,初具飞行能力,并且已达性成熟。

05.075　雌雄间性　intersex
昆虫由于决定性别的基因显性作用受到干扰而产生性状介乎雌雄之间的个体。

05.076　间级　intercaste
在社会性昆虫中,形态介乎不同级之间的类型。

05.077　雌蚁　gyne
蚁后或可发育成蚁后的雌性蚁。

05.078　雌虫多型　poecilogyny
社会性昆虫中雌虫有几种类型的情况。

05.079　雄虫多型　poecilandry
社会性昆虫中雄虫有几种类型的情况。

05.080　隐母　cryptogyne
蚁群中形态与工蚁无区别的母蚁。

05.081　工雌蚁　dinergatogynomorph
雌蚁特征与工蚁及兵蚁特征交互发生的异形蚁。

05.082　工蚁　ergate
蚁类社群中生殖功能发育不完全的成员，专司筑巢、饲育幼虫和保卫群体等工作。

05.083　雌工蚁　gynecoid
产卵的工蚁。

05.084　雌工嵌体　gynergate
蚁类社群中同时具有工蚁和雌蚁特征的个体。

05.085　无翅雌蚁　ergatogyne
形状似工蚁的无翅雌蚁或后蚁。

05.086　工雄蚁　ergatandromorph
雄蚁混有工蚁特征的异形蚁。

05.087　矛形雄蚁　dorylaner
行军蚁亚科（Dorylinae）中异常大型的雄蚁，其特征为有长而特殊的上颚，长圆筒形的腹部和特殊的外生殖器。

05.088　兵蚁　dinergate
蚁类社群中的一类成员，特征是头部膨大，上颚发达，专司攻击和防御职能。

05.089　拟工蚁　ergatoid
形状似工蚁的有性无翅雌蚁。

05.090　工兵蚁　desmergate
介于正常工蚁和兵蚁间的蚁型。

05.091　兵工蚁　dinergatogyne
具有兵蚁和工蚁双重特征的蚁类。

05.092　周期性孤雌生殖　cyclic parthenogenesis, heteroparthenogenesis
孤雌生殖与两性生殖周期性发生的生殖方式。

05.093　单母建群　haplometrosis
蚁类由单个生殖雌虫建立新的群体。

05.094　裸巢　gymnodornous nest
马蜂等的巢，外无遮盖物。

05.095　蚁巢　formicary
蚂蚁的巢或蚁山。

05.096　蜂房　comb
蜜蜂等所筑的六角形或其他类型的蜡质室，在巢内饲育幼虫和贮藏蜂蜜。

05.097　王室　royal chamber
等翅目、膜翅目社会性昆虫中专司繁殖的雄虫和雌虫居住的地方。

05.098　补充生殖型　complementary reproductive type
白蚁科（Termitidae）中取代蚁群中丧失或死亡的王（生殖雄虫）和后（生殖雌虫）的特殊性型，由若虫获得特殊食物而产生。

05.099　世代交替　alternation of generations
又称"异态交替（alloiogenesis, heterogeny）"。昆虫中有性生殖与孤雌生殖世代有规则地交替。

05.100　全周期性种　holocyclic species
在一定时期内，出现孤雌生殖与两性生殖世代交替的种类。不发生有性世代的种类称为"不全周期种（anholocyclic species）"。

05.101　孤雌生殖　parthenogenesis
卵细胞未经受精而直接发育成新个体的生殖方式。如部分蚜虫、瘿蜂等。

05.102　自融孤雌生殖　automictic parthenogenesis
卵裂核（如雌原核与极体核）融合的单性生殖。

05.103　等孤雌生殖　isoparthenogenesis
孤雌生殖的正常形式。如在蜜蜂中。

05.104　非减数孤雌生殖　apomictic parthenogenesis, ameiotic parthenogenesis
不进行减数分裂的单性生殖。如蚜虫、蚧蠊、叶蜂和象虫。

05.105　产雌雄孤雌生殖　anthogenesis, amphiterotoky, deuterotoky
以未受精卵发育成雌性和雄性兼有的后代的生殖方式。如越冬前的蚜虫。

05.106　产雄孤雌生殖　arrhenotoky
孤雌生殖中所产生的后代都是雄性的生殖方式。

05.107　产雌孤雌生殖　thelyotoky
孤雌生殖中所产生的后代都是雌性的生殖方式。

05.108　畸形发生　teratogenesis
产生畸形的个体或构造。

05.109　专性孤雌生殖　obligate parthenogenesis
所有的卵都未经受精而发育成新个体的生殖方式。

05.110　兼性孤雌生殖　facultative parthenogenesis
又称"偶发性孤雌生殖（sporadic parthenogenesis）"。大多数情况下行两性生殖，但偶尔会出现不受精的卵发育成新个体的现象。

05.111　干母　stem mother, fundatrix, fundatrices（复）
由越冬受精卵孵化的第一代无翅雌蚜，行孤雌胎生。

05.112　孤雌胎生蚜　virginogenia, virgino-geniae（复）
不需与雄性交配，即能以孤雌胎生方式繁殖后代的蚜虫。

05.113　有性雌蚜　amphigonic female, gamic female
又称"产卵雌蚜"。行两性生殖的雌蚜，一般无翅。

05.114　性蚜　sexuale
进行两性生殖的雄蚜和雌蚜。

05.115　性母　sexupara, sexuparae（复）
产生两性蚜的一代蚜虫。

05.116　干雌　fundatrigenia, fundatrigeniae（复）
生活在第一宿主上的干母的雌性后代，无翅，也行孤雌胎生生殖。

05.117　翅多型　alary polymorphism, wing polymorphism
同一种昆虫的不同个体翅有二个或多个类型的情况。

05.118　侨蚜　alienicola, alienicolae（复）
从第一宿主迁到第二宿主后所产生的后代，有翅或无翅，行孤雌胎生。

05.119　雌雄同体　hermaphrodite
雌性和雄性生殖腺同时存在于昆虫个体。

05.120　雌雄嵌合体　gynandromorph
雌雄性状结合在一起的特殊个体。

05.121　先成现象　prothetely
在半变态和全变态昆虫中，产生具有介于若虫和成虫或幼虫和蛹之间的性状的个体，此种特殊的变态称为先成现象。

05.122　后成现象　metathetely
昆虫翅芽形成的延迟或退化的现象。

05.123　卵胎生　ovoviviparity

卵在母体内即行孵化、以幼虫或若虫产出的生殖方式。

05.124 季节胎生 seasonal viviparity
在一定季节进行胎生的现象,蜉蝣被认为有此现象。

05.125 腺养胎生 adenotrophic viviparity
又称"蛹胎生(pupaparity)"。某些双翅目昆虫,如舌蝇幼虫孵化后以母体子宫内的腺体分泌物为食,成熟幼虫产出后不久即化蛹。

05.126 多精入卵 polyspermy
又称"多精受精"。数个精子同时进入卵内的受精方式。

05.127 多胚生殖 polyembryony
一个卵产生两个或两个以上的胚胎。如某些小蜂。

05.128 卵壳 chorion
昆虫卵的外壳或包被物。通常由外卵壳和内卵壳两层构成。

05.129 外卵壳 exochorion
卵壳较厚的外层,由卵泡细胞分泌的结构蛋白组成,卵孔位于一端。

05.130 内卵壳 endochorion
卵壳的内层,由卵泡细胞分泌的卵壳蛋白组成。

05.131 卵周质 periplasm
昆虫卵中,在卵黄膜内包围着卵黄的原生质层。

05.132 卵黄 vitellus, yolk
昆虫卵中的营养物质。

05.133 消黄细胞 vitellophage
昆虫卵中向卵黄内增殖的内胚层细胞,主要功能液化卵黄,使其易为胚胎利用。

05.134 中黄卵 centrolecithal egg
卵黄集中于中央部位的卵。

05.135 活质体 energid
卵裂时分裂的细胞核与其周围细胞质形成的结构单位。

05.136 卵质体 oosome
昆虫受精卵中形成生殖细胞的特化区域。

05.137 极细胞 pole cell
某些昆虫卵后端的一种细胞,在发育中衍生为原始生殖细胞。

05.138 卵裂中心 cleavage center
在昆虫受精卵中,合子核所在的位置,有激发卵裂的作用。

05.139 激活中心 activation center
在昆虫卵后极附近的一个小区,能激活胚带的形成和影响其后的分化。

05.140 分化中心 differentiation center
某些昆虫的受精卵形成胚带的中央部分,在激活中心作用下,成为向前及向后发育的中心点。

05.141 胚带 germ band, germinal band
又称"胚盘(germ disc)"。囊胚腹面加厚细胞的区域,以后形成胚胎。

05.142 直胚带 orthoblastic germ band
与卵的大小相比,短而直的胚带。

05.143 弯胚带 ankyloblastic germ band
与卵的大小相比,长而弯曲的胚带。

05.144 短胚带 brachyblastic germ band
长宽均比卵的大小短的胚带。

05.145 长胚带 tanyblastic germ band
长宽均比卵的大小长的胚带。

05.146 下沉胚带 immersed germ band

在卵中沉入卵黄的胚带。

05.147 表胚带 superficial germ band
保持在腹面位置且不发生胚动的胚带。

05.148 滋养羊膜 trophamnion
营多胚寄生昆虫(如膜翅目)的卵中,围绕胚胎区域的原生质鞘,起着运输来自宿主营养物质的作用。

05.149 背器[官] dorsal organ
昆虫胚胎中的羊膜浆膜囊,有时只由羊膜形成,或在胚胎背面由内陷浆膜产生的细胞群。

05.150 浆膜表皮 serosal cuticle
昆虫卵中由浆膜产生的表皮,位于卵壳的内侧。

05.151 胚胎表皮 embryonic cuticle
昆虫成熟胚胎体壁外的一层临时性表皮,在孵化前或孵化时蜕去,由新表皮取而代之。

05.152 胚胎包膜 embryonic envelope
覆盖胚胎的被膜,其内膜由羊膜发展形成,外膜由浆膜演变而成。

05.153 原头 protocephalon, procephalon
有些学者认为昆虫头部最初由四节组成,在胚胎初期体躯前端有一个膨大的头前叶与第一节在胚胎发育期合并成原头。

05.154 原躯 protocorm
持头部四节学说的学者认为,昆虫胚胎初期原头后的体节组成原躯。

05.155 下颚神经节 maxillary ganglion
昆虫胚胎第五体节(下颚节)的神经节。

05.156 下唇神经节 labial ganglion
昆虫胚胎第六体节(下唇节)的神经节。

05.157 视神经原节 ocular neuromere
昆虫胚胎的原头神经节,由此产生脑的视叶。

05.158 器官芽 imaginal disc, imaginal bud
全变态昆虫幼虫或蛹中特定部位的特殊细胞群,分别形成成虫的相应器官。在发育生物学中又称"成虫盘"。

05.159 表面卵裂 superficial cleavage
中黄卵在卵裂时形成的分裂核移向卵子的周围。

05.160 局部卵裂 meroblastic division
卵只进行核和核质的分裂。

05.161 胚动 blastokinesis
胚胎在卵内改变其位置的运动。

05.162 胚体上升 anatrepsis
又称"反向移动"。胚体在胎动时,从卵的腹面向背面以倒退的方式移动。

05.163 胚体下降 catatrepsis, katatrepsis
又称"顺向移动"。胚体在胚动时,由背面向腹面回复原始位置的移动,或以前进的方式由后而前移动。

06. 昆虫生态学

06.001 生态系统 ecosystem
在一定空间范围内,所有生物因子和非生物因子,通过能量流动和物质循环过程形成彼此关联、相互作用的统一整体。

06.002 生物因子 biotic factor, biotic component
生态系统中的有机体组分。

06.003 非生物因子 abiotic factor, abiotic component
生态系统中的非生命组分。如各种无机物和气候因子等。

06.004 自养生物 autotroph
利用太阳能将无机物合成有机物满足自身营养需要的生物。

06.005 异养生物 heterotroph
直接或间接依靠自养生物维持生活的生物。

06.006 生物地球化学循环 biogeochemical cycling
简称"物质循环"。环境中的无机物通过自养生物合成有机物,后者经过食物链,最终又进入环境,再被循环利用的过程。

06.007 能量流动 energy flow
简称"能流"。来自太阳的能量通过生态系统中各营养级生物时逐级减少、最终均以热能形式消失的单向流动。

06.008 食物链 food chain
在生态系统中,自养生物、食草动物、食肉动物等不同营养层次的生物,后者依次以前者为食物而形成的单向链状关系。

06.009 食物网 food web
食物链各环节彼此交错联结,将生态系统中各种生物直接或间接地联系在一起形成的复杂网状关系。

06.010 负二项分布 negative binomial distribution
又称"聚集分布"。昆虫种群内个体有明显的集聚现象,呈疏密相间的空间分布型,其数学表达式与指数为负的二项分布类似,

故名之。

06.011 营养级 trophic level
生物在生态系统食物链中所处的层次。

06.012 能量锥体 energy pyramid
又称"能量金字塔"。太阳能流经生态系统中各营养级生物时依次递减,用图表示时近似于三角形锥体。

06.013 生物量锥体 biomass pyramid
生态系统中各营养级生物的总生物量由下而上逐级减少,形似锥体。

06.014 生态锥体 ecological pyramid
能量锥体和生物量锥体的总称。

06.015 生物放大 biological magnification
又称"生物浓缩(biological concentration)"。有毒化学物质(如农药)通过食物链在不同营养级动物(包括昆虫)间逐级大幅度积累、浓缩的情况。

06.016 稳态 homeostasis
(1)生态系统通过内部调节抗御外界干扰、保持相对稳定状态的趋向。(2)昆虫体内环境维持恒定的状态。

06.017 环境容量 environmental capacity
自然环境可承受各类生物的总量或其排泄物、废弃物(包括有毒物质)的能力。

06.018 环境阻力 environmental resistance
阻碍生物生长潜力充分发挥的所有环境因子作用的总和。

06.019 环境适度 environmental fitness
环境资源对有机体生存的适合程度。

06.020 生境 habitat
又称"栖息地"。昆虫个体、种群或群落生活、繁衍的场所。

06.021 小生境 microhabitat

某种昆虫生活、繁衍所占据的特殊小环境。在小生境中,通常只有一种优势种昆虫。

06.022　生境选择　habitat selection
某种昆虫对其适生环境的选择。

06.023　边缘生境　fringe habitat
某种昆虫分布的边缘区,它是对该种昆虫生存适宜程度较差的生境。

06.024　生态分布　ecological distribution
受生物或非生物因素所制约的生物分布。

06.025　斑块　patch
昆虫种群因环境异质性而分散占据的空间区域。

06.026　生态幅[度]　ecological amplitude
又称"生态值"。昆虫能耐受环境因子变化的范围。

06.027　生态阈值　ecological threshold
又称"生态阈限"。生态系统本身能抗御外界干扰、恢复平衡状态的临界限度。

06.028　生态优势　ecological dominance
在生态学方面显示出优势地位或状态的现象。

06.029　生态适应　ecological adaptation
昆虫进入新的生活环境后,逐渐适应新生境的过程。

06.030　生态[种]发生　ecogenesis
物种经生态适应过程而形成生态种的现象。

06.031　生态平衡　ecological equilibrium
生态系统各组分通过相互制约、转化、补偿、反馈等作用而处于结构与功能相对协调的稳定状态。

06.032　生态对策　ecological strategy
昆虫适应环境并朝着有利于其繁衍的方向

发展的过程。

06.033　生态演替　ecological succession
生态系统中生物群落沿一定方向有规律的变化和发展过程。

06.034　生态位　ecological niche, niche
昆虫在生态系统或群落中的功能、地位,特别是它与其他生物之间的营养关系。

06.035　生态位分化　niche differentiation
在同一生态系统中生活的不同种昆虫,由于食物种类、取食时间和部位,或发生期不同,形成各自生态位的情况。

06.036　生态位重叠　niche overlap
不同种昆虫共享同一环境资源时,它们在生态系统中的功能地位存在不同程度重叠的情况。

06.037　生物气候图　bioclimatic graph, bioclimatograph
描述昆虫种类、数量、分布与气温、雨量等气候因子关系的图形。

06.038　昆虫群落　insect community
某一区域内生活的彼此关联、相互影响的各种昆虫种群的有机集合体。

06.039　群落交错区　ecotone
昆虫群落之间的过渡地区。

06.040　边缘效应　edge effect
在群落交错区,由于种间关系和生态因子差异而引起该边缘区内的昆虫种类组成、种群密度等出现较大变化的现象。

06.041　种群生态学　population ecology
生态学的分支学科,研究昆虫种群的结构、动态及其与环境之间的关系。

06.042　种群　population
在同一地域生活、互相影响、彼此能交配繁

殖的同种昆虫个体组成的群体。

06.043　种群结构　population structure
种群内处于不同发育期的个体组成和分布
格局。

06.044　种群密度　population density
单位面积或空间内同种昆虫的个体数。

06.045　种群增长　population growth
在一定条件下建立的昆虫种群随时间进程
而逐渐增大的过程。

06.046　逻辑斯谛增长　logistic growth
昆虫种群在一定环境条件下的增长变化过
程可用逻辑斯谛曲线从理论上表述,称为
逻辑斯谛增长。

06.047　生物潜力　biotic potential
生物在没有任何制约因子的最适环境中的
繁衍能力。

06.048　生物障碍　biological barrier
生物在扩展其分布区时,由多种限制因子
构成的障碍。

06.049　活食者　biophage
只能依靠活体生物为食的昆虫。

06.050　竞争　competition
同种或不同种昆虫个体因争夺空间、食物
等环境资源而发生的生存斗争。

06.051　食物竞争　food competition
在同一生境、取食同种食物的昆虫因争夺
食物有限而发生的生存斗争。

06.052　嗜食性　food preference
昆虫对食物的喜好程度。

06.053　限制因子　limiting factor
泛指对昆虫生长、发育、繁殖或种群增长起
限制作用的生物或非生物因子。

06.054　密度制约因子　density dependent
factor
对种群增长的影响作用随该种群密度变化
而变化的因子。如竞争、捕食、寄生和疾病
等。

06.055　非密度制约因子　density indepen-
dent factor
对种群增长的影响与该种群密度本身无关
的因子。如气象条件和环境污染等。

06.056　时滞　time lag
从刺激发生到昆虫对该刺激出现反应之间
的时间延搁。如种群密度增加要经过一定
时间后才对种群增长产生可见的影响。

06.057　种群动态　population dynamics
种群大小在一定时间和空间范围内的变化
过程。

06.058　种群调节　population regulation
密度过高或过低时,昆虫种群通过密度制
约因子的作用使其恢复到稳定状态的过
程。

06.059　种群波动　population fluctuation
昆虫种群在一定条件下沿逻辑斯谛曲线增
长到该曲线上限,即环境最大容纳量时,在
该点附近上下波动的情况。

06.060　种群衰退　population depression
因环境条件恶化导致昆虫种群数量持续减
少的现象。

06.061　种群萎缩　population contraction
昆虫种群逐渐变小并紧缩其分布范围的现
象。

06.062　最小存活种群　minimum viable
population
能维持昆虫种群持续存在的最低个体数。

06.063　种群数量统计　population census

种群的数量调查与统计分析。

06.064　序贯抽样法　sequential sampling
根据初步调查结果,利用已有样本的信息,在一定的置信度要求范围内,确定实际取样所需样本数的方法。

06.065　双重抽样法　double sampling
抽取简单性状来间接估计复杂性状的抽样方法。

06.066　随机抽样法　random sampling
在一定空间内,对昆虫种群机会均等地抽取样本,来估计其密度的方法。

06.067　分层随机抽样法　stratified random sampling
总体上将昆虫田间种群划分为若干层(组),对每层分别抽取一组随机样本,用汇总数据来估计其密度的方法。

06.068　系统抽样法　systematic sampling
又称"机械抽样法"。按事先规定顺序依次进行随机抽样来估计昆虫密度的方法。

06.069　地理分布　geographical distribution
昆虫在长期演化过程中形成的适应地理条件的分布格局。

06.070　多型群聚　polytypic aggregation
具有不同表型特征的同种昆虫生活在一起的现象。

06.071　荒漠类群　eremophilus group, deserticolous group
在荒漠生境中栖息生存的昆虫类群。

06.072　沙栖类群　ammophilous group
在沙地、沙丘生境中栖息生存的昆虫类群。

06.073　生态型　ecotype
同种昆虫由于对不同生活环境的适应而在习性、体色甚至遗传上发生的变异或分化,

但彼此仍能交配。

06.074　生态表型　ecophene
环境因子诱导的昆虫非遗传性外形变异。

06.075　生态梯度　ecocline
又称"渐变群"。因环境压力的空间变化导致在一定区域内生活的同种昆虫不同种群发生的渐变形态。

06.076　异质种群　metapopulation
又称"集合种群"。一昆虫种群在发展过程中扩散形成的若干大小不等的亚种群,它们对外界环境变化的抵御力各不相同,有的可能很快消失。

06.077　共位群　guild
又称"功能群"。以相似方式利用同样环境资源的多种昆虫集合体。

06.078　异域分布　allopatry, allopatric distribution
同种昆虫因地理隔离而分布在不同地域的现象。

06.079　生物隔离　biological isolation
由于种种原因,同种生物被隔离成不能互相交配的群体的情况。

06.080　地理隔离　geographical isolation
同种昆虫因地理障碍。如海洋、山脉等被阻隔成独立种群的情况。

06.081　生殖隔离　reproductive isolation
同种昆虫因长期隔离导致不同种群个体不能互相交配,或能交配但不能繁殖后代的情况。

06.082　生态隔离　ecological isolation
生物隔离、地理隔离和生殖隔离的统称。

06.083　生态效率　ecological efficiency
生态系统中各营养级生物对太阳能或其前

一营养级生物所含能量的利用、转化效率。

06.084　能量收支　energy budget
昆虫不同发育期能量输入和输出情况的明细账(表)。

06.085　生命表　life table
系统描述同期出生的一昆虫种群在各发育阶段存活过程的一览表。广义生命表还包括不同日龄成虫繁殖后代的资料。

06.086　年龄特征生命表　age-specific life table
根据在一定条件的跟踪观测结果,按昆虫生理年龄(发育期)编制的生命表。

06.087　时间特征生命表　time-specific life table
在一定时间测定昆虫自然种群的年龄结构,推测该种群在不同发育期存活过程而编制的生命表。

06.088　出生率　natality
泛指生物产生后代的能力。以新生子代数量占群体总量的百分比表示。

06.089　死亡率　mortality
昆虫群体在一定发育阶段死亡个体数占总个体数的百分率。

06.090　存活率　survival rate
昆虫群体在一定发育阶段存活个体数占总个体数的百分率。

06.091　存活曲线　survival curve
又称"l_x曲线"。描述同期出生的一昆虫种群个体存活过程与其年龄关系的曲线。

06.092　关键因子分析　key-factor analysis
根据某害虫连续多年的自然种群生命表资料,用图解法分析各致死因子中最能解释总致死力变化的因子。

06.093　世代时间　generation time
在一定条件下,昆虫完成一个世代所需的时日。

06.094　生育力　fertility
雄性和雌性昆虫通过交配产生后代的能力。

06.095　繁殖力　fecundity
雌性昆虫产生后代多寡的能力,通常用单雌平均产卵量(卵生)或产仔数(胎生)表示。

06.096　光周期　photoperiod
昼夜的周期性变化,影响昆虫的发育和繁殖,也是诱导昆虫进入滞育的重要环境因子。

06.097　光周期现象　photoperiodicity, photoperiodism
昆虫对昼夜周期变化发生各种生理、生态反应的现象。

06.098　净繁殖率　net reproductive rate
昆虫种群在一定条件下经过一个世代后的增殖倍数,用"R_0"表示。

06.099　周限增长率　finite rate of increase
昆虫种群在一定条件下经过单位时间后的增长倍数,用"λ"表示。

06.100　内禀增长力　innate capacity for increase
又称"内禀增长率(intrinsic rate of increase)"。在特定条件下,具有稳定年龄组配的昆虫种群不受其他因子限制时的最大瞬时增长速率。

06.101　世代重叠　generation overlap
同种昆虫在同一时间段内出现不同世代的情况。

06.102　多度　abundance

又称"丰度"。一昆虫种群中各种昆虫种群数量的多寡。

06.103 发育起点温度 threshold temperature, thermal threshold, development zero
昆虫启动生长发育所需要的最低温度。

06.104 有效积温法则 law of effective temperature
昆虫完成某一发育阶段所需要的发育起点以上温度的积加值。

06.105 日·度 degree-day
有效积温的单位。

06.106 均匀分布 uniform distribution
昆虫种群内各个体间距大致相等的空间分布格型。

06.107 随机分布 random distribution
昆虫种群内各个体相对独立,互不干扰,随意占据一定位点的空间分布格型。

06.108 泊松分布 Poisson distribution
描述昆虫随机分布型的数学表达公式。

06.109 核心分布 contagious distribution
昆虫种群形成多个核心,个体由核心向四周扩散的空间分布型。如蚜虫的分布。

06.110 K 选择 K-selection
昆虫演化的一种理论,在相对稳定环境中生活的昆虫,通过自然选择,向着降低繁殖力(r)、母体对后代给予保护的方向发展,称为 K 选择。

06.111 K 对策昆虫 K-strategist
沿着 K 选择方向演化的昆虫,其种群密度往往接近于环境负荷(K)的饱和状态。

06.112 r 选择 r-selection
在严酷的不稳定环境中生活的昆虫,通过

自然选择,向着尽量增大繁殖力(r)、母体对后代不予保护的方向发展,称为 r 选择。

06.113 r 对策昆虫 r-strategist
沿着 r 选择方向演化的昆虫,其种群密度一般都低于环境负荷量(K)的不饱和状态。

06.114 优势度 dominance
某种昆虫个体数占群落中总虫数的百分率大小,或它对群落所起作用的程度。

06.115 优势种 dominant species
在一群落中数量最多或生物量最大的昆虫种类。

06.116 地方种 endemic species
仅分布于某一地区的昆虫种类。

06.117 本地种 indigenous species, native species
原产于当地的昆虫种类。

06.118 外来种 exotic species
非本地原有的昆虫种类。

06.119 关键种 keystone species
对特定群落结构的特征与变化起决定作用的昆虫种类。

06.120 入侵种 invasive species
由外地侵入或迁入的昆虫种类。

06.121 广幅种 euryecious species
又称"广适种"。对环境条件有广泛适应能力的昆虫种类。

06.122 狭幅种 steroecious species
又称"狭适种"。适应环境条件的幅度较狭窄的昆虫种类。

06.123 濒危种 endangered species
由于栖息地条件恶化而濒临绝灭而又有经济或观赏价值的昆虫种类。

06.124 稀有种 rare species
在经济、科学和文化教育等方面具有重要价值、现存数量极少的昆虫种类。

06.125 捕食作用 predation
一种昆虫捕获并取食他种昆虫的现象。

06.126 捕食者 predator
捕捉他种昆虫作为食物的昆虫。

06.127 猎物 prey
又称"被食者"。即被捕食的昆虫。

06.128 功能反应 functional response
捕食性昆虫的捕食量对猎物密度变化的反应。

06.129 数值反应 numerical response
捕食性昆虫密度对猎物密度变化的反应。

06.130 逃避对策 avoidance strategy
昆虫迁离不良环境或逃离天敌袭击所采取的方法。

06.131 寄生[现象] parasitism
一种生物生活于另一种生物的体表或体内,并从后者获得营养的情况。

06.132 内寄生 endoparasitism
有机体在昆虫体内寄生的现象。

06.133 外寄生 ectoparasitism
其他生物在昆虫体表寄生或昆虫寄生于其他动物体表的现象。

06.134 专性寄生 obligatory parasitism
寄生物只能依靠宿主昆虫完成发育和(或)繁殖后代的现象。

06.135 兼性寄生 facultative parasitism
寄生物既能寄生在昆虫体内或体表,也能不依靠宿主昆虫完成发育和(或)繁殖的现象。

06.136 拟寄生物 parasitoid
幼虫期寄生,只需要一个宿主,成虫营自由生活的昆虫。

06.137 假寄生 pseudoparasitism
原营独立生活的生物偶然进入他种生物体内寄生的现象。

06.138 共寄生 synparasitism, multiparasitism
一种昆虫同时被两种或多种昆虫寄生的现象。

06.139 重寄生 epiparasitism, hyperparasitism
寄生昆虫又被另一种昆虫寄生的现象。

06.140 自复寄生 autoparasitism, adelphoparasitism
重寄生的一种类型。寄生昆虫在宿主体内又被同种昆虫寄生的现象。

06.141 宿主 host
又称"寄主"。被寄生的昆虫或被昆虫寄生的动物。

06.142 二次寄生 secondary parasitism
宿主昆虫先后被两种昆虫寄生的现象。

06.143 三次寄生 tertiary parasitism
宿主昆虫先后被三种昆虫寄生的现象。

06.144 群寄生 gregarious parasitism
又称"超寄生(superparasitism)"。多个同种寄生物同时寄生于一头昆虫的现象。

06.145 独寄生 eremoparasitism
宿主体内只能有一种寄生昆虫的个体能正常发育的现象。

06.146 单主寄生 monoxenous parasitism
寄生昆虫只需一种宿主就能完成其生活史的情况。

06.147 转主寄生 heteroxenous parasitism
寄生昆虫需要二种或多种宿主才能完成其生活史的情况。

06.148 群居寄生 social parasitism, social symbiosis
共生的一种形式。群居于社会性昆虫巢内,不是直接以宿主,而是以它的储粮为食的昆虫。

06.149 盗食寄生 cleptoparasitism
寄生者产卵于宿主巢内,幼虫孵化首先杀害宿主幼虫,取而代之地利用宿主储粮完成发育的现象。

06.150 宿主专一性 host specificity
寄生物只能在一种宿主体内或体表生长发育至成熟的现象。

06.151 社会性昆虫 social insects
以族群的形式生活在一起,成员分化为若干级或型,各司特殊职能的昆虫。

06.152 食物异级 trophogeny
社会性昆虫因食物的营养差异而分化成不同等级的现象。

06.153 级 caste
社会性昆虫的成熟个体分化成几种类型,形成等级,各自在群体中执行不同职能。如职虫(workers)、兵虫(soldiers)和母虫(queen)等。

06.154 真社会性昆虫 eusocial insect
由不同世代个体组成、营高级群体生活、成员间分工协作,共同完成群体各项工作的社会性昆虫。

06.155 类社会性昆虫 parasocial insect
仅由少数同世代的成虫组成的昆虫群体。

06.156 亚社会性昆虫 subsocial insect
在群体生活中虽已出现族群形式,但成员之间没有严格的社会等级和分工的昆虫。

06.157 半社会性昆虫 semisocial insect
群居在一起,除互相协作照料后代外,已有初步社会分工的昆虫。

06.158 准社会性昆虫 quasisocial insect
同世代雌虫合作建巢、共同饲育幼虫的昆虫。如隧蜂。

06.159 杂合群体 allometrosis, allometroses（复）
社会性昆虫群体中存在着他种昆虫,或群体中同时存在着同种不同宗系的产卵雌虫。

06.160 复巢 compound nest
社会性昆虫的巢,其内营居两种不同的昆虫而它们幼体彼此分隔开。

06.161 蚁播 myrmecochory
蚂蚁对植物种子、花粉等的传播作用。

06.162 交哺现象 trophallaxis
社会性昆虫种内或种间的液体食物的相互交换,并借以传达有关信息的情况。

06.163 蜂粮 bee bread
蜜蜂在巢内储藏的供育幼用的花粉与花蜜的混合物。

06.164 觅食策略 foraging strategy
昆虫为达到最大的觅食效率所采用的方法和措施。

06.165 最优采食 optimal foraging
昆虫以最低的能量消耗、采集尽可能多的最符合需要的食物。

06.166 蔽身巢 succursal nest
社会性昆虫建造的蔽身构造,但非真巢。

06.167 共生 symbiosis
昆虫和他种生物不同程度地生活在一起的

现象。

06.168 共存 coexistence
具有相似生活要求的近缘种生活在同一地域内的现象。

06.169 内共生 endosymbiosis
一种生物(如真菌)生活在昆虫体内,彼此受益的共生现象。

06.170 外共生 ectosymbiosis
昆虫和其他生物(包括他种昆虫)长期相处并相互作用的现象。

06.171 类共生 parasymbiosis
昆虫和其他生物长期相处,但彼此并无利害关系的共生现象。

06.172 同栖共生 calobiosis
一种昆虫生活在另一种社会性昆虫巢中,并依靠后者生活的共生现象。

06.173 盗食共生 cleptobiosis
蚂蚁共生的一种方式,身体较小的蚂蚁筑巢于个体较大的蚂蚁巢附近,窃取后者的食物或劫走后者工蚁的共生现象。

06.174 互利共生 mutualism
又称"互惠共生"。两种昆虫生活在一起,双方都能从中获益的共生现象。

06.175 偏利共生 commensalism
两种昆虫生活在一起,对一方有利,对另一方并无利害关系的共生现象。

06.176 偏害共生 amensalism
两种昆虫生活在一起,一方受抑制,另一方不受影响的共生现象。

06.177 无益共生 hamabiosis
两种昆虫生活在一起,但彼此并无明显的利害关系。

06.178 蕈巢共生 mycetometochy

真菌生长在社会性昆虫巢内的共生情况。

06.179 蚁客共生 myrmecoclepty
蚁类共生的一种形式。当两种蚂蚁互哺时,一种从另一种口中窃取吐出的蜜质。

06.180 守护共生 phylacobiosis
一种蚂蚁生活在白蚁巢内,对后者有某种保护作用的共生现象。

06.181 宾主共栖 xenobiosis
蚂蚁社会的一种形式,一种蚂蚁栖居在另一种蚂蚁巢内,互相容忍,但每种仍保持各自的组合。

06.182 偶然共栖 synclerobiosis
两种通常各自独立的蚁群,原因不明地偶而生活在一起。

06.183 客栖 metochy, synoëcy
蚁类与客虫的一种关系,蚂蚁容许客虫在蚁巢中居住,两者并无利害关系。

06.184 拟客栖 pseudosymphile
又称"寄生共生"。栖居在社会性昆虫群体中他种昆虫,依靠宿主幼虫营养分泌物生活的情况。

06.185 客虫 synoëkete
被容忍在白蚁或蚂蚁巢中生活的昆虫。

06.186 拟态客虫 mimetic synoëkete
对宿主昆虫的体色或体形进行模拟的客虫。

06.187 中性客虫 neutral synoëkete
生活在社会性昆虫群体中,取食宿主废弃物质,与宿主无密切关系的客虫。

06.188 寄食昆虫 inquiline
终生都生活在其宿主昆虫巢内并以后者储粮为食的昆虫。如某些甲虫和蝇类。

06.189 食客 trophobiont

帮助和保护另一种昆虫并从后者得到食物产品作为回报的昆虫。

06.190 蚁客 myrmecoxene, symphile
又称"蚁真客"。居住在蚁巢中的客虫,主客和睦相待,互相提供食物。

06.191 蚁盗 synecthran
生活于白蚁或蚁巢中但不受蚁类欢迎的昆虫。如某些甲虫。

06.192 蚁菌瘤 bromatium, bromatia（复）
在蚁巢中生长的顶部膨大的菌块,被蚁类用作食物。

06.193 虫道菌圃 ambrosia
在蛀干昆虫(如某些小蠹)蛀道内生长的、可供这些昆虫取食的真菌。

06.194 蚁冢昆虫 myrmecophile
居住在蚁巢中的其他种昆虫,有些种为蚁类所照料,另一些种则捕食蚁类或其幼虫。

06.195 滞育 diapause
昆虫在温度和光周期变化等外界因子诱导下,通过体内生理编码过程控制的发育停滞状态。

06.196 专性滞育 obligatory diapause
不论外界条件如何,昆虫只要发育到某一虫态所有个体都进入滞育的情况。

06.197 兼性滞育 facultative diapause
昆虫只在某一世代的特定虫态进入滞育,环境条件适于继续生长时不进入滞育,否则就进入滞育的情况。

06.198 过冷却点 supercooling point
又称"临界点","临界温度"。昆虫的体液过冷却与结冰导致其死亡之间的临界温度。

06.199 光期 photophase
又称"光相"。昼夜光暗循环中的光照时段。

06.200 暗期 scotophase
又称"暗相"。昼夜光暗循环中的黑暗时段。

06.201 生殖滞育 reproductive diapause
成虫繁殖前生殖腺停止发育的状态。

06.202 临界光周期 critical photoperiod
诱导昆虫种群中50%个体进入滞育的每天光照时间。

06.203 低温滞育 athermobiosis
寒冷引起的昆虫发育停滞现象。

06.204 耐寒性 cold hardiness, cold tolerance, cold resistance
又称"抗寒性"。昆虫耐受或抵御低于其正常生活适温下限的温度的能力。

06.205 扩散 dispersion, dispersal
昆虫群体因密度效应或因觅食、求偶、寻找产卵场所等由原发地向周边地区转移、分散的过程。

06.206 迁飞 migration
昆虫通过飞行而大量、持续地远距离迁移。

06.207 迁出 emigration
昆虫群体迁离原栖息场所。

06.208 迁入 immigration
昆虫群体通过迁飞或迁移进入新的生境。

06.209 进化对策 evolutionary strategy
昆虫通过自然选择逐渐适应环境的进化方法。

06.210 趋同性 convergence
不同种昆虫生活环境相似而逐渐形成相似特征的现象。

06.211 趋异性 divergence
生活在不同环境中的同种或同一品系昆虫逐渐形成不同特征的现象。

06.212 多色现象 polychromatism
同种昆虫因适应环境背景或不同的生理状态而呈现不同体色的现象。

06.213 同色现象 homochromatism
昆虫体色与环境背景相似或相同的现象。

06.214 抗生作用 antibiosis
昆虫因某些植物产生对它有害的次生代谢物而不为害该种植物的现象。

06.215 排拒作用 antixenosis
植物抗虫性的一种类型,指昆虫拒绝在不适合的植物上产卵、取食和栖息。

06.216 异种化感 allelopathy
又称"他感作用"。一种生物分泌到体外的化学物质对他种生物产生的影响。

06.217 虫瘿 gall, cecidium
因昆虫或螨类的取食刺激引起植物组织局部增生而形成的瘤状物。

06.218 间生态 anabiosis
因干燥引起的昆虫生命活动暂时停止状态。回到湿度环境后又恢复正常生命力。

06.219 有害生物综合治理 integrated pest management, IPM
对有害生物的一种管理系统。它按照有害生物的种群动态及其与环境的关系,尽可能协调运用适当的技术和方法,使其种群密度保持在经济允许的危害水平以下。

06.220 经济阈值 economic threshold
某害虫种群达到对被害作物造成经济允许损失水平时的临界密度。

06.221 生态治理 ecological management
运用生态学原理对有害生物与资源进行的宏观调控和管理。

06.222 自然控制 natural control
昆虫自然种群在各种生物和非生物因子控制下的动态平衡过程。

06.223 自然抑制 natural suppression
利用各种自然因子抑制害虫对农作物的危害。

06.224 雄虫灭绝 male annihilation
大量释放不育雄虫与田间雄虫竞争雌虫以造成后者不育、控制害虫的方法。

06.225 助增释放 augmentation release
大量释放人工繁殖的天敌昆虫治理害虫。

06.226 保育 conservation
又称"保护"。对益虫和其他有经济或观赏价值的稀有昆虫进行保种护育管理。

06.227 就地保育 in situ conservation
在原来的生境中对稀有或濒危昆虫或生物多样性实施保护性管理。

06.228 异地保育 ex situ conservation, off site conservation
又称"易地保护"。将稀有或濒危种昆虫或重要的昆虫种类迁入新的生境加以保护培育。

06.229 检疫 quarantine
以立法手段防止有害生物进入或传出一个国家或地区的措施。

06.230 检疫区 quarantine area
通过立法,划定的动植物检疫对象区域。

07. 昆虫行为与信息化学

07.001 行为 behavior
动物适应其生活环境的一切活动方式。

07.002 行为模式 behavior pattern
行为活动发生、进行和完成的某种固有方式。

07.003 行为生态学 behavioral ecology
研究动物行为与其周围环境之间适应关系的学科。

07.004 行为生理学 ethophysiology
研究动物行为的生理学基础的学科。

07.005 行为遗传学 ethogenetics, behavioral genetics
研究控制动物行为的基因及其表达形式的遗传学分支学科。

07.006 格式塔 gestalt
又称"完形"。即对整体的认知。如昆虫在选择食物、产卵场所等过程中,将感觉获得的信息综合成是否符合自身需要的整体形象,由此决定取舍的行为反应。

07.007 先天行为 innate behavior
又称"本能"。由遗传因子决定的生来固有的行为。

07.008 后天行为 learned behavior
出生后通过学习或经验积累逐渐形成的行为。

07.009 行为可塑性 behavioral plasticity
昆虫行为活动对环境变化的适应性。

07.010 重演行为 reiterative behavior
动物产生信号的机制在演化过程中的多次起源和转变。

07.011 结群行为 grouping behavior
同种昆虫通过集群而产生的群体行为。

07.012 行为多型 polyethism
社会性昆虫中不同等级个体各司其职,分工完成群体社会各项工作的行为。

07.013 行为图表 ethogramme
描述昆虫行为活动过程的图形或表格。

07.014 定向 orientation
昆虫对外界刺激作出的在空间和时间上控制其方向和姿态的反应。

07.015 光罗盘定向 light-compass orientation
昆虫与太阳以一固定角度定向或行进的现象。

07.016 横向定位 transverse orientation
虫体长轴与外源刺激成一固定角度的定向反应或运动。

07.017 视动反应 optomotor reaction
对光亮强度不同的移动条纹作出转动头部或身体的反应。

07.018 动态 kinesis
外界刺激引起的非定向的随机活动。

07.019 直动态 orthokinesis
外源刺激引起的非定向活动,其强度或频率取决于该刺激的强度。

07.020 调转动态 klinokinesis
虫体两侧感受的刺激不一致时转动身体或

某些附肢的非定向活动。

07.021 光动态 photokinesis
在阳光下非定向活动加强的现象。

07.022 触动态 stereokinesis
被动接触刺激引起的暂时不活动状态。

07.023 湿动态 hydrokinesis
在感觉到湿度高时活动加强的现象。

07.024 趋性 taxis
朝向(正趋性)或离开(负趋性)刺激源的运动。

07.025 趋光性 phototaxis
向着光源的运动。

07.026 趋暗性 skototaxis
向暗色区或一系列暗色区中最暗区移动的现象。

07.027 趋温性 thermotaxis
向最适温区移动的现象。

07.028 趋化性 chemotaxis
向着化学刺激源方向的运动。

07.029 趋风性 amenotaxis
因带气味物质的气流引起的逆气流而前进的运动。

07.030 趋气性 aerotaxis
以空气或氧气作为定向因子的一种趋性。

07.031 趋声性 phonotaxis
种内因异性鸣声或人工模拟声信号引起的定向反应和运动。

07.032 攻击趋声性 aggressive phonotaxis
蟋蟀雄虫在保卫其领域或配偶时发出含敌意的鸣声而引起对方的趋性。

07.033 趋触性 thigmotaxis,stereotaxis

因接触刺激抑制昆虫运动导致若干个体暂时聚集于被接触物表面或夹缝处的现象。

07.034 趋荫性 phototeletaxis
朝向隐蔽处的运动。

07.035 避荫趋性 photofobotaxis
避开隐蔽处的运动。

07.036 趋流性 rheotaxis
对水流的定向反应和运动。

07.037 趋湿性 hydrotaxis
向较高湿度或水气区移动的现象。

07.038 趋激性 telotaxis
以感觉器官对着某刺激源并向其移动的现象。

07.039 趋高性 hypsotaxis
某些昆虫在一定发育阶段向较高位置移动的习性。

07.040 趋地性 geotaxis
对地球引力的定向反应和运动。

07.041 恒向趋地性 geomenotaxis
与地球引力成一固定角度的定向运动。

07.042 转向趋地性 geotropotaxis
虫体两侧感受的刺激不一致时而引起的对地球引力的定向活动。

07.043 趋星性 astrotaxis
对太阳和行星位置的定向运动。

07.044 趋位性 topotaxis
对一定位置的定向运动。

07.045 嗜树梢性 acrodendrophily
某些林栖昆虫喜栖树梢的习性。

07.046 趋避性 phobotaxis
避开不利刺激的定向运动。

07.047 恒向趋性 menotaxis
与刺激源成一固定角度的定向运动。

07.048 调转趋性 klinotaxis
虫体两侧感受的刺激不一致时转动身体的定向反应和运动。

07.049 协调趋性 coordinated taxis
利用同时存在的两种或两种以上趋性到达最佳生境的行为。

07.050 三角步法 triangle gait
成虫交替使用一侧的前、后足与另一侧的中足形成三角形支点的行进方式。

07.051 活动范围 home range
昆虫栖息和进行日常活动的空间范围。

07.052 领域性 territoriality
因竞争配偶或食物等活动所占据的空间范围。

07.053 领域防御 territory defence
动物保卫其所占领域免遭同种或他种个体侵犯的行为。

07.054 琐飞 appetitive flight, trivial flight
因觅食、求偶、避敌等活动而进行的短距离频繁飞行。

07.055 觅食 foraging
搜寻和采集食物的活动。

07.056 会集 assembling, sembling
同种个体的聚合,特指多头雄虫向未交配成熟雌虫的趋集。

07.057 聚集 aggregation
同种个体暂时性地聚合在一起,但其行动无组织,也无协作的特点。

07.058 携播 phoresy
一种昆虫附着于他种昆虫并随之转移,但并不以后者为食的现象。

07.059 携配 phoretic copulation
某些寄生蜂特有的扩散方式。两性交配时外生殖器勾连在一起,由雄蜂携带无翅雌蜂转移和扩散。

07.060 分蜂 swarming
蜜蜂属的群体中由产卵蜂后带领部分工蜂飞离原群,在新址重新筑巢的过程。

07.061 涌散 swarming
昆虫的成群出现和分散。

07.062 锯齿形飞行 zigzag flight
成虫在逃避天敌或对性信息素作出反应时的不断急转弯飞行。

07.063 游移期 wandering phase
幼虫停食后漫游、寻找合适化蛹场所的时期。

07.064 昼夜节律 circadian rhythm, diurnal rhythm, diel periodicity
行为活动在白天和黑夜有规律的周期性变化。

07.065 外源节律 exogenous rhythm
由外界环境因子周期性变化引起的行为活动节律。

07.066 内源节律 endogenous rhythm
由本身生理因子控制的行为活动节律。

07.067 活动图 actograph
记录和描述小型昆虫连续活动过程的图形。

07.068 僵住状 catalepsy
附肢姿态反常、对外来刺激无反应的不活动状态。

07.069 不应态 refractoriness
(1)受刺激后尚未恢复正常生理状态、对重复刺激无反应的现象。(2)雌虫在一次交配后,暂时不再接受异性求偶的状态。

07.070 学习 learning
由于经验或实践的结果而发生的持久或相对持久的适应性行为变化。

07.071 习惯化 habituation
对外源刺激的反应强度随该刺激的重复出现而减弱、以至消失,停歇一定时间后遇同样刺激又恢复反应的现象。

07.072 社会性易化 social facilitation
动物群体中某一个体的动作会影响其他个体活动的现象。

07.073 联系学习 associative learning
对某些原无意义的刺激经探测、诱发正反应并予以强化后,将本身的反应与该刺激联系起来的能力。

07.074 潜伏学习 latent learning, exploratory learning
某些社会性昆虫在第一次外出觅食后即能通过记忆和辨认路标,循原路返巢的学习方式。

07.075 厌恶学习 aversion learning
昆虫对某物(或某处)的喜好因后者与有害刺激多次联系而对其产生厌恶或回避的现象。

07.076 记忆 memory
贮存信息的能力。

07.077 印记 imprinting
昆虫生活初期的一种快速学习过程,包括识别同种个体或其代表形象的属性、特征等。

07.078 化源感觉 topochemical sense
某些社会性昆虫在离巢外出时能感知沿途两侧的气味并借此辨认返巢路线的现象。

07.079 嗅觉条件化 olfactory conditioning
某些以嗅觉识别宿主的昆虫可以通过反复诱导适应新宿主的现象。

07.080 食性 food habit
在自然情况下的取食习性,包括食物的种类、性质、来源和获取食物的方式等。

07.081 单食性 monophagy
高度特化的食性,仅以一种或极近缘的少数几种植物或动物为食。

07.082 寡食性 oligophagy
取食少数属的植物或嗜好其中少数几种植物的习性。

07.083 多食性 polyphagy, polyphagia
以多种亲缘关系疏远的植物或动物为食的习性。

07.084 杂食类 omnivore
能以各种植物和(或)动物为食的昆虫。

07.085 食植类昆虫 phytophagous insect
以活体植物为食的昆虫。

07.086 食草类 herbivore
泛指以活体禾本科植物为食的昆虫。

07.087 食叶昆虫 defoliating insect
严重毁坏植物叶片的咀嚼式口器昆虫。

07.088 食果类 carpophage
以植物果实为食的昆虫。

07.089 食谷类 grainvore
以禾本科植物种子为食的昆虫。

07.090 食蜜类 nectarivore
以植物花蜜为食的昆虫。

07.091 食虫类 insectivore, entomophage
泛指以他种昆虫或其组织为食的昆虫。

07.092　食肉类　carnivore, sarcophage
捕食他种昆虫或以其组织为食的昆虫。

07.093　食蚁类　myrmecophage
以捕食蚁类为生,但不与蚁类共居的昆虫。

07.094　食血类　sanquinivore, hemato-phage
以吮吸动物或人类血液为生的昆虫。

07.095　食菌类　mould feeder
摄食真菌的昆虫。

07.096　滤食类　filter feeder
摄食浮游生物的昆虫。

07.097　屑食类　detritivore
以有机物碎屑为食的昆虫。

07.098　腐食类　scavenger, saprophage, saprozoic
取食已死亡或腐烂的动物性或植物性物质的昆虫。

07.099　吸液汁类　sap feeder, juice sucker
以特化的针状口器刺入植物组织、吸食其液汁的昆虫。

07.100　食卵性　oophagy
较原始的膜翅目共栖昆虫中,优势种雌虫取食他种昆虫的卵,使其后代继续在巢中保持优势的现象。

07.101　食粪性　coprophagy
以动物粪便为食的习性。

07.102　喜花类　anthophila
喜好采食植物花粉和花蜜的昆虫。

07.103　传粉作用　anthophily, pollination
昆虫在采食花粉和花蜜的同时为植物传粉的现象。

07.104　传粉昆虫　pollinator
为植物起传粉作用的昆虫。

07.105　敲击反应　drumming reaction
成虫用前肢跗节、下唇须或触角等轻叩植物叶面或其他宿主,试探是否适合产卵的行为。

07.106　闪光　flashing light
萤科昆虫的间歇发光现象,起招引异性的作用。

07.107　求偶　courtship
成虫性成熟期向异性表示交配欲望的行为。

07.108　示爱　courtship display
成虫向异性表达交配欲望的形态展示或行为表现。

07.109　抱握　clasping
(1)雄虫在交配前用附肢抱持异性的行为。(2)幼虫用腹足抓握物体的动作。

07.110　性色　epigamic color
成虫在交配期显示的吸引异性的色彩。

07.111　婚飞　nuptial flight, mating flight
社会性昆虫在离开母巢后的群体飞行交配。

07.112　求偶行为　epigamic behavior
交配前促使异性接受交配的行为活动。

07.113　求偶声　courtship song
同种昆虫成虫发出的有节奏的吸引异性的声音。

07.114　争偶声　rivalry sound, rival song
同种雄虫因竞争配偶而发出的具有威胁性的敌对声。

07.115　交尾　copulation
又称"交配(mating)"。两性成虫交配的动作和过程。

07.116 婚食 courtship feeding, nuptial feeding
某些捕食性昆虫交配时雄性向雌性提供食物避免本身被吃掉。

07.117 偷袭 sneak attack
螳螂交配时,雌性乘雄性不备突然吃掉雄虫的行为。

07.118 单配偶 monogamy
仅与一个配偶交配的现象。

07.119 多配偶 polygamy
有两个或两个以上配偶,但后者均不与其他异性交配的现象。

07.120 一雄多雌 polygyny
一头雄虫与多头雌虫交配的情况。

07.121 一雌多雄 polyandry
一头雌虫与多头雄虫交配的情况。

07.122 单交种类 monocoitic species
雌性一生只交配一次的昆虫。

07.123 多交种类 multicoitic species
雌性一生可多次交配的昆虫。

07.124 奴役[现象] dulosis
社会性昆虫虏掠他种昆虫的幼虫和(或)蛹,待其羽化后充作役奴的现象。

07.125 同类相残 cannibalism
同种个体间的相互残害。

07.126 巢内共生物 nest symbionts
寄居于蚁巢内的其他昆虫,它们由蚁类饲育,同时为蚁类提供所需的某些物质或服务,形成共生关系。

07.127 伏击 ambush
捕食者事先设好陷阱,等待猎物,待机袭击。

07.128 袭击行为 raiding behavior
社会性昆虫突然而迅速地侵入他种昆虫巢穴,抢劫食物或虏掠其后代回巢充作役奴的行为。

07.129 攻击行为 aggressive behavior
天敌对猎物或宿主的袭击。

07.130 争偶行为 rivalry behavior
同性个体(通常是雄性)因争夺配偶而作出的威胁性姿态或发出的威胁性鸣声等行为。

07.131 修饰行为 grooming behavior
昆虫,特别是蜂类自身或同种个体相互梳理体表,清除尘埃、花粉或寄生螨等异物的行为。

07.132 选择行为 choice behavior
选择适宜食物、产卵或栖息场所等行为活动。

07.133 喜蝴性 chrymosymphily
蚁类因喜好鳞翅目幼虫的分泌物而在两者之间建立的关系。

07.134 警戒色 warning coloration, aposematic coloration
昆虫的鲜艳色彩或斑纹,具有使其天敌不敢贸然取食或厌恶的品质。

07.135 保护色 sematic color
具有保护作用的警戒色和信号色。

07.136 辨识色 episematic color
拟态中用于辨识同种个体的色彩。

07.137 拟辨识色 pseudosematic color
侵袭拟态和引诱色。

07.138 混隐色 disruptive coloration
体色断裂成几部分镶嵌在背景色中,起躲避捕食性天敌的作用。

07.139 瞬彩 flash coloring
平时隐而不露、在受到威胁时突然显露的色彩,对天敌或骚扰者起惊吓作用。

07.140 拟态 mimicry
在外形、姿态、颜色、斑纹或行为等方面模仿他种生物或非生命物体以躲避天敌的现象。

07.141 贝氏拟态 Batesian mimicry
捕食者的可食种模仿有显著色型的不可食种的拟态。

07.142 米勒拟态 Müllerian mimicry
数种关系不密切且均不合天敌口味的昆虫彼此间的拟态,捕食者尝试其中一种后即不再攻击其他种的现象。

07.143 瓦斯曼拟态 Wasmannian mimicry
曾称"华斯曼拟态"。蚁巢中的客虫模拟巢主的行为,有利于两者共生。

07.144 自拟态 automimicry
同种群体中某些个体因食物原因不合天敌口味而使后者不加害其他个体的现象。

07.145 模拟多态 mimetic polymorphism
某些鳞翅目昆虫,特别是雌性蝶类中出现多种色型以及他种昆虫模拟此类色型的现象。

07.146 变形拟态 transformational mimicry
昆虫在不同发育阶段模拟截然不同物体的现象。

07.147 攻击拟态 aggressive mimicry
捕食者模拟猎物的姿态等待时机袭击后者的现象。

07.148 隐态 crypsis
以环境为背景进行伪装以躲避捕食性天敌的现象。

07.149 隐影 counter shading
隐态的一种。体色能变深或变浅以抵消因光强度不同引起体表反射色的改变。

07.150 聚扰 mobbing
社会性昆虫在天敌临近时,聚群起飞,骚扰、威胁甚至袭击后者的现象。

07.151 窜飞 protean display
一种群体防卫行为。聚在一起的昆虫在受到袭击时,各自变化莫测地飞离,导致捕食者注意力分散的现象。

07.152 平整 levelling
某些膜翅目土栖昆虫筑巢完成后,将入口处浮土整理平坦,使巢穴不易被发现的行为。

07.153 副穴 accessory burrow
某些筑巢于地下的昆虫在正巢旁建造的迷惑天敌的假巢。

07.154 假死 thanatosis
因某种接触刺激而突然停止活动、佯装死亡的现象。

07.155 自残 appendotomy, autotomy
某些昆虫被捕获时自行脱落次要附肢以求逃逸、生存的策略。

07.156 结群防卫 group defence
社会性昆虫中职虫聚集围歼入侵者或修补被损窝巢的行为。

07.157 挣扎声 protest sound
在被捕获或受到其他接触刺激时发出的不规则、高强度、广谱性刺耳声。

07.158 反射出血 reflex bleeding
又称"自出血(autohemorrhage)"。某些昆虫在遭受天敌攻击时主动由一定关节注出(有毒)血液以免被害的现象。

07.159 排胃 enteric discharge
受到骚扰时吐出液体或排出粪便以驱避骚扰者的行为。

07.160 独居种类 solitary species
单独或仅成对活动、不照料后代的昆虫。

07.161 群居种类 communal species
社会性昆虫的原始类型，同种若干雌虫共居一巢，但多少仍保持其独居行为。

07.162 筑巢 nidification
建造窝巢的动作和过程。

07.163 迁徙期 nomadic phase
行军蚁蚁群史中每天变更其栖息地的阶段。

07.164 哺幼性 eutrophapsis
社会性昆虫中无生殖功能的雌虫喂养幼虫的现象。

07.165 同窝相残 brood cannibalism
社会性昆虫吃掉受伤的未成熟同类以及职虫饥饿时残食健康后代的现象。

07.166 奴工蚁 auxiliary worker
蚁类中专司劳役的工蚁。

07.167 临时驻栖 bivouac
行军蚁亚科(Dorylinae)在迁移过程中的临时栖息地。

07.168 家族群 kin group
社会性昆虫两代或两代以上生活在一起形成的群体。

07.169 单王群 monogynous colony, haplometrotic colony, monoqueen colony
社会性昆虫中只有一个王的群体。

07.170 多王群 polygynous colony, pleometrotic colony, polyqueen colony
社会性昆虫中有两个或两个以上王的群体。

07.171 征召 recruitment
社会性昆虫召集同巢成员协力完成某项工作的现象。

07.172 亲代照料 parental care, brood care
成虫对后代(卵或幼龄幼虫)的照料和保护。

07.173 信息化学物质 semiochemicals, infochemicals
在生物之间的相互关系中，作为媒介起传递信息作用的化学物质的总称，可分为异种化感物和信息素两大类。

07.174 异种化感物 allelochemics, allelochemicals
又称"他感化合物"。生物释放的、能引起他种生物特定行为或生理反应的一类信息化学物质。

07.175 益己素 allomone
一种生物释放的、能引起他种接受生物产生对释放者有益反应的信息化学物质。

07.176 益它素 kairomone
一种生物释放的、能引起他种接受生物产生对接受者有益反应的信息化学物质。

07.177 互益素 synomone
一种生物(或非生物)释放的、能引起他种接受生物产生对释放者和接受者都有益反应的信息化学物质。

07.178 偏益素 apneumone
非生物释放的、对某种接受生物有益，但对另一种生物可能有害的信息化学物质。

07.179 信息素 pheromone

一种昆虫释放的、能引起同种其他个体产生特定行为反应的信息化学物质。

07.180 外激素 ectohormone
释放到生物体外后起作用的激素,现已普遍被信息素一词所取代。

07.181 类信息素 parapheromone
化学结构和功能与某信息素相似的化学物质。

07.182 前信息素 propheromone
在环境中能转化成信息素的前体衍生物。

07.183 性信息素 sex pheromone
成虫分泌和释放的、对同种异性个体有引诱作用的信息化学物质。

07.184 社会信息素 social pheromone
社会性昆虫中对群体行为和繁殖起调控作用的信息化学物质。

07.185 踪迹信息素 trail pheromone
某些白蚁或蚂蚁采食回巢时留在沿途或底物上、标明其行踪的信息化学物质。

07.186 标记信息素 marking pheromone
在产卵或其他活动场所留下的、有提示作用的信息化学物质。

07.187 领域信息素 territorial pheromone
昆虫在其活动范围内留下的对同种其他个体有警示作用的信息化学物质。

07.188 聚集信息素 aggregation phero-
mone, assembly pheromone
引起同种昆虫聚集的信息化学物质。

07.189 抗聚集信息素 epideictic phero-
mone
阻止同种昆虫聚集的信息化学物质。

07.190 迁散信息素 dispersal pheromone
种群调节密度时产生的促使个体迁散的信

息化学物质。

07.191 警戒信息素 alarm pheromone,
alert pheromone
昆虫释放的向同种其他个体通报有敌害来临的信息化学物质。

07.192 蜂王信息素 queen substance,
queen pheromone
蜂王上颚腺分泌的一组化合物,主要成分是反-9-氧代-2-癸烯酸,有抑制工蜂卵巢发育、另建王室和吸引雄蜂等作用。

07.193 掠夺信息素 robbing pheromone
某些社会性昆虫在掠夺他种昆虫巢穴、食物或虏掠其个体充作役奴时释放的召集同伴或迷惑对方的信息化学物质。

07.194 生态信息素 ecomone
从生物或非生物环境中产生的有信号作用的的化学物质。

07.195 性引诱剂 sex attractant
雌虫或雄虫分泌的引诱异性的信息素,或人工合成的有类似效应的化合物。

07.196 蚕蛾性诱醇 bombykol
家蚕(*Bombyx mori*)雌蛾分泌的引诱异性的性信息素,其成分为反-10,反-12-十六碳二烯醇。

07.197 舞毒蛾性诱剂 disparlure
舞毒蛾(*Lymantria dispar*)雌蛾分泌的引诱异性的性信息素,其成分为(+)顺-7,8-环氧-2-甲基十八烷。

07.198 红铃虫性诱剂 gossyplure
红铃虫(*Pectinophora gossypiella*)雌蛾分泌的引诱异性的性信息素,包含顺-7,顺-11-十六碳二烯醇乙酸酯和顺-7,反-11-十六碳二烯醇乙酸酯两种成分。

07.199 棉象甲性诱剂 grandlure

棉象甲（*Anthonomus grandis*）雄虫分泌的引诱异性的性信息素,含有顺－2－异丙烯基－1－甲基－环丁烷基乙醇等4种成分。

07.200 粉纹夜蛾性诱剂 looplure
粉纹夜蛾（*Trichoplusia ni*）雌蛾分泌的引诱异性的性信息素,其成分由顺－7－十二碳二烯醇乙酸酯和十二碳醇乙酸酯组成。

07.201 家蝇性诱剂 muscalure
雌家蝇（*Musca domestica*）分泌的引诱异性的性信息素,其成分为顺－9－二十三碳烯。

07.202 苹果小卷蛾性诱剂 codlemone
苹果小卷蛾（*Cydia pomomnella*）雌蛾分泌的引诱异性的性信息素,其成分为反－8,10－十二碳二烯醇。

07.203 地中海实蝇性诱剂 trimedlure
人工合成的对地中海实蝇（*Ceratitis capitata*）雌蝇有引诱作用的化学物质,其成分为2－甲基－4－氯环己烷羧酸特丁基酯。

07.204 瓜实蝇性诱剂 cuelure
人工合成的瓜实蝇（*Dacus cucurbitae*）性引诱剂,其成分为6－乙酰氧基苯基丁基－2－酮。

07.205 日本丽金龟性诱剂 japanilure
日本丽金龟（*Popillia japanica*）的性引诱剂,结构为(R,Z)－5－(1－癸烯基)－二氢－2(H)呋喃酮,与甲基丁香酚和环己基丙酸甲酯混合应用。

07.206 食菌甲诱醇 sulcatol
食菌甲（*Gnathotrichus sulcatus*）分泌的聚集信息素,其成分为6－甲基－5－庚烯－2－醇,含65% $R(-)$和35% $S(+)$对映体。

07.207 齿小蠹烯醇 ipsenol
齿小蠹属（*Ips*）昆虫的聚集信息素成分之一,化学结构为2－甲基－6－亚甲基－7－辛烯－4－醇。

07.208 齿小蠹二烯醇 ipsdienol
齿小蠹属（*Ips*）昆虫的聚集信息素成分之一,化学结构为2－甲基－6－甲叉基－2,7－辛二烯－4－醇。

07.209 西部松小蠹诱剂 exo-brevicomin
西部松小蠹（*Dendroctonus brevicomis*）的聚集信息素成分之一,结构为挂7－乙基－5－甲基－6,8－二氧杂二环[3.2.1]辛烷。

07.210 南部松小蠹诱剂 frontalin
南部松小蠹（*Dendroctonus frontalis*）的聚集信息素成分之一,结构为1,5－二甲基－6,8－二氧杂二环[3.2.1]辛烷。

07.211 波纹小蠹诱剂 multilure
波纹小蠹（*Soclytus multistriatus*）的聚集信息素成分之一,结构为2,4－二甲基－5－乙基－6,8－二氧杂二环[3.2.1]辛烷。

07.212 散发 emission
信息素或其他化学物质自虫体或载体向大气中挥发、扩散的过程。

07.213 气缕 plume
昆虫信息素或植物性气味物质在空中扩散的轨迹。

07.214 散发器 dispenser
用于散发信息素的载体或器具。

07.215 诱芯 lure
又称"诱饵"。含有昆虫引诱剂的载体或饵料。

07.216 行为调节剂 behavior regulator
调节或改变昆虫行为活动的化学物质。

07.217 次生代谢物 secondary metabolite
植物产生的、与其基本生命活动无关,但对昆虫或其他动物与植物之间的关系起重要作用的非营养性微量代谢产物。

07.218 助食素 phagostimulant, feeding stimulant
诱发并加强昆虫取食活动的化学物质。

07.219 产卵刺激素 oviposition stimulant
诱发或促进昆虫产卵的化学物质。

07.220 诱发因子 incitant
诱发昆虫取食或产卵的物质或其他因子。

07.221 引诱剂 attractant
引起昆虫向该物质源作定向运动的化学物质。

07.222 抗引诱剂 anti-attractant
干扰昆虫向引诱源作定向运动的化学物质。

07.223 信息素抑制剂 pheromone inhibitor
阻扰昆虫向信息素作定向运动或其他行为反应的物质。

07.224 滞留素 arrestant
使昆虫行进速度减慢或转弯频次增加,导致其动态性聚集的化学物质。

07.225 刺激素 irritant
某些等翅目昆虫(如白蚁)释放的挥发性物质,对捕食性天敌有威慑作用,但并不引起后者急性中毒。

07.226 阻碍素 deterrent
抑制昆虫取食、交配或产卵的化学物质。

07.227 催欲素 aphrodisiac
两性昆虫接近后,一方(通常是雄性)产生的、促进异性接受交配的化学物质。

07.228 风洞 wind tunnel
测定昆虫对挥发性物质的定向行为反应的室内装置。

07.229 嗅觉仪 olfactometer
定量测定和记录昆虫对气味物质的嗅觉反应的仪器。

07.230 声波引诱[作用] sonic attraction
以声波作为引诱昆虫的手段。

07.231 诱捕器 trap
用来引诱和捕杀昆虫的器具。

07.232 交配干扰 mating disruption
又称"迷向法"。用性信息素或其人工合成物迷惑、干扰昆虫的定向、交配活动以压低虫口密度的方法。

07.233 大量诱捕法 mass trapping
大量设置诱捕器捕杀害虫的方法。

07.234 信号刺激 token stimulus
由外界环境而非有关生物发出的有某种指示作用的信号。

07.235 视觉通讯 visual communication
以视觉信号作为媒介的通讯方式。

07.236 触觉通讯 tactile communication
以接触感觉作为媒介的通讯方式。

07.237 化学通讯 chemical communication
以挥发性化学物质作为媒介的通讯方式。

07.238 声通讯 acoustic communication
以音频信号作为媒介的通讯方式。

07.239 听觉信号 acoustic signal
通过听觉器官感知的同种其他个体或他种动物发出的音频信号。

07.240 摩擦发音 stridulation
虫体一特化部分(摩擦器)与另一特化部分

（音锉）交错移动而发声的现象。

07.241 召唤 calling
(1)某些昆虫在召集同类或求偶时的发声行为。(2)某些雌性蛾类求偶时伸出尾尖引诱异性的动作。

07.242 齐鸣 chorusing
某些昆虫因一个体发声而引起群体有节奏的齐声鸣叫。

07.243 听觉 hearing
对同种个体或天敌发出的声音的感知能力。

07.244 声反应 phonoresponse
以发出声音应答接受的声音的反应。

07.245 声响图 sonagram
记录和描述昆虫发出的声音信号的动态频谱图形。

07.246 摆尾舞 waggle dance, wagtail dance, dance language
侦探蜂返巢后,在巢脾上以不同方式快速爬行并摆动腹部,向同伴传递食物源方位、距离等信息的行为活动。

08. 昆虫生理与生化

08.001 组织发生 histogenesis
全变态昆虫在蛹期从分解的幼虫器官中发育和形成成虫组织的过程。

08.002 组织分解 histolysis
全变态昆虫幼虫的一些组织构造分解的过程,分解的产物被用于建造成虫的组织。

08.003 异形再生 heteromorphosis, heteromorphous regeneration
器官或其部分由于毁损而为另一种器官经演变取代之。

08.004 幼态延续 neoteny, neoteinia, neotenia
成虫仍保留有幼虫性状的现象。

08.005 抑虫作用 insectstatics
通过干扰昆虫激素的作用抑制昆虫的发育与繁殖。

08.006 易化 facilitation
神经脉冲跨突触的传导由于前一个刺激已建立过反应而变得容易通过。

08.007 蜕壳节律 eclosion rhythm
又称"羽化节律"。昆虫幼虫蜕皮或成虫羽化的有规则的时辰节律。

08.008 动作节律 locomotor activity rhythm
器官或组织的有规则的活动节律。

08.009 周期时限 gate
昆虫在有昼夜节律的活动周期中出现某种活动的时间范围。

08.010 内外偶联 entrainment
生物的内在节律与环境节律的偶联,使两者处于相一致的周期性变化中。

08.011 蜕壳时钟 eclosion clock
又称"羽化时钟"。在幼虫和成虫体内控制蜕壳和羽化的生物钟。

08.012 化学发光 chemiluminescence
萤火虫、蜡蝉等昆虫体内化学组分(如腺苷酰萤光素等)的发光作用。

08.013 生物发光 bioluminescence

昆虫体内的萤光素在酶作用下氧化而产生光。

08.014　萤光　luminescence
萤火虫、蜡蝉等昆虫所发的光。

08.015　萤光素　luciferin
存在发光昆虫细胞内的一种物质,在萤光素酶的作用下氧化而产生光。

08.016　腺苷酰萤光素　adenylluciferin
昆虫发光细胞所含萤光素受酶和 ATP 激活后所形成的中间产物。

08.017　腺苷酰氧化萤光素　adenyloxyluciferin
昆虫发光细胞中腺苷酰萤光素受酶作用氧化形成的产物,它失能时发光。

08.018　血淋巴　hemolymph, haemolymph
昆虫的血液。

08.019　血相　hemogram
血淋巴中各种血细胞在数量上的比例,以及血细胞总量。

08.020　血细胞凝集素　lectin, hemagglutinin
对血液有凝集作用的一种糖蛋白。

08.021　血细胞减少[症]　hemocytopenia
昆虫因受注射或取食颗粒液体等而出现的血细胞数目减少的症状。

08.022　血蛋白缺乏[症]　hypoproteinenia
染病昆虫血淋巴中蛋白质含量下降的症状。

08.023　高氨酸血[症]　aminoacidemia
昆虫血淋巴中氨基酸含量高的症状。

08.024　同向转运　symport
两种物质朝相同方向共同转运通过一个细胞膜。

08.025　全质分泌　holocriny, holocrine secretion
细胞以自身破裂的方式排出其分泌物,进入肠道或唾腺腔。

08.026　局部分泌　merocriny, merocrine secretion
消化酶经由细胞局部破裂而直接排入肠道或唾腺腔。

08.027　内吞作用　endocytosis
细胞借胞饮或吞噬作用摄入液体或固体。

08.028　胞吐作用　exocytosis
细胞通过囊泡的形成并与细胞膜融合而将胞内物质(液态或固态)排出。

08.029　溶泡作用　lyocytosis
细胞外的消化作用,它促成幼虫体内组织的破坏。

08.030　冰核形成　ice nucleation
在低温下,昆虫血淋巴中或细胞内冰晶的形成过程。

08.031　自噬作用　autophagocytosis
收缩性肌肉组织被肌肉纤维本身产生的细胞所吸收。

08.032　自体分解　autolysis
某种细胞或组织由自身的水解酶进行分解或破坏的过程。

08.033　口外消化　extra-oral digestion
食物在口外经唾液初步消化后被吸入肠道。

08.034　肠外消化　extra-intestinal digestion
在肠外所进行的消化作用。

08.035　促泌素　secretogogue
任何能引起腺体分泌活动的物质。

08.036　食物消化效率　efficiency of food digestion

食物被昆虫消化掉的比率,以消耗食物的干重及排泄物干重之比计算。

08.037　食物转化效率　efficiency of food conversion

食物被消化吸收后转化成体内物质的效率。

08.038　人工饲料　artificial diet

根据人工配方配制喂养昆虫的饲料。

08.039　化学规定饲料　chemically defined diet

又称"全纯饲料(holidic diet)"。各组分的化学结构已明确的饲料。

08.040　半纯饲料　meridic diet

含有来源于植物、动物或微生物的尚未纯化物质的人工饲料。

08.041　寡合饲料　oligidic diet

由少数物质配合成的人工饲料。

08.042　等氮饲料　isonitrogenous diet

含氮量与虫体含氮量相当的饲料。

08.043　增养作用　auxotropy

增加对非必需营养成分的摄取。

08.044　富营养作用　eutrophication

加入充足的营养物质,以提高食物营养水平。

08.045　营养性特化　nutritional specialization

昆虫对食物中某种或某些营养成分的特殊需求。

08.046　食性可塑性　trophic plasticity

昆虫适应新食物的能力。

08.047　昆虫食谱学　insect dietics

关于昆虫食物营养与配制的系统知识。

08.048　外呼吸　exterior respiration

昆虫通过外胚层薄壁的呼吸作用,在体表或外突构造(鳃)或内陷构造(气管)的壁面进行呼吸。

08.049　半气门式呼吸　hemipneustic respiration

昆虫呼吸形式之一,一对或多对气门关闭。

08.050　气盾呼吸　plastron respiration

某些水生昆虫体表的细密疏水性毛在水中造成气膜进行呼吸。

08.051　不连续呼吸　discontinuous respiration

气门有节律地开放和关闭,使 CO_2 的释放和空气的进入成为阵发。

08.052　两端气门呼吸　amphipneustic respiration

仅开启第一对和最后 1~2 对气门进行呼吸。

08.053　蜕皮液　ecdysial fluid, moulting fluid

昆虫蜕皮时由真皮细胞分泌的一种含酶的液体,具有降解旧内表皮的功能。

08.054　皮层溶离　apolysis

幼虫蜕皮或化蛹前,旧表皮与真皮细胞层的分离。

08.055　蜕皮周期　moulting cycle

一次蜕皮与下次蜕皮之间经历的时间。

08.056　骨化[作用]　sclerotization

昆虫通过形成 N - 乙酰多巴胺促使表皮的蛋白质交联而使表皮硬化的过程。

08.057　几丁质　chitin

一种含氮的多糖,是由许多乙酰氨基葡糖

形成的聚合物,为真皮细胞的分泌物。

08.058 表皮质 cuticulin
形成昆虫表皮的化合物,为一种脂蛋白类
的结合蛋白。

08.059 *N*－乙酰葡糖胺 *N*-acetylgluco-
samine
几丁质组成单位。

08.060 几丁二糖 chitobiose
几丁质链重复的二糖单位。

08.061 虫粪 fecula, frass
昆虫的排泄物。

08.062 蛹便 meconium
全变态昆虫成虫从蛹羽化后最初排泄的物
质。

08.063 尿囊素 allantoin
尿囊液和尿中所含的嘌呤和嘧啶代谢分解
产物。

08.064 多尿 diuresis
在激素作用下由马氏管排泄较多的尿液。

08.065 尿囊酸 allantoic acid
由尿囊素酶作用于尿囊素而形成的氧化产
物,在排泄前分解成尿素和乙醛酸。

08.066 蚕蛾酸 bombycic acid
某些蚕蛾羽化时,用以溶解粘连茧丝的胶
质液体中所含的酸类成分。

08.067 蜜露 manna, honeydew
蚧、蚜等同翅目昆虫排于体外的富含糖类
物质的液滴。

08.068 蜂蜡 bees wax
修造蜂巢的物质,由工蜂腹部的蜡腺分泌。

08.069 蜂胶 propolis
蜜蜂从植物采来的树脂类和蜡类物质,用

以堵塞蜂巢缝隙。

08.070 王浆 royal jelly
蜜蜂工蜂咽下腺(即王浆腺)产生的一种液
体营养物,用以饲喂幼龄幼虫、蜂王幼虫及
蜂王。

08.071 紫胶 lac
紫胶虫的真皮腺产生的一种黄褐或红褐色
的树脂类物质。

08.072 紫胶糖 laccose
紫胶的一种碳水化合物成分。

08.073 紫胶酸 laccaic acid
又称"虫漆酸"。紫胶中的一种有机酸。

08.074 蚜黄液 aphidilutein
蚜虫分泌的一种黄色液体。

08.075 叶蛾素 phyllobombycin
叶绿素的代谢产物。见于鳞翅目幼虫的粪
便中。

08.076 蜂毒溶血肽 melittin
蜜蜂毒腺分泌的毒液中的一种主要多肽毒
素,由 26 个氨基酸组成,有溶血作用。

08.077 原蜂毒溶血肽 promelittin
蜜蜂与工蚁毒液中所含的毒蛋白前体,是
一种含有 34 个氨基酸的多肽。

08.078 蜂舒缓激糖肽 vespulakinin
从黄胡蜂毒液中分离出来的,含有 17 个氨
基酸和碳水化合物辅基的糖多肽,对高等
动物血管有舒缓作用。

08.079 蜂舒缓激肽 polisteskinin
又称"蜂毒激肽"。从马蜂毒液中分离出的
多肽毒素,结构类似舒缓激肽(bradyki-
nin)。

08.080 蜂毒 apitoxin, bee venom
蜜蜂螯刺内的毒液,主要组成为形成组胺

的酶系和低分子蛋白溶血肽及磷酸酯酶。

08.081 蜂神经毒肽 apamin
蜂毒液中一种具有神经毒性的多肽组分，有阻断哺乳动物平滑肌受抑制的作用和封阻 K^+ 通道的特性。

08.082 斑蝥素 cantharidin
存在于多种昆虫中，主要在芫菁类血淋巴中的一种无氮化合物，能使人皮肤起疱。

08.083 青腰虫素 pederin
毒隐翅虫属（*Paederus*）甲虫血淋巴中的酰胺类毒素，能使人皮肤起疱。

08.084 拟青腰虫素 pseudopederin
毒隐翅虫（*Paederus* sp.）血淋巴中的一种酰胺类毒素。

08.085 青腰虫酮 pederone
毒隐翅虫（*Paederus* sp.）血淋巴中的一种带酮基的酰胺类毒素。

08.086 瓢虫生物碱 coccinellin
瓢虫产生的一种含氮化合物，有防御作用。

08.087 豉甲酮 gyrinidone
豉甲科昆虫臀腺分泌的一种降倍半萜化合物，用于防御。

08.088 蝎硝基烯 nitroalkene
白蚁分泌的一种十五碳化合物，具有防御作用。

08.089 桉天牛醇 phoracanthol
桉天牛（*Phoracantha* sp.）成虫产生的防御性物质。

08.090 琉蚁二醛 iridodial
一些蚁和天牛肛腺分泌物的成分，用于防御

08.091 臀腺素 marginalin
龙虱（*Dytiscus marginalis*）臀腺分泌的一

种防御性物质。

08.092 凤蝶醇 selinenol
凤蝶幼虫丫腺分泌的一种防御性物质。

08.093 龙虱甾酮 cybisterone
龙虱成虫头胸连接处一对腺体分泌的一种甾类组分，可抵御捕食者。

08.094 虫绿素 insectoverdin
使许多昆虫呈绿色的色素，由蛋白质、绿蓝胆色素、类胡萝卜素等组成的复合体。

08.095 虫青素 insecticyanin
一种含铜的色素，使昆虫呈青色或蓝色。

08.096 真黑色素 eumelanin
由吲哚醌形成的黑色聚合物。

08.097 脂色素 lipochrome
昆虫体内的一类脂溶性色素，造成血淋巴的浅红色和浅黄色。

08.098 紫黄质 violaxanthin
许多鳞翅目昆虫中的一种叶黄素类色素。

08.099 凤蝶色素 papiliochrome
凤蝶翅膀中的一种类似眼色素的色素。

08.100 金蝶呤 chrysopterin
一种蝶呤色素，造成某些蝶类的黄色彩。

08.101 红蝶呤 erythropterin
粉蝶翅中的蝶啶类红色色素。

08.102 白蝶呤 leucopterine
蝶类翅中一种无色色素，为尿酸的衍生物

08.103 果蝇蝶呤 drosopterin
果蝇和地中海粉螟中的一种蝶啶色素。

08.104 蝗黄嘌呤 acridioxanthin
直翅目蝗科、蠢斯科和螳螂目昆虫中的色素，在真皮组织里呈棕色颗粒。

08.105 胭脂 kermes
从介壳虫（*Kermes* sp.）的雌性干虫体提取的红色染料。

08.106 胭脂酮酸 kermesic acid
红蚧（*Kermes ilicis*）产生的蒽醌色素。

08.107 蚜色素 aphins
蚜虫的脂溶性红色和黄色的醌类色素。

08.108 蚜红素 erythroaphin
在蚜虫死亡后形成的多环酚色素。

08.109 蚜橙素 lanigern, strobinin
绵蚜（*Eriosoma*）或球蚜（*Adelges*）中的一类橙色色素。

08.110 虫尿色素 entomourochrome
在马氏管中积累的核黄素。

08.111 虫红素 insectorubin
昆虫中红色或红褐色的色素,存在表皮和真皮中的色氨酸氧化物。

08.112 眼色素 ommochrome
昆虫眼中的色素复合体,黄色、褐色或红色,有遮蔽作用。

08.113 视黄醛 retinene
一种视觉色素,为维生素 A 的醛,与蛋白质结合形成视紫红质,存在于视杆上。

08.114 视紫红质 rhodopsin
由视黄醛与蛋白质结合形成的眼色素。

08.115 眼红素 erythropsin
夜间飞行的昆虫眼小网膜中的一种有色物质。

08.116 光稳定色素 photostable pigment
蝇类复眼小网膜细胞的一种色素,吸收蓝光,改变感觉器的光谱灵敏度。

08.117 眼黄素 xanthommatin

（1）夜间活动的昆虫眼小网膜上的黄色素。
（2）某些昆虫体壁或翅上的氧化还原型色素,为杂环化合物。

08.118 蝗眼色素 acridiommatin
存在直翅目蝗科和螽斯科昆虫中的一种眼色素。

08.119 朱砂精酸 cinnabarinic acid
昆虫中结构最简单的一种眼色素,只有杂环的部分。

08.120 海藻糖 trehalose
昆虫的主要血糖,由两个葡萄糖分子组成的双糖。

08.121 多巴 DOPA
又称"3,4－二羟苯丙氨酸(3,4-dihydroxyphenylalanine)"。昆虫体壁中酪氨酸转化为黑色素的中间产物。

08.122 多巴胺 dopamine
多巴脱羧酶作用于多巴的产物,以后形成与表皮蛋白质鞣化有关的物质。

08.123 葡糖胺 glucosamine
又称"氨基葡糖"。由葡萄糖形成的氨基糖。

08.124 脂褐质 lipofuscin
一种含脂和蛋白质的色素,呈黄褐色,存在老化细胞内,呈颗粒状。

08.125 贮存蛋白 storage protein
又称"幼虫血清蛋白(larval serum protein, LSP)"。全变态昆虫幼虫期的主要蛋白,由脂肪体合成,积累在血淋巴中。

08.126 芳基贮存蛋白 arylphorin
含芳基的一族贮存蛋白。

08.127 丽蝇蛋白 calliphorin
丽蝇（*Calliphora*）幼虫的一种主要贮存蛋

白。

08.128 丝心蛋白 fibroin
组成丝中心部分的一种蛋白质,韧而有弹性。

08.129 丝胶蛋白 sericin
丝外围部分的化学组分。

08.130 节肢弹性蛋白 risilin
节肢动物运动关节间的一种特殊蛋白质,富弹性。

08.131 暗视蛋白 scotopsin
视紫红质的蛋白质组分。

08.132 胶蛋白 glue protein
幼虫唾腺合成的一种蛋白质,化蛹时用以固定蛹壳。

08.133 卵黄蛋白 vitellin, Vt, yolk protein
昆虫卵黄的主要成分。

08.134 卵黄原蛋白 vitellogenin, Vg
卵黄蛋白的前体,由脂肪体合成和释出,为卵母细胞摄取。

08.135 亚卵黄原蛋白 paravitellogenin
惜古比天蛾卵泡细胞产生的蛋白质,是卵黄蛋白的组成部分。

08.136 微卵黄原蛋白 microvitellogenin
某些鳞翅目昆虫中的一种低分子量的雌性特异蛋白,是卵黄的次要成分。

08.137 脂卵黄蛋白 lipovitellin
组成卵黄主要蛋白质的脂蛋白。

08.138 卵泡特异蛋白 follicle-specific protein
昆虫卵内由卵泡细胞合成的蛋白质。

08.139 卵壳蛋白 chorionin, chorion protein
卵壳的结构蛋白,由卵泡细胞合成。

08.140 卵鞘蛋白 oothecin
某些蜚蠊目、直翅目昆虫的卵鞘的结构蛋白,由黏腺合成,受保幼激素调节。

08.141 载脂蛋白 lipophorin
血淋巴中的一种脂蛋白,专门穿梭运送脂肪从其贮存处(脂肪体)和吸收处(中肠)到利用它的组织和细胞处。

08.142 脱脂载脂蛋白 apolipoprotein
载脂蛋白中的蛋白质组分。

08.143 滞育蛋白 diapause protein
马铃薯甲虫短日照成虫和红铃虫越冬幼虫中的一种芳基贮存蛋白。

08.144 抗冻蛋白 antifreeze protein
低温诱导产生的一种应激蛋白。

08.145 热滞蛋白 thermal hysteresis protein
血淋巴中的一种抗冻蛋白,可使血淋巴的冷冻点和过冷却点降低。

08.146 热休克蛋白 heat shock protein, HSP
又称"热激蛋白"。昆虫组织或细胞由热或其他化学的或环境的刺激诱导产生的一类蛋白质,有助于昆虫耐受高温。

08.147 热激关联蛋白 heat shock cognate protein
参与血淋巴蛋白降解的一种蛋白质。

08.148 干燥蛋白 desiccation protein
黄粉甲等昆虫在干燥情况下,被诱导产生的一种应激蛋白。

08.149 保幼激素结合蛋白 JH binding protein

存在血淋巴和细胞内的一种特异载体蛋白,与保幼激素结合后,保护保幼激素不被酶降解,并将它运送到作用部位。

08.150　信息素结合蛋白　pheromone binding protein
存在多种昆虫中的一个蛋白超家族,其成员具有结合信息素的功能,有的成员与味觉、嗅觉有关。

08.151　气味结合蛋白　odorant binding protein, OBP
能与某种气味分子结合的蛋白质,存在感器的感觉细胞膜上。

08.152　麻蝇半胱氨酸蛋白酶抑制蛋白　sarcocystatin
麻蝇血淋巴中对半胱氨酸蛋白酶有抑制作用的一种蛋白质。

08.153　丝氨酸蛋白酶抑制蛋白　serpin, serine protease inhibitor
血淋巴中对丝氨酸蛋白酶有抑制作用的一类蛋白质。

08.154　海藻糖酶　trehalase
将海藻糖水解为葡萄糖的酶。

08.155　肠激酶　enterokinase
中肠上皮细胞分泌的能使胰蛋白酶活化的一种酶。

08.156　几丁质合成酶　chitin synthetase
促成几丁质分子延长的酶。

08.157　几丁质酶　chitinase
能使几丁质分解的酶。

08.158　多巴氧化酶　dopa-oxidase, dopase
又称"二元酚酶"。酪氨酸酶的一个组成部分,有氧化多巴(3,4－二羟苯丙氨酸)的作用。

08.159　多巴脱羧酶　dopadecarboxylase
使多巴脱羧成为多巴胺的酶。

08.160　保幼激素酯酶　JH esterase
降解保幼激素的特异性酯酶,调节保幼激素水平。

08.161　丝心蛋白酶　fibroinase
丝腺中水解液态丝心蛋白和丝胶蛋白的酶。

08.162　茧酶　cocoonase
蚕类在羽化时成虫分泌的蛋白酶,用以溶解茧丝便于羽化出蛾。

08.163　萤光素酶　luciferase
存在发光昆虫发光器中的一种酶,催化萤光素的氧化,发出可见光。

08.164　虫漆酶　laccase
某些由铜蛋白形成的酶。如家蚕蛹表皮中的酚氧化酶。

08.165　透明质酸酶　hyaluronidase
膜翅目昆虫毒液中广泛存在的一种酶,可分解结缔组织的多糖基质。

08.166　感器酯酶　sensillar esterase
昆虫感器内存有的酯酶。

08.167　熟精内肽酶　initiatorin
家蚕分泌的一种丝氨酸内肽酶,可引发精包中精子成熟。

08.168　熟精内肽酶抑制素　initiatorin inhibitor
抑制熟精内肽酶的一种蛋白质,可保护细胞免受该酶的伤害,并能控制无核精子获得活动性。

08.169　甾源激素　steroidogenic hormones
由甾类化合物生成的一类激素。

08.170　蜕皮甾类　ecdysteroids

具有蜕皮活性的甾类化合物。

08.171 蜕皮素 ecdysone
又称"α蜕皮素（α-ecdysone）"。由前胸腺合成和分泌的甾类激素，为27个碳的五羟胆甾烯酮，有引起蜕皮的作用。

08.172 蜕皮甾酮 ecdysterone
又称"β蜕皮素（β-ecdysone）"，"20－羟基蜕皮酮（20-hydroxy-ecdysterone）"。由蜕皮素羟化形成，为27个碳的六羟胆甾烯酮，有较高的蜕皮生理活性。

08.173 植物性蜕皮甾类 phytoecdys-teroids
存在植物中的蜕皮甾类物质，具有诱发昆虫蜕皮的活性。

08.174 植物性蜕皮素 phytoecdysone
从植物中提取的能使昆虫蜕皮的甾酮。

08.175 罗汉松甾酮 A makisterone A
从短叶罗汉松（*Podocarpus macrophyllus* var. *maki*）中提取的28个碳蜕皮甾酮。

08.176 牛膝蜕皮酮 inokosterone
从牛膝（*Achyranthes* sp.）中提取的具蜕皮生理活性的甾类化合物。

08.177 川膝蜕皮酮 cyasterone
从川牛膝（*Cyathula* sp.）中提取的植物性蜕皮甾酮。

08.178 苏铁蜕皮酮 cycasterone
从苏铁（*Cycas* sp.）中提取的植物性蜕皮激素。

08.179 百日青蜕皮酮 ponasterone
从百日青植物中提取的植物性蜕皮激素。

08.180 水龙骨素 B polypodine B
从水龙骨（*Polypodium* sp.）中提取的蜕皮甾酮

08.181 仙人掌甾醇 schottenol
仙人掌中的蜕皮激素前体。

08.182 保幼激素 juvenile hormone, JH
昆虫在幼虫期由咽侧体分泌的一种倍半萜烯激素，能阻止潜在成虫性状的发展，有影响卵子发生、滞育、多态现象等诸多功能。

08.183 保幼激素类似物 JH analogue, JHA, JH mimic, juvenoid
与保幼激素的结构相似，且有其类似作用的化合物。

08.184 保幼罗勒烯 juvocimene
一种保幼激素的类似物。

08.185 咽侧体切除术 allatectomy
以手术割除咽侧体。

08.186 保幼冷杉酮 juvabione
从香脂冷杉分离出的倍半萜甲酯，对红蝽有保幼激素活性。

08.187 若保幼激素 dendrolasin
由毛蚁（*Lasius fuliginosus*）颚腺分泌，具有保幼激素活性的物质。

08.188 神经分泌作用 neurosecretion
神经分泌细胞的内分泌作用。

08.189 昆虫神经肽 insect neuropeptide
脑神经分泌细胞分泌的肽类物质，对昆虫的生长、变态、生殖、动态平衡等生理过程起调节作用。

08.190 促前胸腺激素 prothoracicotropic hormone, PTTH, prothoracicotropin
又称"脑激素（brain hormone）"。昆虫脑神经分泌细胞所分泌的肽类激素，能激活前胸腺产生蜕皮素。

08.191 家蚕肽 bombyxin

由家蚕脑分泌的、分子结构近似胰岛素的神经肽。

08.192 促咽侧体神经肽 allatotropin
脑产生的一种小肽,可诱导咽侧体合成和分泌保幼激素。

08.193 抑咽侧体神经肽 allatostatin
脑产生的一种多肽,可抑制咽侧体的活性。

08.194 高海藻糖激素 hypertrehalosemic hormone
心侧体分泌的肽类激素,有抑制血淋巴中海藻糖酶和促进脂肪体中糖原分解的作用,从而使血糖增高。

08.195 低海藻糖激素 hypotrehalosemic hormone
神经分泌细胞产生的一种多肽激素,促使海藻糖水解的速率增高,使血淋巴中海藻糖的浓度降低。

08.196 鞣化激素 bursicon
脑神经分泌细胞产生的一种多肽激素,经由胸或腹神经节释入血淋巴,促使蜕皮后表皮黑化和硬化。

08.197 滞育激素 diapause hormone, DH
在家蚕蛹期由食道下神经节分泌的神经肽,作用于卵巢,决定下一代卵的滞育。

08.198 激脂激素 adipokinetic hormone, AKH
引起昆虫体内脂类物质代谢变化的一类多肽激素,由心侧体产生并分泌。

08.199 蜕壳激素 eclosion hormone, EH
又称"羽化激素"。由脑神经分泌细胞产生的多肽,贮存于心侧体和腹神经节,释出后引发成虫羽化,幼虫或预蛹蜕皮。

08.200 直肠肽 proctolin
昆虫的一种五肽神经激素,可促使后肠的

肌肉和其他一些肌肉收缩,且有神经递质的性质。

08.201 性信息素合成激活肽 pheromone biosynthetic activating neuropeptide, PBAN
由脑和食道下神经节分泌的神经肽,由33个氨基酸组成,控制性信息素的合成与分泌。

08.202 促性信息素肽 pheromonotropin
能促进性信息素生成的神经肽。

08.203 抑性信息素肽 pheromonostatin
能抑制性信息素生成的神经肽。

08.204 卵发育神经激素 egg development neurosecretory hormone, EDNH
蚊虫中由脑分泌的一种多肽激素,作用于卵巢,使其产生蜕皮素,后者到脂肪体中转变为蜕皮甾酮,可诱导卵黄原蛋白的合成。

08.205 卵巢蜕皮素形成激素 ovarian ecdysteroidergic hormone, OEH
蚊虫中的一种促性腺激素,使卵巢合成蜕皮激素。

08.206 卵巢成熟肽 ovary maturating pasin
在蝗虫由脑中央神经分泌细胞群产生的多肽,诱导卵巢产生蜕皮素,促使卵巢成熟。

08.207 利尿肽 diuretic peptide
又称"利尿激素(diuretic hormone)"。诱发多尿的激素。蝗虫由脑神经分泌细胞产生;吸血蝽由体后端的腹神经节丛产生。

08.208 抗利尿肽 antidiuretic peptide
又称"抗利尿激素(antidiuretic hormone)"。昆虫腹神经节的神经分泌细胞产生的多肽激素,可使直肠增加水分回吸和使马氏管减少排尿。

08.209 抑卵激素 oostatic hormone
某些昆虫的卵巢分泌的一种多肽激素,阻止后续的卵子发生。

08.210 中肠激素 midgut hormone
某些昆虫中肠产生的肽类激素,能将取食的信息传递至脑,从而启动调控卵子发生的神经内分泌系统。

08.211 促性腺激素 gonadotropic hormone, gonadotropin
能影响性腺发育和机能的激素。

08.212 早熟素 precocene
具有阻断咽侧体分泌功能的化合物,为某些菊科植物所含的苯并吡喃衍生物,可促使幼虫提前化蛹,使雌虫不育。

08.213 生长阻滞肽 growth-blocking peptide
抑制保幼激素酯酶活性的因子,由 25 个氨基酸组成,存在受寄生蜂寄生的幼虫血淋巴中,阻止其末龄幼虫化蛹。

08.214 抑血细胞聚集素 hemolin
天蚕、烟草天蛾等的一种免疫蛋白,属免疫球蛋白(Ig)总族,在免疫反应中有调节血细胞的黏附作用,但无直接杀菌效应。

08.215 血细胞激肽 hemokinin
血细胞或受损伤的真皮细胞产生的多肽,有诱导血细胞修复伤口的作用。

08.216 果蝇抑肌肽 dromyosuppresin
存在果蝇的脑及消化道中,有抑制心率作用的肽

08.217 果蝇硫激肽 drosulfakinin
果蝇中与脊椎动物缩胆囊肽同源的硫酸化促肌神经肽

08.218 速激肽 tachykinin
促进肌肉收缩的一类神经肽

08.219 蝗速激肽 locustatachykinin
从蝗虫脑及心侧体－咽侧体分离纯化的肽,具有促进前肠和输卵管肌肉收缩的作用。

08.220 蝗抑肌肽 locustamyosuppresin
蝗虫中抑制肌肉收缩的神经肽。

08.221 蝗促肌肽 locustamyotropin
蝗虫中促进肌肉收缩的神经肽。

08.222 蝗硫激肽 locustasulfakinin
蝗虫中硫酸化的促肌神经肽。

08.223 蜚蠊肌激肽 leucokinin
蜚蠊中促进肌肉收缩的神经肽。

08.224 蜚蠊硫激肽 leucosulfakinin
蜚蠊中硫酸化的蜚蠊肌激肽。

08.225 蝗焦激肽 locustapyrokinin
蝗虫中焦硫酸化的促肌神经肽。

08.226 蝗抗利尿肽 neuroparsin
蝗虫中的一种神经肽,有抗利尿的作用。

08.227 离子转运肽 ion transport peptide
蝗虫心侧体的一种肽,有促进后肠对离子和液体吸收的作用。

08.228 沙蝗抑咽侧体肽 schistostatin
沙漠蝗中类似抑咽侧体激素的神经肽类。

08.229 蜕皮引发激素 ecdysis triggering hormone, ETH
烟草天蛾(*Manduca sexta*)气管上腺分泌的由 26 个氨基酸组成的肽,可引发隐幼虫和隐蛹产生蜕皮活动。

08.230 多效激素 pleiotropic hormone
具有多种效应的激素。如保幼激素。

08.231 卵黄发生 vitellogenesis
从卵黄原蛋白的合成至卵黄形成的系列过

程。

08.232 卵吸收 oosorption
卵泡细胞吸收卵泡中退化的卵母细胞的组分。

08.233 卵泡开放 follicle patency
在保幼激素作用下,卵泡细胞间隙扩大,使血淋巴中卵黄原蛋白可大量到达卵母细胞表面。

08.234 卵壳发生 choriogenesis
卵壳形成的过程。

08.235 配偶素 matrone
伊蚊交配时,雄虫附腺分泌的一种蛋白质类物质,它进入雌虫受精囊,经血淋巴对神经系统起作用,使雌虫不再接受交配。

08.236 [雄]性肽 sex peptide
某些昆虫雄性附腺或射精管的分泌物,交配时转移至雌虫体内,有抑制雌性再交配的作用。

08.237 精包蛋白 spermatophorin
由雄虫附腺合成的一种蛋白质,为精包的主要组分。

08.238 营养性不育 alimentary castration
蜜蜂和其他社会性昆虫,雌性个体因幼虫期营养不足而使成虫期无生殖能力的现象。

08.239 生殖滋养分离 gonotrophic dissociation
越冬蚊虫消化所吸食的血液,形成脂肪增长脂肪体,而卵巢不继续发育的现象。

08.240 自发性生殖 autogeny
蚊虫不吸血时仍有发育卵巢的能力。

08.241 非自发性生殖 anautogeny
蚊虫不吸血时卵巢无发育能力。

08.242 过交配 hypergamesis
雌性臭虫在产卵时以过剩的精子作为营养。

08.243 光适应 light adaptation
昆虫复眼在不同的照明强度下以屏散色素的移动来调节进入小眼的光线。

08.244 暗适应 dark adaptation
昆虫复眼在全暗或较弱光照下,通过屏散色素的移动提高其对光的灵敏度。

08.245 眼耀 eyeshine
蛾蝶复眼受光照射时由于微气管形成的反光构造的反射而使伪瞳孔发光。

08.246 伪瞳孔 pseudopupil
在正常照明下,昆虫复眼上面呈现的一个或多个明显的暗点或亮点,并随着观察角度的改变而移动。

08.247 光感受野 receptive field
视网膜上的一区域,照明该区则影响某一神经元的活动。

08.248 视动系统 visuomotor system, optomotor system
昆虫的复眼能对外部视觉刺激产生视动反应的视觉系统。

08.249 视觉制导 visual guidance
飞行的双翅目昆虫,其视觉的信息处理构造快速测算前方飞行目标的飞行方向与速度,不断校正自己的飞行路线,以跟踪和拦截之。

08.250 形状辨别 shape discrimination
昆虫对物体形状和景物图形的辨别能力。

08.251 模式识别 pattern recognition
昆虫将目标作为一幅完整图像来记忆和识别。

08.252 朝向辨别 orientation discrimination
蜜蜂和蜻蜓复眼中某些神经元对运动着的物体的取向具有的检测和分辨能力。

08.253 偏振光视觉 polarization vision
蜜蜂、蚂蚁等昆虫的复眼对线性偏振光敏感,能依之定向。

08.254 空间视觉 spatial vision
昆虫两只复眼的深度立体视觉。

08.255 空间整合 spatial integration
昆虫视觉对在同一时间通过不同突触传入的神经脉冲进行的整合。

08.256 视差 parallax
在昆虫的两复眼中,像点不在网膜上相应的位置,这种像点的位差即为视差。小眼间也存在视差。

08.257 小眼间角 interommatidial angle
相邻两个小眼光轴之间的夹角。

08.258 眼色素小体 chromasome
由眼色素组成的色素颗粒。

08.259 视觉诱发反应 visual induced response
当一个仅占局部视场的目标与昆虫复眼之间发生相对运动时,昆虫产生的行为反应。

08.260 视敏度 visual acuity
视觉器官对空间辨别的能力。

08.261 联立像 apposition image
只适于白昼视觉的复眼所造成的物像,由光点联立并成。

08.262 重叠像 superpositon image
夜间活动的昆虫,其复眼每个小眼形成的像可传播至相邻小眼的感杆束上,从而使许多小眼形成的像重叠在视网膜上,呈现出更明亮的像。

08.263 网膜投射图 retinotopic map
复眼向视觉中枢各级神经节投射形成的结构图。

08.264 声嗅感觉 aeroscepsy
通过空气媒介,经触角而感觉声音或气味。

08.265 气导声 air-borne sound
昆虫发出的声音,以空气作媒介传播出去。

08.266 固导声 solid-borne sound
昆虫发出的声音由固体媒介传导至远处。

08.267 方向听觉 directional hearing
昆虫辨别方向的听觉。

08.268 神经整合作用 nervous integration
神经系统综合全身各部内导信息,以便产生适合的行为反应和体内调节机制。

08.269 轴突投射 axonal projection
神经脉冲由感觉细胞的轴突通过突触传递到初级神经中枢或其他神经元。

08.270 跨纤维传导型 across fiber patterning
感觉谱不同但又有重复的多个感觉神经纤维共同内导编码某种复杂刺激的传导类型。

08.271 门控电流 gating current
因膜电位的变化而产生的通道蛋白构象变化的电学表征。

08.272 [视]突触频率 synaptic frequency
昆虫羽化后视觉系统中突触的数量随光暗周期和虫龄而变化。

08.273 突触可塑性 synaptic plasticity
昆虫神经系统的回路是可修饰的或可塑的。

08.274 突触前抑制 presynaptic inhibition
由兴奋性神经末梢的抑制性纤维引起的神经递质释放减少。

08.275 突触后抑制 postsynaptic inhibition
突触后膜通透性的改变,使膜电位低于阈值。

08.276 突触后电位 postsynaptic potential
突触后膜上的电位。

08.277 兴奋性突触后电位 excitatory postsynaptic potential, EPSP
兴奋性突触中的突触后膜电位变化,为去极化电位。

08.278 超极化后电位 after-hyperpolarization potential
在峰电位下降相后期出现的超极化偏转,此时神经兴奋性为零,即处于绝对不应期。

08.279 膜片钳 patch clamp
用以记录通过单个膜通道的电流的装置。

08.280 电压钳 voltage clamp
用以测量特定离子流的幅值,可使膜电位即刻达到期望值或使膜电压保持恒定的装置。

08.281 触角电位图 electroantennogram, EAG
昆虫触角化学感器受刺激时,其神经电位变化的图像。

08.282 视网膜电位图 electroretinogram
在光刺激下眼视网膜电位变化的图像。

08.283 化学感觉 chemoreception
对于化学刺激的感觉作用。

08.284 神经递质 neurotransmitter
神经末梢分泌的化学组分。如乙酰胆碱

等,可使神经脉冲越过突触而传导。

08.285 神经调质 neuromodulator
神经组织中某些生物胺,具有调节传导的功能,其作用一般比神经递质慢。

08.286 信号分子 signaling molecule
激素、神经肽、神经递质、化学介体等总称,它们都是通过与特异受体结合而引起靶细胞的反应。

08.287 信号肽 signal peptide
分泌蛋白前体 N-末端的 15~30 个氨基酸,在多肽链合成中有其特定的作用。

08.288 肽能信号 peptidergic signal
神经肽信号,可以是抑制性的或是刺激性的。

08.289 信号转导 signal transduction
信号分子与细胞表面受体结合后,使胞外信号转变为胞内信号,从而引发靶细胞内变化的过程,一般是通过第二信使系统。

08.290 转导级联 transductory cascade
信号转导一系列关联的胞内活动。

08.291 激素应答单元 hormone response element, HRE
激素靶基因上游的特异 DNA 序列,是与激素-受体复合物相结合的部位。

08.292 应激反应 stress response
昆虫组织和细胞对外部或内部的胁迫所做出的积极的生理生化反应。

08.293 多线染色体 polytene chromosome
某些双翅目昆虫幼虫的唾腺等细胞中的巨型染色体。

08.294 染色体疏松团 chromosome puff
多线染色体局部膨大的部分,是 RNA 或 DNA 合成的活跃部分。

08.295 巴尔比亚尼环 Balbiani ring
多线染色体的巨型膨泡上的环状构造。

08.296 多倍性 polyploidy
通过 DNA 复制而不经细胞分裂使细胞核中存在两套以上的染色体。

08.297 性特异基因表达 sex-specific gene expression
基因的表达仅在雌性或雄性虫体中发生。

08.298 虫期特异基因表达 stage-specific gene expression
仅在某一发育虫期进行的基因表达。

08.299 组织特异基因表达 tissue-specific gene expression
仅在昆虫某一组织中进行的基因表达。

08.300 母体效应基因 maternal effect gene
果蝇胚胎发育中的一组调控基因,在卵形成时由母体表达,决定卵的极性及与未来胚胎的对应位置。

08.301 分节基因 segmentation gene
果蝇胚胎发育中的一组调控基因,决定体节的数目和极性。

08.302 同源异形基因 homeotic gene
果蝇胚胎发育中的一组调控基因,决定体节的特征与顺序。

09. 昆虫毒理与药理

09.001 内在毒性 intrinsic toxicity
由杀虫药剂分子结构与活性关系所决定的毒性,影响与体内其他成分作用的特点。

09.002 选择毒性 selective toxicity
同一种农药对有害生物可致死,但对有益的生物相对无毒或对一些害虫有毒而对另一些害虫无毒。

09.003 急性毒性 acute toxicity
给动物一次或 24 小时内多次大剂量的染毒,以了解化学物质在短时间内对生物的有害影响。

09.004 迟发性神经毒性 delayed neurotoxicity
某些有机磷化合物对动物染毒后 1~2 周,其急性中毒症状消失后,出现下肢部位进行性无力,严重者出现下肢瘫痪等症状。在组织病理学上表现为神经脱髓鞘变化。

09.005 残留毒性 residual toxicity
农药使用后,在自然界消失缓慢,无论外界因素起怎样的变化,即使发生转化或代谢,仍具有一定的毒性。

09.006 相对毒性比 relative toxicity ratio
在害虫防治中,药剂对天敌的致死中浓度(或半数致死量)与对害虫的致死中浓度(或半数致死量)的比值,或一种药剂的致死中浓度(或半数致死量)与标准药剂的致死中浓度(或半数致死量)的比值。

09.007 点滴/注射毒性比率 topical/ inject toxicity ratio, TIR
杀虫剂分别以点滴与注射途径进入昆虫体内所求得的致死中浓度的比率。比率值低表明药物穿透快毒效强。

09.008 共毒系数 co-toxicity coefficient
两种或两种以上农药混用后的实际毒性(ATI)和理论毒性(TTI)之比,再乘以 100

即为共毒系数。

09.009 感受性 susceptibility
(1)接受药物或其他外来刺激作用的能力。
(2)易受病原体侵害的特性。

09.010 敏感性 sensitivity
昆虫对某些低剂量的化学物质或其他物理因子能迅速地引起反应的特性。

09.011 过兴奋性 hyper-irritability
昆虫具有超越正常的迅速逃离药剂处理载体的能力。

09.012 低兴奋性 hypo-irritability
用神经毒性药剂处理昆虫,经多代汰选后兴奋性下降的现象。

09.013 不敏感性 insensitivity
某些抗药性品系昆虫体内的乙酰胆碱酯酶由于分子变构乙酰胆碱酯酶存在,对有机磷或氨基甲酸酯类杀虫剂的抑制作用不强。

09.014 不敏感指数 insensitivity index
昆虫抗药性品系 50% 酶活性受抑制所需的杀虫剂量与感性品系 50% 酶活性受抑制所需剂量的比值。

09.015 生物测定 bioassay
度量药剂和其他生物活性物质对动植物群体、个体、活组织或细胞产生效应大小的技术。通常采用药剂的不同剂量或浓度对测定对象产生的效应强度来评价两种或两种以上药剂的相对效力。

09.016 剂量对数-机值回归线 LD-P line
生物测定中,将剂量用对数表示,死亡率用机值表示,得到一条回归线,称为剂量对数-机值回归线。

09.017 机值分析 probit analysis

在药剂的毒力测定和抗药性测定中,以求半数致死量、回归方程式、卡方(χ^2)值和置信限等测算毒力的方法。

09.018 滞留喷洒 residual spray
主要以粉粒或药膜的方式覆盖在靶体表面上,以维持其持久药效的药剂喷洒方式。

09.019 点滴法 topical application
将定量的药剂滴在昆虫体壁的一定部位,使药剂透过表皮进入体内,以测定药剂触杀效果的方法。

09.020 叶浸渍法 leaf-dipping method
将不同浓度的药液浸渍一定面积叶片,试虫接触药膜或吞食带药叶片后,中毒致死,以测定药剂毒力的方法。

09.021 致死剂量 lethal dosage
一种杀虫剂杀死昆虫种群中大部分个体所需的剂量。

09.022 有效中量 median effective dose, ED_{50}
一种药剂对生物群体一半个体产生效应所需要的剂量。

09.023 最低有效剂量 minimum effective dose
药剂对生物群体产生效应所需要的最低剂量。

09.024 半数致死量 median lethal dose, LD_{50}
又称"致死中量"。一种药物杀死昆虫(或其他试验动物)群体中的一半个体所需要的剂量。

09.025 最低致死剂量 minimum lethal dose, MLD
药剂能使生物群体致死所需要的最低剂量。

09.026 致死中浓度 median lethal concentration, LC_{50}

药剂杀死生物群体中一半个体所需要的浓度。

09.027 抑制中浓度 median inhibitory concentration, I_{50}

药物抑制酶活性(如乙酰胆碱酯酶)50%所需的浓度。

09.028 致死中时 median lethal time, LT_{50}

一定量药剂杀死生物群体的半数所需要的时间。

09.029 击倒中量 median knock-down dosage, KD_{50}

药剂击倒生物群体中半数所需要的剂量。

09.030 击倒中时 median knock-down time, KT_{50}

一定量的药剂,使生物群体中半数被击倒所需要的时间。

09.031 残效 residual effect

药剂施于靶体后,残余物产生的药效期。

09.032 有效中浓度 median effective concentration, EC_{50}

药剂对生物群体一半个体产生效应所需的浓度。

09.033 抗药性 insecticide resistance

昆虫种群能忍受杀死其大部分个体的杀虫药剂药量的能力,并在种群中逐渐发展。

09.034 自然抗性 natural resistance

自然界中某些昆虫对有些杀虫剂表现的先天的不敏感性,即具有高度的耐受性,这种先天性的抗药能力称为自然抗性。

09.035 交互抗性 cross resistance

昆虫的一个品系由于同一机制对选择药剂以外的药剂产生抗性。

09.036 负交互抗性 negative cross resistance

昆虫的一个品系对某种药剂有抗性时,对另一种药剂反而更敏感。

09.037 代谢抗性 metabolic resistance

药剂在昆虫体内代谢解毒而引起的抗药性。

09.038 靶标抗性 target resistance

昆虫体内靶标部位对各类杀虫剂的敏感度降低而引起的抗性。

09.039 多种抗药性 multiple resistance

昆虫的一个品系由于存在不同的机制,对作用机制不同的杀虫剂同时表现出的抗性。

09.040 行为抗性 behavior resistance

昆虫对杀虫剂产生逃避或拒食等行为的反应。

09.041 击倒抗性 knock down resistance, kdr

用药后存活的抗性昆虫的神经敏感度降低,对该药剂的直接作用产生抵抗的能力。

09.042 抗性基因频率 resistance gene frequency

昆虫种群中抗性基因占种群中非抗性基因的比率。

09.043 抗击倒基因 knock down resistance gene

控制抗击倒的昆虫神经不敏感的基因。

09.044 抗药性指数 resistance index

抗性昆虫的半数致死量(或致死、击倒时间)与敏感昆虫的半数致死量(或致死、击倒时间)之比。

09.045　耐药性　insecticide tolerance
昆虫对药剂的反应性降低的现象。

09.046　抗药性监测　monitoring for resistance
系统测定害虫抗药性频率和强度的时空变化,了解害虫抗药性发生和发展的规律以及治理效果。

09.047　抗药性检测　detection for resistance
又称"抗药性诊断"。在农药对害虫种群防治失效时,通过毒力测定及时确定其失效原因和害虫对农药的敏感性变化。

09.048　抗性治理　resistance management
采用适当的策略和措施防止或延缓害虫抗药性的形成和发展,以提高所用杀虫剂的使用寿命和经济效益。

09.049　镶嵌式防治　mosaic control
以两种或两种以上作用机制不同的杀虫剂在不同空间轮用防治害虫的方法。

09.050　生理选择性　physiological selectivity
又称"内在选择性"。两种生物都暴露在有毒环境下,但其中一种由于某些生理生化上的机制,有更高的耐受力而生存下来的现象。

09.051　生态选择性　ecological selectivity
在有毒环境中,一种生物中毒致死,另一种可能以某种方式避免接触毒物而存活的现象。

09.052　脊椎动物选择性比例　vertebrate selectivity ratio, VSR
一种药剂对脊椎动物与昆虫之间的毒性比值。

09.053　驱避性　repellency
药剂引起昆虫离去的现象。

09.054　区分剂量　discriminating dose
区分敏感个体和抗性个体的剂量。

09.055　活化作用　activation
外源性化学物质经生物体内代谢生成比原化学物质毒性更高的产物的过程。

09.056　解毒作用　detoxification
减低或消除外源化学物质对生物机体毒害作用的代谢过程。

09.057　拮抗作用　antagonism
两种化学药剂作用于生物机体时,一种化学药剂干扰另一种药剂的毒效,或彼此互相干扰对方的毒效,使总体毒效下降的现象。

09.058　相似联合作用　similar joint action
两种药剂,由于作用于同一靶标部位,其中一种药剂若用适量的另一种来代替,可得到同样的结果。

09.059　独立联合作用　independent joint action
毒理机制不同的几种药剂混用,减少其中一种的药量,但不能用增加另一种的量来替代。

09.060　增效作用　synergism
两种药剂混用时产生的毒效,超过各药剂单独使用时毒效的总和。

09.061　增效剂　synergist
对受试生物无药效或药效很低但与某种药剂混合使用时,能提高毒效的助剂。

09.062　增效比　synergic ratio, SR
又称"增效系数"。药剂对试虫单独处理时的半数致死量(或致死中浓度)等与该药加增效剂对试虫的半数致死量(或致死中浓度)的比值。

09.063　增效差　synergic difference, SD

药剂对试虫单独使用时的半数致死量(或致死中浓度等)与该药加增效剂对试虫的半数致死量(或致死中浓度)之差。

09.064 毒物兴奋效应 hormesis
毒物低于抑制浓度时对机体产生的刺激作用。

09.065 剂量反应 dose response
指药物剂量和药物效应程度之间的一种定量关系。

09.066 有机氯类杀虫剂 organochlorine insecticides
含氯原子的有机合成的杀虫剂。如滴滴涕(DDT)、六六六(BHC)等。

09.067 有机磷类杀虫剂 organophosphorus insecticides
含磷的具有杀虫活性的有机化合物。能抑制乙酰胆碱酯酶的活性,使神经突触处释出的乙酰胆碱大量积累,阻断神经的正常传导,引起昆虫死亡。

09.068 氨基甲酸酯类杀虫剂 carbamate insecticides
母体含氮合成的氨基甲酸酯衍生物。能抑制昆虫体内乙酰胆碱酯酶,阻断正常的神经传导,使昆虫中毒死亡。

09.069 拟除虫菊酯类杀虫剂 pyrethroid insecticides
在天然除虫菊有效成分化学结构研究的基础上合成的杀虫剂。主要干扰神经钠离子通道,引起昆虫死亡。

09.070 沙蚕毒类杀虫剂 nereistoxin insecticides
生物活性和作用机制类似沙蚕毒素的有机合成杀虫剂。在生物体内代谢为沙蚕毒素或二氢沙蚕毒素,主要作用于神经节胆碱能突触受体,阻碍昆虫中枢神经系统的突触传递使昆虫致死。

09.071 甲脒类杀虫剂 formamidine
有杀虫和杀螨功能的一类含氮杀虫药剂。如杀虫脒,双甲脒等。

09.072 阿维菌素类杀虫剂 avermectin
由土壤链霉素菌株(*Streptomyces avermitilis*)培养液中分离得到此类活性物质,具高效、广谱的杀虫、杀螨和杀线虫作用,其作用机制是通过影响 γ-氨基丁酸(GABA)使害虫(螨)致死。

09.073 内吸杀虫剂 systemic insecticides
能通过植物根、茎、叶向植物体内内吸传导,从而灭杀寄生在植物上的害虫的药剂。

09.074 昆虫拒食剂 insect antifeedant
干扰或抑制昆虫味觉感受器官的功能,使其不取食的特异性药剂。

09.075 化学不育剂 chemosterilant
能使雌虫或雄虫不育的化学药剂。

09.076 剂型 formulation
具有一定组分和规格的药剂加工形态。

09.077 缓释剂 controlled release formulation
可控制药剂有效成分缓慢释放的剂型。

09.078 印楝素 azadirachtin
一种有多种毒杀害虫作用的植物源活性物质,存在于印楝属印楝(*Azadirachta indica*)植物种核和叶子中。

09.079 川楝素 toosendanin
存在于楝科植物川楝(*Melia toosendan*)核和叶子中,具有拒食和胃毒作用的活性物质。

09.080 神经毒素 neurotoxin
能引起昆虫神经极度兴奋的毒剂。

09.081 纺锤体毒素 spindle poison
能与微管蛋白结合的毒素［如秋水仙素（colchicine）］，阻碍纺锤体的形成，从而影响细胞分裂。

09.082 交替底物抑制 alternative substrate inhibition
用一种杀虫剂处理昆虫后（即这种药剂被氧化时），另一种杀虫剂的作用被抑制。

09.083 昆虫生长调节剂 insect growth regulator, IGR
调节或扰乱昆虫正常生长发育而使昆虫个体死亡或生活能力减弱的一类化合物。主要为昆虫保幼激素、抗保幼激素、蜕皮激素及其类似物。

09.084 几丁质合成酶抑制剂 chitin-synthetase inhibitor
可抑制几丁质合成酶失去活性的化合物。它使幼虫蜕皮时不能形成新表皮，造成幼虫死亡。

09.085 杀虫剂前体 preinsecticide
在自然条件或人为因素的作用下可转化为杀虫剂的化学物质。

09.086 光毒性化合物 phototoxic compound
经光化作用后变为对生物体有毒的化合物。

09.087 突变性 mutagenicity
在环境和外在因子作用，生物体DNA发生损伤和各种遗传变异的现象。从一个或几个碱基对的改变到染色体数量或结构的改变。

09.088 章鱼胺能激动剂 octopaminergic agonist
影响章鱼胺激性突触传导的物质。如杀虫脒及其代谢产物（去甲杀虫脒）。

09.089 不可逆抑制剂 irreversible inhibitor
能与酶结合生成不可解离复合物的药剂。

09.090 可逆性抑制剂 reversible inhibitor
药剂与酶结合后生成的复合物。可解离恢复酶的活性。

09.091 生物烷化剂 biological alkylating agent
又称"辐射模拟剂（radiomimetic agent）"。可引起生物发生烷化作用的制剂。

09.092 表面活性剂 surfactant, surface active agents
能在液体表面形成单分子层，并显著地降低两种液体间界面张力的助剂。

09.093 胆碱能系统 cholinergic system
由末梢分泌乙酰胆碱的神经所形成的功能单位。

09.094 乙酰胆碱 acetylcholine
传递神经脉冲的神经递质，在胆碱乙酰化酶作用下由胆碱合成而得。主要存在于突触前的胆碱能神经末梢部位。

09.095 乙酰胆碱酯酶 acetylcholinesterase, AChE
在神经传导中催化乙酰胆碱，使其水解为胆碱和乙酸的酶。在昆虫中主要存在于中央神经系统的突触膜上。

09.096 拟胆碱酯酶 pseudocholine esterase, ψChE
又称"假胆碱酯酶"。一种能催化乙酰胆碱和他种胆碱酯水解的非特异性酯酶。此酶的最适宜底物是丁酰胆碱，故又称"丁酰胆碱酯酶（butyrylcholine esterase）"。

09.097 突触传递 synaptic transmission
神经元与神经元之间，或神经元的轴突与肌肉或腺体间的刺激，通过突触的化学递质或电流中介的传导。

09.098 轴突传导 axonal transmission
一个神经元内的信息由轴突传至细胞体，或由细胞体传给轴突。

09.099 胆碱能突触 cholinergic synapse
以乙酰胆碱为传递介质的突触。

09.100 乙酰胆碱酯酶老化 aging of acetylcholinesterase
磷酰化的乙酰胆碱酯酶脱去一个烷基而不能恢复的现象。

09.101 乙酰胆碱酯酶复活[作用] acetyl-cholinesterase reactivation
用复活剂（或自发的）使被磷酰化的（或氨基甲酰化）的乙酰胆碱酯酶脱磷酰化（或脱氨基甲酰化）而恢复酶的正常功能的过程。

09.102 磷酸酯酶 phosphatase
能水解有机磷酸酯类化合物磷酸酯键的酶。

09.103 葡糖醛酸糖苷酶 glucuronidase
能催化游离的葡糖醛酸与某些酚类化合物直接轭合，形成葡糖醛酸轭合物的酶。

09.104 磷酸化胆碱酯酶 phosphorylated cholinesterase
在有机磷化合物作用下磷酰化而失活的胆碱酯酶(ChE)。

09.105 抗胆碱酯酶剂 anticholinesterase agents
能使胆碱酯酶失去催化乙酰胆碱水解能力的物质。

09.106 神经毒性酯酶 neurotoxic esterase, NTE
一种有选择性的与具有迟发性神经毒性的有机磷酸酯［如三邻甲苯基磷酸酯(TOCP)］能结合的蛋白质，其酯酶活性能

水解戊酸苯酯。

09.107 酪氨酸酚溶酶 tyrosine phenol-lyase
能解毒酚的一种酶。

09.108 脂族酯酶 aliesterase
一种能催化水解芳族或脂族的羧酸酯类、芳族胺以及硫酯等，但不能水解胆碱酯类的酶。

09.109 羧酸酯酶 carboxylic ester hydro-lase, carboxylesterase
简称"B-酯酶"。能催化水解含羧酸酯基的脂族和芳族有机化合物的酶。

09.110 环氧[化]物酶 epoxide hydrolase
催化某些芳烃和链烯的环氧化物水解酶，生成相应的反式或顺式二醇。

09.111 芳基酯水解酶 arylester hydrolase
一类能催化水解芳族酯类的酶。

09.112 磷酸二酯水解酶 phosphodiester hydrolase
存在于大鼠肝脏内，能水解磷酸二酯的酶。

09.113 硝基还原酶 nitro-reductase
能催化硝基芳香化合物为芳香胺的还原反应的酶。

09.114 微粒体多功能氧化酶系 microso-mal mixed function oxidases, MFO
存在于某些细胞的光滑内质网上的一种氧化酶系。在还原辅酶Ⅱ（NADPH）和分子氧存在的情况下，催化各种内源和外源化合物的氧化。如甾体激素、脂肪酸、药物、杀虫剂及环境污染物。它的主要组分有细胞色素 P450、细胞色素 b5、两种黄素蛋白和磷脂等。

09.115 单胺氧化酶 monoamine oxidase, MAO

一种黄素蛋白酶,存在于许多组织的细胞线粒体外膜上,催化单胺的氧化脱氨作用,是生物体内自行产生的生物胺的氧化酶。

09.116　对氧磷酶　paraoxonase

催化裂解对氧磷分子上的磷酸酯键的酶。

09.117　单加氧酶　monooxygenase

在多功能氧化酶反应体系中,需要分子氧和还原辅酶Ⅱ(NADPH)参与反应的酶。该反应中只有一个氧原子与底物结合或氧化进入产物,另一个氧原子被还原形成水。

09.118　乙氧香豆素 O－去乙基酶　ethoxylcumarin O-dethylase, ECOD

单加氧酶系的一种,能够增强昆虫的抗药性。

09.119　谷胱甘肽 S－转移酶　glutathione S-transferase

催化具有亲电取代基的外源性化合物与内源的还原谷胱甘肽(GSH)反应的酶。可催化多种反应包括烃基、芳基、芳烃基、烯基和氧基的转移反应。

09.120　葡糖苷酸基转移酶　glucuronyl transferase

参与尿苷二磷酸葡糖醛酸(UDPGA)与各种外源性化合物的结合反应,存在于肝、肾和其他组织的微粒体部分。

09.121　滴滴涕脱氯化氢酶　DDT-dehydrochlorinase

又称"DDT 酶"。能将滴滴涕转变为无毒的滴滴益(DDE),对滴滴涕类似物也有催化降解作用的酶。

09.122　羧基酰胺酶　carboxylamide hydrolase, carboxyamidase

简称"酰胺酶"。水解含酰胺基农药(如乐果)的酶。

09.123　氨基甲酸酯水解酶　carbamatic hydrolase

一种能专一性水解西维因(sevin)和含有乙基、丙基和异丙基的氨基甲酸酯的酶。

09.124　细胞色素 P450　cytochrome P450

一类以还原态与 CO 结合后在波长 450nm 处有吸收峰的含血红素的单链蛋白质。

09.125　细胞色素 P450 基因　cytochrome P450 gene

编码细胞色素 P450 蛋白的核酸系列。

09.126　细胞色素 P450 还原酶　cytochrome P450 reductase

又称"NADPH－细胞色素 c 还原酶"。用去垢剂增溶,分离纯化的一种不仅还原细胞色素 c,而且还能在重组的 MFO 酶系中将细胞色素 P450 还原的酶。

09.127　细胞色素 b5 还原酶　cytochrome b5 reductase

又称"NADH－细胞色素 b5 还原酶"。微粒体的第二个电子转移系统,NADH 为电子供体,能把电子由 NADH 转移给细胞色素 P450 的酶。

09.128　细胞色素 b5　cytochrome b5

其亚铁态在 357nm 和 425nm 处有两个最大光吸收峰,它不能与 CO 形成复合体,但可参与 MFO 酶系的电子传递。

09.129　假单孢氧还蛋白　putidaredoxin

生活在有樟脑介质中的一种细菌(*Pseudomonas putida*),在其多功能氧化酶系中含有的一种铁－硫蛋白(iron-sulfur protein)。

09.130　剂量与反应关系　dosage-response relationship

效应的增加随剂量增加而加强的比例关系。

09.131 离体代谢 in vitro metabolism
以组织、细胞或亚细胞组分研究药物的代谢。

09.132 活体代谢 in vivo metabolism
以活的生物体研究药物的代谢。

09.133 生物降解性 biodegradability
需氧微生物对天然物、农药及其他有毒化合物的破坏或矿化作用。

09.134 机会因子 opportunity factor
杀虫剂在昆虫体内活化与降解的比例。

09.135 α-甘油磷酸穿梭 α-glycerophosphate shuttle
又称"α-甘油磷酸循环"。是联系肌细胞的糖酵解作用与线粒体中末端氧化 的一个环节，在昆虫飞行肌供应能量中起主要作用。

09.136 生物胺系统 biogenic amine system
包括儿茶酚胺类、吲哚基烷基胺类和章鱼胺等，起神经传递介质的作用。

09.137 乙酰胆碱受体 acetylcholine receptor
存在于胆碱能突触后膜上与乙酰胆碱结合的特异性蛋白。

09.138 γ-氨基丁酸受体 GABA receptor
与γ-氨基丁酸结合的受体蛋白，该受体有 A 和 B 两种，存在于前突触中。在后突触膜上只有受体 A，并与突触传递有关。当受体 B 被激活剂激活时，会刺激突触前膜上的 Ca^{2+} 大量进入使更多的小泡释放γ-氨基丁酸。

09.139 章鱼胺受体 octopamine receptor
存在于突触前后膜上，章鱼胺与受体结合

使腺苷酸环化酶活化，使腺苷三磷酸(ATP)转化为环腺苷酸(cAMP)。

09.140 蕈毒酮样受体 muscaronic receptor
能被蕈毒酮激活的一类乙酰胆碱受体，存在于昆虫的神经肌肉和脑部以烟碱连接的突触上，它与蕈毒酮结合后，不仅受到烟碱样和蕈毒碱样药物的抑制，而且也为非胆碱激性的化合物所抑制。

09.141 蕈毒碱性受体 muscarinic receptor, mAChR
能被蕈毒碱激活的一类乙酰胆碱受体，存在于昆虫神经突触处，蕈毒碱样药物对其有很强的抑制作用，但烟碱样的药物对它们完全无作用。

09.142 烟碱受体 nicotinic receptor, nAChR
能被烟碱激活的一类乙酰胆碱受体。位于神经肌肉和脑部以烟碱连接的突触处，乙酰胆碱酯酶受抑制后影响烟碱受体的功能。有机磷杀虫剂可直接抑制烟碱受体的传导。

09.143 苦毒宁受体 picrotoxin receptor
昆虫中枢神经系统中 GABA 受体上的一个部位，专门与苦毒宁结合。在六六六的同分异构体中只有 γ-六六六与这一受体结合产生毒性。

09.144 离子通道 ionic channel
细胞膜上的通道蛋白形成的跨膜充水小孔道。

09.145 分子靶标 molecular target
药剂进入生物体内，以某种蛋白质或核酸等作为作用位点。

09.146 基因扩增 gene amplification
生物体发育分化或环境条件的改变，通过

增加基因产物的数量,调节表达活性的方式。

09.147 解离常数 dissociation constant
药物与结合位点(受体)的结合反应中,药物与结合位点复合物解离的平衡常数,与药物和结合位点间的亲和力成反比。

09.148 磷酰化常数 phosphorylation constant
有机磷杀虫剂与乙酰胆碱酯酶作用形成复合体时,发生酶的磷酸化过程中的反应速率常数。

09.149 氨基甲酰化常数 carbamylation constant
氨基甲酸酯杀虫剂与乙酰胆碱酯酶作用形成复合体时,发生酶的氨基甲酰化过程中的反应速率常数。

09.150 去磷酰化常数 dephosphorylation constant
磷酰化酶在磷酰脱离过程中达平衡时的反应速率常数。

09.151 去氨基甲酰化常数 decarbamylation constant
氨基甲酰化酶将氨基甲酰与酶脱离过程中的反应速率常数。

09.152 双分子速率常数 bimolecular rate constant, K_i
表明抑制剂对乙酰胆碱酯酶抑制能力的一个常数,它决定于抑制剂对酶的亲和力和磷酰化或氨基甲酰化常数。

09.153 生物蓄积系数 bioaccumulative coefficient
为了预测农药在自然界的富集性,采用室内模拟系统,以鱼为对象测定鱼体由水中吸收农药的数量,用来比较各种农药的富集性。

09.154 安全性评价 safety evaluation
通过室内和田间试验方法,评价农药对环境和非靶标生物的安全性与危害性。

09.155 致死性合成 lethal synthsis
杀虫药剂氟乙酸的中毒过程,氟乙酸被代谢为氟乙酸辅酶 A,然后与草酰乙酸形成氟柠檬酸,抑制了乌头酸酶,从而抑制三羧循环,使昆虫致死。氟柠檬酸的形成称之致死性合成。

09.156 轭合作用 conjugation
能将体内的轭合剂(如葡糖醛酸、甘氨酸等)与外源化合物或其代谢物,形成轭合物的一种生物合成。

09.157 乙酰化作用 acetylation
来源于乙酰辅酶 A 的乙酰基,对含 NH_2、OH 及 SH 基的内源化合物(如胆碱、辅酶 A 等)和外源含 NH_2 基的化合物均能作用,但对二级胺及酰胺不能起作用。

09.158 选择抑制比 selective inhibitory ratio
有机磷或氨基甲酸酯杀虫剂对昆虫的乙酰胆碱酯酶的抑制中浓度和对牛红细胞的乙酰胆碱酯酶的抑制中浓度之比。

10. 昆 虫 病 理 学

10.001 病理生理学 physiopathology
研究宿主机体功能病理变化的学科。

10.002 病理形态学 morphopathology
研究宿主细胞、组织与器官外部形态结构

病理变化的学科。

10.003 病理组织学 histopathology
研究宿主组织结构病理变化的学科。

10.004 病因学 etiology
研究宿主疾病发生原因的学科。

10.005 畸形学 teratology
研究有关宿主畸变的学科。

10.006 症状学 symptomatology
研究病征与病兆的学科。

10.007 病征 sign
因疾病引起的宿主机体形态结构的变化。

10.008 症状 symptom
由疾病引起的宿主行为和功能的异常与变化。

10.009 前驱症状 prodrome
疾病的预兆。

10.010 综合症状 syndrome
特定疾病的病征和症状的总合。

10.011 诊断病征 pathognomonic
可以确定一种特定疾病的特异病征。

10.012 突发病征 paroxysm
突然发生的病征。

10.013 昆虫免疫原 insect immunogen
使昆虫血淋巴内产生免疫物质(不是 γ-球蛋白)的一类病原体,功能相当于抗原。

10.014 包囊作用 encapsulation
又称"团囊作用"。昆虫细胞性免疫的机制,血细胞识别异物和病原体并吸附,聚集的血细胞将异物和病原体包围起来,逐渐增厚形成被囊,达到杀灭、清除入侵异物和病原体而免受其害的目的。

10.015 黑变作用 melanization
昆虫血淋巴、组织、器官等因病原入侵或机械损伤而黑化的现象,也是昆虫免疫的一种机制。

10.016 吞噬作用 phagocytosis
昆虫血细胞(主要是浆细胞和颗粒细胞)将体内异物和侵入的病原体摄进细胞质内并消化的过程。

10.017 体液免疫 humoral immunity
昆虫经注射异物和病原体在血淋巴中诱导产生具有抗菌作用物质的过程。

10.018 天蚕素 cecropin
用大肠杆菌诱导赛天蚕(*Hyalophora cecropia*)滞育蛹血淋巴产生的抗菌及抗毒素物质。

10.019 天蚕抗菌肽 attacin
用阴沟肠杆菌诱导赛天蚕滞育蛹血淋巴而产生的抗菌肽。

10.020 蜜蜂抗菌肽 apidaecin
意大利蜜蜂的血淋巴中经诱导产生的一类抗菌物质。

10.021 蝇抗菌肽 diptercin
棕尾别麻蝇(*Sarcophaga peregrina*)血淋巴中经诱导产生的抗菌蛋白。

10.022 现患率 prevalence rate
又称"流行率"。在一个种群内、一定时间内出现的特定疾病的新、老个体总数量。

10.023 致病力 virulence
又称"毒力"。病原体侵染和损伤宿主组织的相对能力。

10.024 病原体 pathogen
引起正常宿主发病的微生物。

10.025 专性病原体 obligate pathogen

只存在于活宿主体内,不能培养的一类病原微生物。

10.026 兼性病原体 facultative pathogen
在宿主体内或培养基上均能生长和增殖的微生物。

10.027 昆虫病原性 entomopathogenicity
昆虫病原的性质和状态。

10.028 宿主特异性 host specificity
病原体选择完成其发育循环并繁衍种系的特定昆虫宿主。

10.029 宿主域 host range
病原体能够侵染并增殖的宿主昆虫种类范围。

10.030 广谱昆虫病毒 broad-spectrum insect virus
能够感染多种不同昆虫(不同属、科或目)的病原性病毒。

10.031 潜势病原体 potential pathogen
在昆虫肠道内的某些细菌种类因外界环境的变化(重感染、损伤等)引起宿主细菌性肠道疾病或败血症,这类细菌不是昆虫特异病原体。

10.032 感染力 infectivity
病原体引起宿主扩散疾病的能力。

10.033 发病率 incidence
在一定时间内一种群中出现特定疾病新病例的数量。

10.034 侵袭 infestation
多细胞寄生物生活在宿主的体表和体内的行为,如螨寄生于蝇。

10.035 潜伏期 potential period, incubation period
病原微生物侵入宿主体内到疾病症状出现

的这段时间。

10.036 潜伏性感染 latent infection
病原与宿主维持平衡状态的非显性感染。

10.037 诱发 induction
活化潜伏性病原导致发病。

10.038 带毒状态 carrier state
又称"载体状态"。病原体存在于宿主内的一种弱毒感染类型。

10.039 激活因子 incitant
活化潜伏性病原的因子。

10.040 感染 infection
病原微生物侵入宿主体内并引起病理变化。

10.041 原发感染 primary infection
病原微生物首次侵入宿主引起发病。

10.042 交叉感染 cross infection, cross transmission
天然宿主的病原体感染或传递给非天然宿主的现象。

10.043 继发感染 secondary infection
在一个已经被感染的宿主中又发生另一种病原感染的现象。

10.044 再感染 reinfection
第一次感染过程中或恢复后再被同一病原第二次感染的现象。

10.045 双重感染 double infection
宿主同时或间隔受到两种病原感染的现象。

10.046 混合感染 mixed infection
两种或两种以上病原体对同一宿主共同感染的现象。

10.047 感染期 infection phase

病毒发育史中释放具有感染性的成熟病毒粒子的时期。

10.048 蜂螨病 acarine disease

由武氏尘螨（*Acarapis woodi*）引起的一种蜜蜂成虫疾病。

10.049 美洲幼虫腐臭病 American foul-brood

由幼虫芽孢杆菌（*Bacillus larvae*）引起的一种蜜蜂幼虫腐烂病。

10.050 欧洲幼虫腐臭病 European foul-brood

由蒲鲁东链球菌（*Streptococcus pluton*）引起的一种蜜蜂幼虫腐烂病。

10.051 变形虫病 amoeba disease

由马氏管变形虫（*Malpighomoeba mellificael*）引起的一种蜜蜂成虫疾病。

10.052 蜜蜂蝇蛆病 apimyiasis

由三斑赛蜂麻蝇（*Senotainia tricuspis*, *Rordonioestrus apivorus*）等蝇类幼虫引起的蜜蜂成虫疾病。

10.053 并眼症 cyclops

蜜蜂的一种遗传疾病，两只复眼在头顶并合。

10.054 彼得拉哈五月病 Bettlach May disease

由毛莨属植物（*Ranunculus puberulus*）的花粉毒素引起的蜜蜂成虫麻痹症。

10.055 蓝色病 blue disease

由日本丽金龟立克次氏体（*Rickettsiella popilliae*）感染日本金龟子幼虫而引起的疾病，染病幼虫外表呈蓝色。

10.056 幼虫白垩病 chalk brood

由蜜蜂囊酵母菌（*Ascosphaera apis*）引起的蜜蜂幼虫变白的疾病。

10.057 表皮坏死症 dermomyositis

寄生性线虫表皮出现坏死性病灶的一种疾病，其病原体为哺乳类动物的肠道菌。

10.058 软化病 flacherie

家蚕因下痢而呈现软化状态的疾病。

10.059 急性麻痹病 acute paralysis

由蜜蜂急性麻痹病病毒（ABPV）引起的一种蜜蜂成虫疾病。

10.060 慢性麻痹病 chronic paralysis

由蜜蜂慢性麻痹病病毒（CBPV）引起的一种蜜蜂成虫疾病。

10.061 芽孢杆菌麻痹病 bacillary paralysis

家蚕幼虫因感染苏云金杆菌而引起的一种麻痹病。

10.062 囊雏病 sacbrood

由 RNA 病毒引起的一种蜜蜂幼虫疾病。

10.063 春季病 spring disease

黄地老虎被假单孢杆菌（*Pseudomas septica*）感染而引起的一种幼虫疾病。

10.064 缩短病 brachyosis

某些天幕毛虫被梭状芽孢杆菌（*Clostridium brevifaciens*, *C. malacosoma*）感染而引起的疾病。

10.065 黑化病 melanosis

蜂王卵细胞和滋养细胞由黄褐色变成黑色的疾病。

10.066 乳状菌病 milky disease

由日本丽金龟芽孢杆菌（*Bacillus popilliae*）或缓病芽孢杆菌（*B. lentimorbus*）引起的一种金龟子幼虫疾病，被感染宿主的血淋巴呈乳白色。

10.067 洛氏病 Lorsch disease

五月鳃角金龟子（*Melolontha*）与六月鳃角金龟子（*Amphimallon*）的立克次氏体病,其病原为鳃角金龟立克次氏体（*Rickettsiella melolonthae*）。

10.068 幼虫结石病 stonebrood
由黄曲霉（*Aspergillus flavus*）引起的蜜蜂幼虫与成虫疾病。

10.069 杉毒病 Wadtracht disease
采云杉树花蜜引起的蜜蜂成虫中毒症。

10.070 天然宿主 natural host
病原微生物可完成自身全部发育过程的原始宿主。

10.071 偶见宿主 accidental host
偶然感染病原微生物的宿主。

10.072 替代宿主 alternate host
能替代天然宿主的宿主。

10.073 非包含体病毒 noninclusion virus, nonoccluded virus
不形成包含体的病毒。

10.074 包含体病毒 occluded virus
能形成晶体性蛋白包含体的一类病毒。如多角体病毒,颗粒体病毒和痘病毒等。

10.075 包含体 inclusion body, occluded body
包埋病毒粒子具一定形状和大小的蛋白结晶体,在相差显微镜下呈现强的折光性,由单一多肽构成。

10.076 病毒粒子 virion
成熟的病毒感染单位,病毒复制的最后阶段,在宿主脂肪体细胞、血细胞和上皮细胞的核内复制,形成多边形和多角形的包含体,裸露或被囊膜包裹。

10.077 核型多角体病 nucleopolyhedrosis
由核型多角体病毒引起的疾病,在宿主脂肪体细胞、血细胞和上皮细胞的核内复制,形成多边形和多角形的包含体。

10.078 核型多角体病毒 nucleopolyhedrosis virus, NPV
引起核型多角体病的病毒,病毒粒子为杆状,有囊膜,能形成包含体,平均大小为200～400nm×40～60nm,基因组为双链DNA。

10.079 质型多角体病 cytoplasmic polyhedrosis
一种由呼肠孤病毒引起的疾病,于宿主中肠上皮细胞质内形成多角形的包含体。

10.080 质型多角体病毒 cytoplasmic polyhedrosis virus, CPV
引起质型多角体病的病毒,病毒粒子为正二十面体,无囊膜,大小为70nm左右,基因组为双链RNA。

10.081 多角体 polyhedron, PIB
核型多角体病毒和质型多角体病毒包含体的统称,一般呈多面体形。

10.082 多角体膜 polyhedron envelope, PE
核型多角体病毒成熟多角体的组成部分,为包围多角体结晶蛋白的电子致密层。

10.083 多角体蛋白 polyhedrin
构成多角体病毒包含体的蛋白质。

10.084 核壳体 nucleocapsid
又称"核衣壳"。由壳体及病毒髓核组成的结构。

10.085 壳粒 capsomere
组成壳体的形态结构单位。

10.086 壳体 capsid
又称"衣壳","内膜（inner membrane, inti-

mate membrane)"。包在髓核外面的一层蛋白质膜。

10.087 囊膜 envelope
又称"外膜（outer membrane）"，"发育膜（developmental membrane）"。位于核壳体最外围的一层脂质膜，具典型的单位膜结构。

10.088 髓核 core, nucleoid
为壳体内与蛋白质紧密结合的病毒核酸，位于病毒粒子中心。

10.089 病毒束 virus bundle
每个囊膜内含有多个排列成束的核壳体。

10.090 单粒包埋型病毒 single embedded virus, single capsid virus
每个囊膜内只有一个核壳体的核型多角体病毒品系。

10.091 多粒包埋型病毒 multiple embedded virus, multicapsid virus
每个囊膜内有多个核壳体的核型多角体病毒品系。

10.092 隐蔽期 eclipse period
病毒发育循环中无法检测出感染性病毒粒子的一个时期。

10.093 病毒发生基质 virogenic stroma, viroplasm
病毒侵入宿主细胞后，在核内或质内形成的一种嗜焦宁粗糙网状结构，为病毒基因组核酸的合成、复制部位。

10.094 颗粒体病 granulosis
由颗粒体病毒引起的一种疾病。

10.095 颗粒体病毒 granulosis virus, GV
引起颗粒体病的杆状病毒，病毒基因组为双链 DNA。在感染细胞内形成颗粒状的包含体，其内通常只含有一个带囊膜的、大

小约 40nm×260nm 的病毒粒子。

10.096 颗粒体蛋白 granulin
构成颗粒体病毒包含体的蛋白质。

10.097 颗粒体 granule
又称"荚膜（capsule）"。颗粒体病毒粒子外面呈颗粒状的蛋白质包含体。

10.098 杆状病毒 baculovirus
病毒粒子为杆状的一类病毒，主要包括核型多角体病毒、颗粒体病毒和非包含体杆状病毒。

10.099 脓病 grasserie, jaundice
又称"黄疸病"。家蚕的核型多角体病。

10.100 树顶病 tree-top disease, Wipfelkrankheit（德）
又称"树梢病"。舞毒蛾幼虫感染核型多角体病后，爬往树枝顶端，倒悬死于树梢。

10.101 萎缩病 wilt disease
使鳞翅目幼虫萎缩的一种核型多角体病。

10.102 马来亚病 Malaya disease
印度棕榈独角仙（*Oryctes rhinoceros*）的一种致死性病毒病，病原为非包含体杆状病毒，大小约为 70nm×200nm，基因组为双链 DNA。

10.103 重组杆状病毒 recombinant baculovirus
应用基因工程技术进行遗传修饰的杆状病毒。常用于杆状病毒表达载体系统产生工程蛋白制剂或病毒杀虫剂。

10.104 杆状病毒表达载体系统 baculovirus expression vector system, BEVS
重组杆状病毒在昆虫体内或昆虫培养细胞内表达外源基因的系统。

10.105 杆状病毒穿梭载体 bacmid
杆状病毒基因组经遗传修饰后构建成既能感染昆虫细胞,又能在大肠杆菌内增殖的复制子。

10.106 无包含体突变株 ™ variant
被外源基因取代多角体蛋白基因的重组杆状病毒,失去产生多角体的能力。其病毒表型可作为空斑筛选纯化重组病毒的标记。

10.107 病毒增强素 viral enhancin
杆状病毒基因组编码的一种蛋白质,作用于宿主昆虫围食膜及中肠上皮组织,可提高微生物杀虫剂的感染力。

10.108 细胞释放病毒 cell-released virus, CRV
病毒复制时产生的杆状核壳体在细胞核内装配后,通过质膜出芽获得囊膜的病毒粒子。

10.109 多角体衍生病毒 polyhedron-derived virus, PDV
又称"Y杆状病毒"。病毒复制时产生的核壳体在细胞核内装配并获得囊膜的病毒粒子。

10.110 质型多角体病毒电泳型 electrophorotype of cypovirus
根据基因组双链RNA电泳谱把质型多角体病毒分成12个电泳型,分别以CPV-1~CPV-12表示,是质型多角体病毒的一种分类系统。

10.111 家蚕空头性软化病 silkworm viral flacherie
由一种小RNA病毒科成员,即家蚕软化病病毒感染家蚕中肠上皮组织杯状细胞而引起的家蚕疾病。

10.112 家蝇病毒 house fly virus, HFV
引起家蝇成虫麻痹致死的双链RNA病毒,是家蝇呼肠孤病毒属(*Muscareovirus*)的代表种。

10.113 松天蛾β病毒 Nudarell β virus, NβV
昆虫特有的病原性病毒。正二十面体的病毒壳体,由一种多肽构成并排列成T=4的对称表面,其基因组为单分子单链RNA。

10.114 蚜虫致死麻痹病 aphid lethal paralysis, ALP
由小RNA病毒科成员,即蚜虫致死麻痹病毒(ALP virus, ALPV)引起的蚜虫疾病。

10.115 棉铃虫矮缩病 *Helicoverpa armigera* stunt disease
由T四病毒科松天蛾ω病毒属(NωV)成员,即棉铃虫矮缩病毒(HaSV)感染引起的棉铃虫致死性疾病。

10.116 脐橙螟慢性矮缩病 *Amyelois transitella* chronic stunt disease
由杯状病毒科成员中惟一昆虫病原性病毒(AtCSV)感染中肠上皮组织与颗粒血细胞引起的慢性致死疾病。

10.117 昆虫痘病毒 entomopox virus, EPV
痘病毒病毒粒子大小为170~250nm×300~400nm,砖形或椭圆形,其囊膜为桑葚结构,含一个或二个侧体,包含体呈球状。

10.118 球状体 spheroid
昆虫痘病毒的蛋白质包含体,其内含有许多病毒粒子。

10.119 纺锤体 spindles
昆虫痘病毒的另一种纺锤形包含体,为均质蛋白质结构,其内无病毒粒子。

10.120 球状体蛋白 spheroidin

构成球状体结晶基质的蛋白质。

10.121 纺锤体蛋白 fusolin

构成昆虫痘病毒纺锤体的基质蛋白。

10.122 昆虫痘病毒病 entomopox virus disease

又称"球状体病（spheroidosis）"。由昆虫痘病毒引起的疾病，主要侵染宿主脂肪体细胞和血细胞的细胞质。

10.123 虹彩病毒病 iridescent virus disease

由一种大型正二十面体虹彩病毒引起的疾病。

10.124 昆虫虹彩病毒 insect iridescent virus, IIV

大型正二十面体双链 DNA 病毒，直径在 $120\sim180nm$ 之间，无包含体，在宿主组织或提纯的样品中对光起反射作用产生美丽的虹彩。

10.125 浓核症 densonucleosis

由直径为 20nm 的浓核病毒引起的疾病。

10.126 浓核病毒 densonucleosis virus, densovirus, DNV

一种小型二十面体单链 DNA 病毒，无包含体，在宿主细胞核内进行复制，感染早期在核内形成致密的染色质区。

10.127 囊泡病毒 ascovirus, AV

一种新发现的大型双链 DNA 病毒，病毒粒子大小为 $130nm\times400$ nm，呈香肠形或杆状，有内外膜。

10.128 多分 DNA 病毒 polydanvirus, PV

长椭圆或柱形病毒粒子（$85nm\times330nm$ 或 $30nm\times150nm$），具有双链超螺旋多分 DNA 基因组，在膜翅目寄生蜂姬蜂科（Ichneumonidae）和茧蜂科（Braconidae）输卵管萼上皮细胞核内增殖，有囊膜。

10.129 姬蜂病毒 ichnoviruses

与姬蜂互利共生的一类多分 DNA 病毒，其基因组整合于姬蜂基因组内。

10.130 茧蜂病毒 bracoviruses

与茧蜂互利共生的一类多分 DNA 病毒，其基因组整合于茧蜂基因组内。

10.131 病毒与寄生蜂共生现象 virus-parasitoid symbiosis

多分 DNA 病毒基因组整合在寄生蜂基因组内，病毒随寄生蜂生殖细胞垂直传递；而寄生蜂依靠病毒抑制宿主昆虫免疫机制完成寄生生活、繁殖后代。二者建立的一种分子水平上的互利共生现象。

10.132 果蝇西格马病毒 *Drosophila sigma virus*, DσV

一种非包含体的 RNA 病毒，引起果蝇对 CO_2 敏感，病毒粒子呈弹状，平均大小为 $70nm\times180nm$。

10.133 小 RNA 病毒 picornavirus

一种正二十面体的单链 RNA 病毒，直径约 20nm，代表种为果蝇 C 病毒和蟋蟀麻痹病毒。

10.134 潜伏型病毒 occult virus

为潜伏性感染的病毒，其病毒粒子无法检验。

10.135 原病毒 provirus

在宿主细胞内的非侵染形态的病毒，已和宿主细胞基因组稳定整合，一经活化即复制完整病毒粒子。

10.136 介体 vector

携带对其他生物具有感染性病原体的昆虫，在介体内病原体繁殖或不繁殖。

10.137 专性病原性细菌 obligate pathogenic bacteria

只在特定宿主体内繁殖的病原性细菌。如日本金龟子乳状芽孢菌和梭状芽孢杆菌。

10.138 兼性病原性细菌 facultative pathogenic bacteria

腐生、寄生兼营的病原性细菌,代表种如苏云金杆菌、蜡状芽孢杆菌及球状芽孢杆菌。

10.139 家蚕猝倒病 satto disease

家蚕被猝倒杆菌(*Bacillus satto*)所感染而引起的一种急性败血症。

10.140 苏云金杆菌 *Bacillus thuringiensis*

一种能产生伴孢晶体和芽孢的革兰氏阳性细菌,有些亚种还能产生 α 和 β 外毒素。

10.141 血清型 serotype

苏云金杆菌种下分类的一种血清学方法,根据菌体细胞鞭毛抗原(H 抗原)的特异性和生理生化特性将苏云金杆菌区分为不同的血清型,向下再分为各个亚种。

10.142 孢子时期 spore phase

苏云金杆菌芽孢在外界恶劣条件下可长期保存的休眠阶段。

10.143 营养体时期 vegetative cell phase

苏云金杆菌芽孢萌发成营养体,进行横裂增殖,同时分泌多种外毒素。

10.144 孢子囊时期 sporangium phase

苏云金杆菌新芽孢和伴孢晶体在菌体内逐渐形成和成熟的阶段。

10.145 α 外毒素 α-exotoxin

又称"卵磷脂酶"。对昆虫中肠具有破坏性的一种酶。

10.146 β 外毒素 β-exotoxin

又称"耐热外毒素","苏云金素(thuringiensin)"。对家蝇和某些昆虫具有特殊致病作用的一种毒素。

10.147 伴孢晶体 parasporal crystal

又称"δ 内毒素(δ-endotoxin)"。蛋白质晶体的一种毒素,对多种昆虫具有毒杀作用。

10.148 杀虫抗生素 antiinsect antibiotic

对昆虫和螨类具有致病和毒杀作用的一类抗生素。如杀蚜素和杀螨素(从链霉菌中分离)。

10.149 性比螺旋体 SR spirochete

又称"性比螺原体"。影响某些果蝇性比的一种螺旋体,导致果蝇雄性子代死亡,仅存雌性后代,使其性比失调。

10.150 杀雄作用 androcidal action

由性比螺旋体感染引起某些果蝇雄性子代死亡的现象。

10.151 僵病 muscardine

又称"硬化病"。由半知菌寄生而引起尸体硬化的昆虫疾病的总称。一般不包括由曲霉感染而引起的曲霉病(aspergilosis)。

10.152 蚜虫疫霉 *Entomophthora aphidis*

感染多种蚜虫并引起疾病流行的接合菌虫霉目的昆虫病原性真菌。

10.153 冬虫夏草 plant-worms, entomophyte

蝙蝠蛾幼虫被虫草菌(*Cordyceps sinensis*)感染,死后尸体、组织与菌丝结成坚硬的假菌核,在冬季低温干燥土壤内保持虫形不变达数月之久(冬虫),待夏季温湿适宜时从菌核长出棒状子实体(子囊座)并露出地面(夏草),可入药。

10.154 虫草菌素 cordycepin

由蛹虫草(*Cordyceps militaris*)产生的具有多种生物活性的物质,含 3′-脱氧腺嘌呤核苷,是 RNA 合成的一种专性抑制剂,对细菌和病毒具有拮抗作用。

10.155　蝉花　*Cordyceps sobolifera*，*C. cicadae*

感染蝉类的一种虫草属昆虫病原真菌，因其僵硬的虫尸上形成的子实体(子囊座)形状似花而得名。

10.156　附着胞　appresorium

昆虫病原真菌与宿主体表面接触处，有分生孢子伸出的芽管或菌丝所形成的附着膨大部。

10.157　入侵丝　penetration peg，infection peg

从附着胞下面伸出并穿过昆虫上表皮的针状物。

10.158　入侵板　penetration plate

入侵丝穿过上表皮后在外表皮(原表皮)内形成的平板状物体。

10.159　菌丝段　hyphal body

硬化病菌或虫霉菌等昆虫病原真菌在宿主体内，其营养体(菌丝)以分节(节裂)或出芽(芽殖)的方式生成游离、独立的细胞并增殖。

10.160　芽生孢子　blastospore，blastodium

硬化病菌分生孢子的芽管，核分裂多次后形成有隔膜的菌丝，侵入昆虫血腔，以出芽方式生成圆形或圆筒形的单细胞。

10.161　白僵病　white-muscardine

因白僵菌(*Beruvaria bassiana*)感染而使昆虫幼虫、蛹、成虫致死的真菌疾病。虫体体表内外充满白色菌丝体并硬化。

10.162　白僵菌素 I　beauvericin I

从白僵菌的培养滤液中分离出来的毒性物质，其主要成分为环状缩羧肽(cyclodepsipeptide)，对水蚤和昆虫幼虫具有毒杀作用。

10.163　类白僵菌素 II　bassianolide II

一种环状缩羧肽，具有一定毒性，能使家蚕幼虫肌肉呈现特异的弛缓症状，并导致死亡。

10.164　卵孢白僵菌素　tenellin

在白僵菌培养时产生的一种黄色色素。

10.165　卵孢素　oosporein

白僵菌感染昆虫时产生的一种引起虫尸变色的红色色素，具有杀细菌活性。

10.166　绿僵病　green-muscardine

曾称"黑僵病"。由绿僵菌(*Metarrhizium anisopliae*)引起的昆虫真菌疾病。

10.167　黄僵病　yellow muscardine

由黄僵菌(*Paecilomyces farinosus*)引起的昆虫真菌病。

10.168　微循环产孢　microcycle conidiation

由某种特定限制因子诱发孢子，不经菌丝阶段直接产生孢子。

10.169　绿僵菌素　destruxins

从绿僵菌(*Metarrhizium anisopliae*)中分离的毒素，能引起昆虫麻痹。

10.170　杀青虫素 A　piericidin

由茂原链霉素(*Streptomyces mobaraensis*)产生的一种抗生素，对菜青虫、螨、蚜虫等有很强的触杀作用。

10.171　杀螨素　tetranactin

又称"四环菌素"。从金色链霉菌(*Streptomyces aureus*)菌体内提取的一种大四环内酯类抗生素，具有较强的杀螨活性，对人畜的毒性较低。

10.172　日光霉素　nikkomycin

由链霉菌(*Streptomyces tendae*)产生的一种抗虫、抗菌的抗生素。

10.173 微孢子虫病 microsporidiosis
由微孢子虫(原生动物中的一种)引起的昆虫疾病。

10.174 微孢子虫 microsporidium, microsporidia (复)
寄生于昆虫的原生动物中最重要的一种细胞内专性寄生物,孢子内有一条盘曲的极丝,以极丝侵入宿主细胞。

10.175 孢原质 sporoplasm
微孢子虫感染宿主昆虫时,孢子通过极丝向宿主细胞注入的孢子原生质。

10.176 营养体 trophoroite
从孢原质侵入宿主细胞到裂殖生殖开始前这一时期的原虫细胞。

10.177 裂殖生殖 schizogony
产生裂殖体的分裂增殖方式。二等分裂产生单细胞裂殖体或多次核分裂形成多核复形体,然后细胞质分裂生成单细胞裂殖体。

10.178 裂殖体 schizont
营养生殖期内,由裂殖生殖产生的原虫细胞。

10.179 静止子 meront
在宿主细胞内增殖的裂殖体称静止子,而存在于昆虫体液中的裂殖体,称"游走子(planont)"。

10.180 产孢生殖 sporogony
生成产孢体的分裂增殖方式。有时把产孢生殖与孢子形态发生(sporemorphogenesis)合称"孢子形成(sporulation)"。

10.181 产孢体 sporont
微孢子虫发育循环中形成孢子母细胞之前时期的细胞。

10.182 孢子母细胞 sporoblast
微孢子虫发育循环中直接形成孢子的细胞。可分为"多孢子母细胞(pansporoblast)"与"非多孢子母细胞(apansporoblast)"两种类型。

10.183 连核 diplokaryon
在电镜下可见裂殖体的核为半球形的二核,各以其核膜的一部分紧密相连。

10.184 极丝 polar filament
又称"极管(polar tube)"。微孢子虫孢子内把孢原质送出的细胞器,其基部固定在孢子前极的固定板上,本体为细长丝状小管,螺旋盘曲在孢子后端的质膜内侧。

10.185 极丝柄 manubrium
极丝基部肥厚的棒状部分,位于孢子纵轴线上。

10.186 极质体 polaroplast
位于孢子前端,主要由结实压紧的膜状前区与充满微泡的囊状后区两部分构成。相当光镜下所见透明的前极泡。

10.187 蜜蜂微粒子病 nosema disease
由蜜蜂微粒子虫(*Nosema apis*)引起的蜜蜂成虫的一种疾病。

10.188 家蚕微粒子病 pebrine disease
由家蚕微粒子虫(*Nosema bombycis*)引起的一种家蚕疾病。

10.189 昆虫寄生性线虫 entomogenous nematode
一类专门寄生于昆虫体内的线虫,包括 11 个科,主要种分布在索线虫科(Mermithidae)、斯氏线虫科(Steinernematidae)等 5 个科内。

10.190 侵染期幼虫 infective juvenile
带鞘的三龄线虫,不取食,可抵御不良环境,对昆虫具有较强的感染力。

10.191 弱毒感染 attenuate infection, in-

apparent infection
不立即发生明显疾病的感染。

10.192 减毒作用 attenuation
病原微生物致病性减弱的过程。

10.193 生物杀虫剂 biotic insecticide
用于控制害虫虫口密度的有机体及其代谢产物制剂。

10.194 微生物防治 microbial control
病原微生物通过侵染、释放毒素和酶等方式来控制害虫,是生物防治的重要部分。

10.195 微生物杀虫剂 microbial insecticide, microbial pesticide
用于控制或杀死害虫的病原微生物或其代谢产物(如毒素)制剂。

10.196 水平传递 horizontal transmission
病原体经口或通过创伤引起同一种群个体之间相互感染,并不断重复感染的方式。

10.197 垂直传递 vertical transmission
病原体通过宿主的生殖器官或细胞从亲代传递给子代的一种方式。

10.198 经卵巢传递 transovarian transmission
病原体通过宿主的卵巢传递给下一代的方式。

10.199 经卵表传递 transovum transmission
又称"卵表传递"。病原体通过宿主的卵表传递给下一代的方式。

10.200 经发育期传递 transstadial transmission
病原体从宿主的一个发育期传递到下一个发育期的方式。

10.201 微量喂饲 microfeeding
给小型宿主强迫饲喂极小容量病原体悬浮液的方法。

10.202 经口 peroral, per os
实验动物通过口服的一种感染途径。

11. 蜱 螨 学

11.001 颚体 gnathosoma
位于身体前端或前端腹面,由颚基和二对附肢(螯肢和须肢)组成。蜱类称"假头(capitulum)"。

11.002 颚盖 gnathotectum
又称"口上板(epistome)"。颚基背壁向前延伸的突起,起保护作用

11.003 头盖[突] tectum
指中气门螨类的颚盖,膜质,前端形状多样具有分类意义。

11.004 颚基 gnathobase
为颚体的基部,由左、右须肢基节愈合而成,承载口上板、螯肢、须肢 在蜱类称"假头基(basis capituli)"。

11.005 颚喙 infracapitular rostrum
颚基前端向前延伸的喙状突出部分,中间藏有咽。

11.006 喙毛 rostral seta
着生于喙部的刚毛。甲螨前背板的第一对刚毛。

11.007 原喙毛 protorostral seta
位于喙前端的第一对刚毛

11.008 颚基[节]毛 gnathobasal seta, gnathocoxal seta, gnathosomal seta
位于颚基腹面的刚毛。水螨称"第四喙毛"。

11.009 基毛 bases seta
瘿螨颚体基部上方的一对刚毛。

11.010 喙槽 rostral though
水螨喙腹面的纵向凹沟。

11.011 颚内突 capitular apodeme, infra-capitular apodeme
颚体后部向体内延伸的突起,根据突起从颚体背面或腹面延伸而有"背内突(dorsal apodeme)"和"腹内突(ventral apodeme)"之分。

11.012 锚突 anchoral process
水螨颚底的腹内突较发达,腹面观呈锚状。

11.013 颚基内叶 inner lobe of palpal base
由须肢左右基节愈合的颚基前伸,位于中间的一对叶片。

11.014 颚基环 gnathosomal base ring
又称"颚体茎"。颚体与须肢基节愈合成的环状结构。

11.015 颚[基]沟 gnathosomal groove
颚基腹面中央的一条沟。

11.016 颚足腺 podocephalic gland
位于颚体内部的一种腺体,分泌物与某些前气门螨类的产丝活动有关。

11.017 颚足沟 podocephalic canal
颚体内部贯穿体侧的一对通道,与颚足腺相连,可接受和输送腺体分泌物。

11.018 头窝 camerostoma
又称"颚基窝"。蜱螨前体前端或前腹面的浅窝,颚体陷于其中。

11.019 顶胸 capitular sternum
又称"颚床"。颚体腹面的基部。

11.020 颚底 infracapitulum
又称"下颚体(subcapitulum, hypognatum)"。颚体的下部,由口下板等组成,承载螯肢和须肢,中间包含了口和咽。

11.021 颚缝 infracapitulum furrow
连接颚底和体壁的环状膜质缝。

11.022 颚[基]湾 capitular bay, infraca-pitular bay
由第一对足基节板围成的 U 形或 V 形环。

11.023 下颚沟 hypognathal groove
又称"假头沟(capitular groove)","第二胸板(deutosternum)"。颚体基部腹面的一道沟,内有小齿,齿的数目和排列有分类意义。

11.024 基突 cornu, cornua(复)
蜱类假头基后缘两侧后伸的角状突起。

11.025 耳状突 auricula
蜱类假头基腹面近侧缘的一对角质突起,其形状及发达程度因种类而不同,多为齿形或角形,有的退化为隆起。

11.026 孔区 porosa area
躯体或附肢表面小型的成对凹陷,圆形或椭圆形,表面可见许多小凹点,横切面显示为许多孔道组成。雌性硬蜱假头基背面有孔区一对。甲螨的"孔区(area porosa)"又称"八孔器(octotaxic organ)"。多见于后背板,通常四对,排列于后背板两侧。具感觉、呼吸和腺体功能。

11.027 颚角 corniculus, corniculi(复)
又称"外磨叶(external malae)"。位于口下板前外侧的一对角质化结构。

11.028 下咽 hypopharynx

又称"内磨叶（internal malae）"。口前下方的喙状结构，分二叶。

11.029 须肢 palp, palpus, palpi（复）
又称"颚肢（pedipalp, pedipalpus）"。颚体上的第二对附肢，着生于颚基两侧，可活动，分6节，不同类群须肢节可愈合，节数减少，如蜱类4节，前气门螨类1～5节。具感觉和抓握食物的功能。

11.030 须肢毛 palpal seta
须肢各节上的刚毛，包括股毛、膝毛、胫毛、跗毛及感棒等。

11.031 须[肢]基 palpal base
须肢基部腹面的愈合部分，具刚毛一对。

11.032 须[肢]基节 palpal coxa, palpcoxa, pedipalpal coxa
螨类须肢基节与颚基融合，不可活动。

11.033 须[肢]转节 palptrochanter, pedipalpal trochanter
须肢可活动节的第一节。

11.034 须[肢]股节 palpfemur, pedipalpal femur
须肢可活动节的第二节。

11.035 须[肢]膝节 palpgenu, pedipalpal genu
须肢可活动节的第三节。

11.036 须[肢]胫节 palptibia, pedipalpal tibia
须肢可活动节的第四节。

11.037 须[肢]跗节 palpal tarsus, palptarsus, pedipalpal tarsus
须肢可活动节的第五节。

11.038 须趾节 palpal apotele
又称"趾节（apotele）"。原始须肢的末端节，现存种类常残存为基节片和爪。非辐毛总目趾节移至跗节内侧，呈叉状毛或爪，称"叉状趾（tined apotele）"。辐毛总目趾节完全消失。

11.039 须[肢]爪 palpal claw, pedipalpal claw
须肢末端部分，有"主爪（axial prong）"和"副爪（accessory prong）"之分，与须趾节同源。

11.040 须肢转器 palptrochanteral organ
在须肢内侧，是一种感觉器。

11.041 胫侧毛 lateral tibial seta
须肢胫节侧面的刚毛。

11.042 胫背毛 dorsal tibial seta
须肢胫节背面的刚毛。

11.043 胫腹毛 ventral tibial seta
须肢胫节腹面的刚毛。

11.044 拮鬃 antagonistic bristle
水螨须肢胫节端部的一根粗刚毛。

11.045 须[肢]胫节爪 palptibial claw
又称"须肢拇爪（palpal thumb-claw）"。须肢胫节端部的爪，一般发达，多见于前气门螨类。

11.046 须[肢]爪复合体 palpal claw complex, thumb-claw complex
须肢端部的结构，由发达的须肢胫节爪和须肢跗节构成，形如拇指和食指的位置关系，常见于前气门螨类。

11.047 须股毛 femorala, femoral seta
须肢股节背面的刚毛。

11.048 须跗毛 tarsala, palptarsal seta
须肢跗节的刚毛。

11.049 亚端毛 subterminala, subterminal

seta

在跗节内侧腹面与颚肢爪相对,1～2根指状的光滑刚毛。

11.050 须感器 palpal receptor

须肢跗节端部具感觉功能的刚毛。

11.051 须[肢]间毛 interpalpal seta

又称"颚肢基毛","颚床毛"。位于须肢基节腹面愈合部分的一对刚毛。

11.052 须肢底毛 antapical palpal seta

又称"底毛(antapical seta)"。瘿螨喙端部背面的短毛。

11.053 螯肢 chelicera, chelicerae(复)

颚体上的第一对附肢,由基节、端节和表皮内突构成,是取食结构。

11.054 螯钳 chela

又称"螯[肢]爪(cheliceral claw, chelostyle)"。螯肢的端节,呈钳状。

11.055 螯基 cheliceral base, chelobase

又称"螯杆(cheliceral shaft)"。螯肢的基节,呈杆状,其上有螯肢收缩肌附着。

11.056 后侧瓣 lateroposterior flap

螯基后内侧的片状构造。

11.057 螯刷 cheliceral brush

又称"关节刷(arthrodial brush)"。中气门螨类螯肢动趾关节处的刚毛,毛刷状或呈束状刚毛。

11.058 螯导体 cheliceral guides

起源于须肢基部的螯下板,瘿螨的螯导体圆形,突出而坚硬。

11.059 螯趾 cheliceral digit

螯肢端部的趾状结构,有动趾和定趾之分。

11.060 趾 digit, digitus, digiti(复)

附肢(包括螯肢)末端的指状或爪状突起。

11.061 定趾 fixed chela, fixed digit, digitus fixus

又称"内趾(digitus internus)"。螯肢末端内侧或背侧不能活动的趾,上生锯齿,用以切割食物。

11.062 动趾 movable digit, digitus mobilis

又称"外趾(digitus externus)"。螯肢末端外侧或腹侧能活动的趾,有锯齿,与定趾配合可切割食物。

11.063 螯鞘 cheliceral sheath

又称"螯盔","外叶(galea)"。颚基向前伸展,外侧的一对叶片状结构,向背方卷包螯肢基节。

11.064 螯鞘毛 galeal seta

又称"螯盔毛","外叶毛"。螯鞘上的一根分支或光裸的刚毛。

11.065 钳齿毛 pilus dentilis, pilus denticularis

螯肢定趾内缘的一根刚毛,多见于中气门螨类。

11.066 钳基毛 pilus basalis

中气门螨类螯肢定趾外侧的一根刚毛。

11.067 螯肢毛 cheliceral seta

甲螨着生于螯基背面的刚毛。

11.068 三角冠 tricuspid cap

恙螨螯肢爪顶端的三角形部分。

11.069 假螯 pseudochela

恙螨螯基前内侧的指状突起。

11.070 锥形距 conical spur

粉螨螯肢定趾内侧的突起物,呈锥形。

11.071 特氏器 Trägårdh's organ

甲螨螯肢上的长指状突起,基部有关节与

螯肢基节相连。

11.072 助螯器 rutellum, rutella(复)
又称"螯搂"。起源于下颚体前端两侧(即颊)的一对刚毛,形状多样,坚硬,顶端具齿,有刮擦食物的功能。见于甲螨、节腹螨等。

11.073 助螯器刷 rutellar brush
助螯器前部排列成行的很多小齿。

11.074 助螯器缝 antiaxial fissure
位于助螯器基部外侧缘的短缝。

11.075 助螯器颈 collum of rutellum
助螯器基部的环线,显示助螯器在下颚体的着生部位。

11.076 假助螯器 pseudorutellum, pseudorutella(复)
又称"假螯搂"。指无气门螨类的助螯器,与助螯器的起源不同,无"根部"和双折射特性。

11.077 侧唇 lateral lip, paralabrum
成对,位于口腔的侧面,当下唇退化,侧唇移向腹面。分"外侧唇(paralabrum exernum)"和"内侧唇(paralabrum internum)"。

11.078 口侧毛 adoral seta
口孔周围的刚毛,着生于侧唇上。

11.079 口下板 hypostomal plate, hypostome
头窝的底壁,位于螯肢腹方,由须肢基节延伸,并于腹面中央愈合而成的板。蜱类口下板与螨类不同,其上有成列倒齿,为穿刺与附着的工具。

11.080 口下板毛 hypostomal seta
口下板上着生的刚毛。

11.081 口下板后毛 posthypostomal seta

口下板后面着生的刚毛。

11.082 齿冠 corona
蜱类口下板端部细小的齿。

11.083 齿式 dentition formula
蜱类口下板中线两侧的齿列数,如 3/3,即每侧具 3 纵列齿。

11.084 颏毛 mentum seta
着生于颏上的刚毛。

11.085 颏盖 mentotectum
颏的后缘与基节板之间的区域。

11.086 颊毛 genal seta
着生于颊上的刚毛。

11.087 颊叶 cheek
头窝两侧的一对叶状突。

11.088 顶突 hood
蜱类躯体前端弯向腹面的突起。隐颚螨的"顶突(prodorsal hood)"呈盖瓦状,包围颚体基部。

11.089 喙盾 rostral shield
细须螨前足体前缘的板状延伸物,突出于颚体的上方。

11.090 眼 eye
又称"眼点","单眼(ocellus)"。位于躯体前侧方的感光器官,1~2 对。

11.091 眼后体 postocular body
位于眼与肩毛之间的泡状体,常见于叶螨、长须螨、小真古螨等。

11.092 眼板 eye plate, ocular plate, ocular shield
躯体背面前端两侧承载侧眼的骨片。

11.093 眼桥 eye bridge
连结眼板的骨片。

11.094 晶突 conea
侧眼内的圆形或椭圆形晶状体。

11.095 眼毛 ocularia
眼区或其附近的二对刚毛。有"眼前毛（preocularia）"和"眼后毛（postocularia）"之分。

11.096 额片 frontal plate
位于水螨躯体前端（眼区）中央的较小单一骨片，有时具中眼痕迹。第一对小骨片称"前额片（prefrontalia）"，第二对小骨片称"后额片（postfrontalia）"。

11.097 躯体 idiosoma
蜱螨颚体后方的体段，常以围颚沟与颚体分开，占身体的大部分，多呈囊状。

11.098 前体 prosoma
体段名称，包括颚体和足体。

11.099 前半体 proterosoma
体段名称，包括颚体和前足体。

11.100 足体 podosoma
着生足的体段，有前足体和后足体之分。

11.101 前足体 propodosoma
第一对和第二对足着生的体段。

11.102 后足体 metapodosoma
第三对和第四对足着生的体段。

11.103 后半体 hysterosoma
包括后足体和末体的体段。

11.104 末体 opisthosoma
第四对足后方的体段。

11.105 足前体 epiprosoma
螨类原始体躯分段的第一体段，包括螯前叶、第一体节和第二体节。

11.106 前背 aspidosoma
螨类原始体躯的第一体节和第二体节的背面，未分化，而足的背区消失，相当于现代类群的第一对足和第二对足的背面区域。

11.107 头胸部 cephalothorax
瘿螨的前半体，与蛛形纲头胸区相似。

11.108 腹［部］ abdomen
瘿螨的后半体，包括大体和尾体。

11.109 大体 thanosome
瘿螨腹部的第一部分，从头胸部后缘到第三对腹刚毛间的体段。

11.110 尾体 telosome
瘿螨腹部的末端部分，第三对腹刚毛后的体段。

11.111 背板 dorsal plate, dorsal shield
躯体背面的大部乃至全部骨化部分，光滑或具纹饰和刚毛。

11.112 前背板 prodorsal shield, prodorsum, propodosomatic plate
覆盖于前半体的骨板。

11.113 盾 aspis
卷甲螨类的前背板。

11.114 后半体板 hysterosomal shield
覆盖于后半体上的骨板。

11.115 后背板 notogaster
又称"背腹板"。覆盖甲螨后半体的骨板，某些甲螨的后背板有横缝分割。

11.116 盾板 scutum
躯体背面前端角质化的板。

11.117 小背片 dorsalia, dorsal platelet
躯体背面小型骨化区。

11.118 异盾 alloscutum
雌蜱盾板以后的革质柔软部分。

11.119 假盾区 pseudoscutum
雄蜱盾板前部相当雌蜱盾板的部位。

11.120 缘凹 emargination
蜱类盾板前缘近假头基处的凹陷部分。

11.121 缘垛 festoon
蜱类躯体后缘具有的方块形结构,通常为 11 个。

11.122 中垛 parma
缘垛正中的一个,有时较大,色淡而明亮。

11.123 全背板 holonotal shield, holodorsal shield
中气门螨类前背板和末体背板完全融合而成的大块背板。

11.124 中背板 mesonotal shield
中气门螨类在前背板和臀板之间的背板。

11.125 中背小盾片 mesonotal scutellum
中气门螨类在前背板和臀板之间有二对或二对以上的小骨片。

11.126 中板 medial shield, median plate
雄蜱躯体腹面位于生殖孔与肛门之间的骨板。长须螨后半体背面中央的大型骨板。

11.127 插入板 intercalary plate
长须螨肛上板前方的成对骨板。

11.128 裂背板 schizodorsal plate
中气门螨类前背板和末体背板在侧面没有完全融和而形成的背板。

11.129 背环 tergites ring
指瘿螨的背片,半环纹宽窄不一,边缘或环间常有各种形状的微瘤。

11.130 背中片 dorsocentralia
背板由数块小型骨片组成时,位于中部的骨片。

11.131 背侧片 dorsolateralia
躯体背面两侧较小的骨片。

11.132 嵴 ridge
又称"假眉(eye-brow)"。位于恙螨的盾板上,感觉毛基前的角质皮因皱褶、隆起或凹陷而成,半月形。

11.133 肩区 humeral region
通常指前足体前缘侧面的区域。

11.134 肩突 humeral projection, scapula
盾板前缘缘凹两侧向前的突起。

11.135 前中突 anteromedian projection
恙螨盾板前侧缘的舌状突出的部分。

11.136 前突 naso
又称"鼻突"。前足体中央的前端突起,常着生一对刚毛。

11.137 盾板毛 scutala, scutal seta
恙螨盾板上的刚毛。

11.138 额毛 frontal seta
中气门螨类位于背板前中部的三对刚毛。

11.139 颞毛 temporal seta
中气门螨类背板前内侧的二对刚毛。

11.140 外颞毛 extratemporal seta
中气门螨类背板前侧端的二对刚毛。

11.141 胛毛 scapular seta
前气门螨类前足体第二横列刚毛。

11.142 肩毛 humeral seta, humerals
后半体外侧的第一排刚毛,通常为二根。指肩区或位于肩板上的刚毛。

11.143 亚肩毛 subhumeral seta
又称"基节间毛","肩下毛"。在第二对和第三对足基节间,有 1～2 对。

11.144 脊 crista

躯体背面前中部带有感觉毛的骨化小板。宽板状的称"盾脊 (crista scutellata)"，骨状的称"骨脊 (cristaossiforma)"。

11.145 刻点 punctation

盾板上分布的点状小窝。

11.146 盘窝 disc

软蜱躯体背面背腹肌附着处所形成的凹陷。

11.147 纹饰 ornamentation

硬蜱颚体、盾板和足的背面具有的珐琅质状色斑。

11.148 前足体板 propodosomatal plate, proponotal shield

覆盖前足体背面的单块骨板。见于长须螨等。

11.149 足板 podal shield

又称"足体板 (podosomatal shield)"。中气门螨类足外板或足内板的通称。

11.150 全足板 holopodal plate

中气门螨类第二对至第四对足的足外板和足内板的融合。

11.151 足内板 endopodalia, endopodal plate, endopodal shield

中气门螨类第二对至第四对足基节内缘的小板。

11.152 足外板 exopodal plate

又称"足侧板 (parapodal shield)"。中气门螨类第二对至第四对足基节外缘的小板。

11.153 足背板 podonotal shield, podonotum, podoscutum

中气门螨类背板分裂为两块，位于前面、覆盖足体背面的板。

11.154 足后板 metapodal plate, metapodalia, metapodal shield

中气门雌螨第四对足基节后的小板。

11.155 末体板 opisthosomatal plate

覆盖于末体背面的骨板。

11.156 末体侧腺 latero-opisthosomal gland

又称"末体背腺 (opisthonotal gland)"。甲螨或粉螨末体两侧的大型腺体，分泌物经裂缝或管开口于体表，可能与报警、聚集和性信息素的分泌有关。

11.157 末体背板 opisthonotal shield, opisthonotum

中气门螨类中背板和臀板融合组成末体的背板。

11.158 末体腹板 opisthoventral shield

同黑螨的殖肛板与肛上板愈合的骨板。

11.159 尾毛 telosomal seta, caudal seta

瘿螨尾体背面的一对刚毛，长而弯曲，可帮助螨体向后移动或跳跃。

11.160 尾臀 cauda

水螨躯体末端向后延伸并与躯体明显分离的部分。

11.161 T脊 Tau ridge

尾臀背面后部强骨化的脊状突。

11.162 尾臀膜 caudal membrane

生于 T 脊横脊后方的透明或半透明膜质骨片。

11.163 雄尾柄 petiole

水螨尾臀末端体壁后伸，形状各异的突起物。

11.164 尾板 caudal plate

躯体后端的高度角质化区。

11.165 尾突 caudal appendage, caudal process, caudal protrusion

硬蜱躯体末端中央的突起。

11.166 颈板 jugularia, jugular plate, jugular shield

中气门螨类位于胸板之前的成对小骨板。

11.167 胸板 sternal shield, sternal plate, sternum

中气门雌螨躯体腹面的单块骨板,位于第二对和第三对足之间,常有纹饰和二对或三对胸毛及隙孔。

11.168 胸板孔 sternal pore

位于胸板上的隙孔。

11.169 胸前板 presternal plate, presternum, pretosternum

又称"第一胸板"。位于胸叉两侧与胸板之间的成对骨板。

11.170 胸叉 tritosternum

又称"第三胸板"。中气门螨类躯体腹面第一对足基节之间的结构,叉状,有感觉功能,并可帮助食物进入口腔。背气门螨类的胸叉基部分离。

11.171 胸叉丝 lacinia, laciniae（复）

又称"胸叉内叶","第三胸板内叶（tritosternal lacinia）"。胸叉前部鞭毛状的延伸部分,数目从0～3之间不等。生活习性不同其形状各异或退化。

11.172 胸叉基 tritosternal base

又称"第三胸板基"。胸叉的基部,三角形。

11.173 胸后板 metasternal plate, metasternal shield, metasternum

胸板之后的一对小骨板。

11.174 全腹板 holoventral plate, holoventral shield

由胸板、生殖板、腹板、肛板和胸后板等融合成的一块板。见于雄性的中气门螨类。

11.175 腹板 ventral plate, ventral shield

大型的单块骨片或由若干紧密相邻的小型腹片组成。在高度骨化的类群,是背板以外体壁的通称,亦指基节板与腹面体壁愈合后的复合骨板。

11.176 腹片 ventralia, ventral platelet

腹面体壁的较小骨化区,不含基节板。

11.177 侧壁 lateral integument

中气门螨类躯体侧面背、腹板之间的柔软表皮。

11.178 后半体腹毛 ventral hysterosomal seta

着生于后半体腹面的刚毛。

11.179 后背板毛 notogastral seta

甲螨着生于后背板的刚毛,数目不等,多为10～16对。

11.180 胸腹板 sterno-ventral shield

中气门雄螨胸板和腹板愈合为一块板。

11.181 胸殖板 sterno-genital plate

由胸板与生殖板愈合而成的骨板。

11.182 殖肛板 anogenital plate, genito-anal plate

生殖板与肛板愈合的骨板。

11.183 殖肛毛 genito-anal seta

分布于殖肛区的刚毛。

11.184 生殖区 genital area, genital field

生殖孔和殖吸盘分布的区域。

11.185 生殖片 genital sclerite

生殖孔前、后的横行小骨片或生殖孔中央并列的一对纵向骨片。

11.186　前殖板　epigynium, epigynial plate
中气门螨类的生殖板和上殖板。

11.187　真殖孔　eugenital opening
生殖孔的原始形式,孔口三裂状,位于前殖腔。见于有产卵管、阳茎或导精器的辐毛总目螨类。

11.188　真殖毛　eugenital seta
生殖孔周围叶瓣上的刚毛。雄性中气门螨类生殖孔前的一对刚毛。

11.189　内殖毛　endogenital seta
位于生殖孔内的刚毛。

11.190　亚殖毛　subgenital seta
位于生殖片上的刚毛。

11.191　围殖毛　perigenital seta
水螨位于生殖孔周围的刚毛。

11.192　生殖乳突　genital papilla
又称"殖吸盘(genital acetabulum)"。生殖区内小型杯状或盘状结构,偶尔具柄位于生殖板上、生殖孔内或散布于生殖孔两侧的体壁上。

11.193　殖吸盘板　acetabular plate
有殖吸盘的生殖板,部分水螨的殖吸盘板似生殖盖。

11.194　生殖盖　genital shield, genital operculum
覆盖在生殖孔上成对的能动骨片,其上具殖吸盘或无。

11.195　生殖器盖片　genital coverflap
覆盖瘿螨雌性外生殖器的铲状瓣,常具有纹饰。

11.196　生殖褶　genital fold
无气门螨类遮盖生殖孔的分叉形的褶。

11.197　生殖翼　genital wing
水螨生殖孔向两侧不同程度扩展的生殖板或殖吸盘板。

11.198　生殖前板　pregenital plate
硬蜱腹面的一块骨板,位于生殖孔之前。

11.199　前殖片　pregenital sclerite
生殖孔前方的生殖片,即第一生殖片。

11.200　后殖片　postgenital sclerite
生殖孔后方的生殖片,即第二生殖片。

11.201　中殖板　mesogynal plate, mesogynal shield
指中气门螨类一对侧殖板中间的一块板。

11.202　侧殖板　aggenital plate
生殖板两侧的成对骨板。

11.203　侧殖毛　aggenital seta
生殖孔周围或着生于侧殖板的刚毛。

11.204　侧殖肛板　aggenital-anal plate
甲螨的侧殖板和侧肛板愈合而成。

11.205　殖腹板　genito-ventral shield
又称"末体殖板(opisthogenital shield)"。生殖板和腹板愈合而成。见于中气门螨类。

11.206　殖腹毛　genito-ventral seta
着生于殖腹板的刚毛。

11.207　肛板　anal shield, anal plate
肛门周围的骨板。

11.208　肛瓣　anal valva
围绕肛门的一对半月形骨片。

11.209　肛毛　anal seta
肛瓣上着生的细小刚毛。

11.210　肛前板　preanal plate
甲螨肛孔前部的横向小骨板。

11.211　肛前毛　preanal seta

植绥螨腹肛板上位于肛前孔前面的成对刚毛,通常2～4对。

11.212 肛前器 preanal organ
甲螨肛孔前缘中央的圆形或椭圆形的结构。

11.213 肛前孔 preanal pore
植绥螨腹肛板上的一对隙孔,位于肛门之前。

11.214 肛吸盘板 anal sucker plate
肛门周围坚硬的板状结构,由二对中央吸盘和若干对较小的吸盘构成,具吸附于寄主体外的功能。见于无气门螨类的休眠体。

11.215 肛吸盘 anal sucker
粉螨等螨类的雄螨交配器,位于肛门两侧的一对大型吸盘。

11.216 肛侧板 adanal plate, adanal shield
肛板外侧的一对骨板。

11.217 肛侧毛 adanal seta
肛孔两侧的刚毛。海螨中称"副肛毛(para-anal seta)"。

11.218 肛侧孔 adanal pore
甲螨腹板上的一对隙孔,位于肛孔两侧。

11.219 腹肛板 ventri-anal shield, ventro-anal plate
中气门螨类的腹板和肛板愈合成的单一骨板,形状多样。

11.220 副肛侧板 accessory plate
蜱类位于肛侧板外侧的一对骨板。

11.221 肛后板 postanal plate
甲螨肛孔后端的单一小骨板。

11.222 肛后毛 postanal seta, postanals
肛门后方的成对刚毛,但中气门螨类肛后毛仅一根.

11.223 肛后侧毛 lateral postanals
肛门后侧方的刚毛。

11.224 肛沟 anal groove
在肛门后方或肛门前方的半圆形或马蹄形沟。

11.225 肛前沟 preanal groove
又称"肛前横沟(preanal transversal groove)"。位于肛门之前的横沟。

11.226 肛后中沟 postanal median groove
位于肛门后方正中的纵沟。

11.227 肛后横沟 postanal transversal groove
位于肛门后方的一对横沟,与肛后沟相连。

11.228 肛柄 anal pedicel
尾足螨为适应携播的生活方式,由体内柄状腺分泌液体自肛门排出,硬化,固着在节肢动物体表的柄状物。

11.229 裂腹型 schizogastric type
甲螨生殖孔与肛孔间的腹板由一条直的横缝分隔。

11.230 全腹型 hologastric type
腹板无沟缝分隔,侧殖板与侧肛板愈合,见于甲螨。

11.231 横腹型 diagastric type
甲螨生殖孔和肛孔之间的腹板由中间间断的半圆形沟缝相隔。

11.232 伪横腹型 pseudodiagastric type
生殖孔和肛孔之间的腹板由完整的半圆形沟缝相隔。见于甲螨。

11.233 围腹缝 circumgastric suture
甲螨后背板与腹板之间非骨化的、缝状分界线。

11.234 背缝 dorsal furrow

背板与其余体壁分界的缝，多见于水螨体壁高度骨化的类群。

11.235　颈缝　sejugal suture
又称"分颈缝（sejugal furrow）"。螨类前足体和后半体之间的沟缝，也是体段可活动的部分。见于辐毛总目。

11.236　背颈缝　dorsosejugal suture
(1)颈缝的背面部分。(2)甲螨前背板和后背板间的沟缝。

11.237　前侧缝　abjugal suture
分隔甲螨侧区的前部和前背板的沟缝。

11.238　后侧缝　disjugal suture
分隔甲螨侧区的后部和后背板的沟缝。

11.239　分缝型　dichoid
甲螨前半体和后半体之间由宽阔、柔软的膜质分界，体段之间可活动。见于古甲螨群（Palaeosomata）。

11.240　叠缝型　ptychoid
甲螨体段的连接出现在前体与末体之间，前体(包括足)可与末体折合。见于卷甲螨科（Phthiracaridae）等。

11.241　全缝型　holoid
甲螨体段之间仅由缝相隔，体段之间不能弯曲活动。见于懒甲螨科（Nothridae）等。

11.242　背腹沟　dorso-ventral groove
软蜱躯体中部稍后，在体缘的陷沟。

11.243　侧沟　lateral groove
在雌蜱盾板前缘，隆起的侧脊内所形成的沟。

11.244　颈沟　cervical groove
盾板缘凹后方两侧向后伸展的沟。

11.245　缘沟　marginal groove
雌蜱异盾上相当于雄蜱侧沟处的沟，有时

延长左右相连。

11.246　副沟　accessory groove
雌蜱异盾与盾板上的颈沟和侧沟相对应的沟。

11.247　后中沟　posterior median groove
雄蜱盾板后部中央的纵沟。

11.248　生殖沟　genital groove
在生殖孔两侧一对向后伸展的沟。

11.249　胸线　sternal line
又称"腹板线"。瘿螨前基节之间的接触线，当基节分开或愈合时胸线不明显或无。

11.250　足窝　leg socket, fovea pedales
足着生于体壁处的较薄的膜质窝。

11.251　足盖　pedotecta, tectopedium
足体向侧面伸出的三角形或斧形的突起，包绕和保护足的转节。见于甲螨的第一对至第三对足。

11.252　基节板　epimeral plate, coxal plate
足基节与部分腹板愈合而成强骨化的板状结构，后缘达生殖孔前缘。基节板之间由表皮内突分隔。

11.253　基节板毛　epimeral seta
着生于基节板的刚毛。

11.254　基节板群　coxal group, epimeron group
又称"基节板组"。由基节板愈合而成。根据愈合方式，分为"四基节板群（four epimeral group）"，"三基节板群（three epimeral group）"和"单基节板群（single epimeral group）"。

11.255　基节板孔　epimeron pore
基节板上极小的环形薄壁区，呈孔状。

11.256　基节毛　coxisternal seta, coxal seta

着生于足基节的刚毛。

11.257　基节上毛　supracoxal seta
着生于口下板的前外侧,或第一对足和第二对足基节的前侧方,刺状,有些类群退化。粉螨须肢的基节上毛着生于基节上凹陷,杆状或分枝状。中气门螨类称"基节侧毛(laterocoxal seta)"。

11.258　基节腺　coxal gland
一种分泌器官,由囊和迷路组成,开口于第一对足基节附近。

11.259　基节上腺　supracoxal gland
无气门螨类的一种腺体,不呈典型的管状或囊状,仅呈裂缝状开口,位于第一对足转节的上方,具有渗透调节的功能。

11.260　基节液　coxal fluid
由基节腺分泌的液体,有保持血淋巴离子平衡、维持血淋巴容量、协助排除代谢废物和运送性信息素的功能。

11.261　基节褶　coxal fold
沿基节内侧的纵行褶突。

11.262　基节上褶　supracoxal fold
沿基节外侧的纵行褶突。

11.263　转节距　trochanter spur
又称"背距(dorsal spur)"。蜱类第一对足转节背面向后伸的突起。

11.264　转节毛　trochanter seta
着生于须肢或足转节的刚毛。

11.265　围足节缝　peripodomeric fissure
螨类第一对至第四对足股节和跗节上由两个隙孔全部或部分连接而成的缝。

11.266　股节　femur, femora(复)
又称"腿节"。介于膝节和转节之间的须肢节或足节。非辐毛总目螨类足的股节常分

基股节和端股节两部分。

11.267　基股节　basifemur
又称"基腿节"。股节的近端部分。

11.268　端股节　telofemur
又称"端腿节","前股节(prefemur)"。股节的远端部分。

11.269　股鞭毛　mastifemorala, mastifemoral seta
又称"腿长毛"。第三对足股节上的长而光滑的鞭状刚毛。

11.270　股膝节　femur-genu, femorogenu
足股节与膝节愈合成一节,常有缝状、膜质的表皮、刚毛等显示愈合处的痕迹。

11.271　膝毛　genuala
又称"膝棘"。专指恙螨膝节的感棒。

11.272　微膝毛　microgenual seta, microgenuala
第一对足膝节的细小刚毛。

11.273　膝鞭毛　mastigenuala, mastigenual seta
第一对足膝节上的细长微膝毛。

11.274　前膝毛　anterior genuala
足膝节背面前部一定数量的光裸刚毛。

11.275　中膝毛　median genuala
足膝节背面一定数量的光裸刚毛。

11.276　后膝毛　posterior genuala
足膝节后部的光裸刚毛。

11.277　内膝毛　internal genual seta
粉螨第一对足膝节背面末端由同一毛窝着生的二根刚毛中较短的一根。

11.278　外膝毛　external genual seta
粉螨第一对足膝节背面末端由同一毛窝着

生的二根刚毛中较长的一根。

11.279　胫毛　tibiala, tibial seta
须肢或足胫节的刚毛。

11.280　微胫毛　microtibiala, microtibial seta
第一对足胫节的细小刚毛。

11.281　胫鞭毛　mastitibiala, mastibial seta
第二对、第三对足胫节上鞭状的长刚毛。

11.282　前胫毛　anterior tibiala
足胫节背面前部一定数量的光裸刚毛。

11.283　中胫毛　median tibiala
足胫节背面一定数量的光裸刚毛。

11.284　后胫毛　posterior tibiala
足胫节后部的光裸刚毛。

11.285　胫跗节　tibiotarsus
足的胫节与跗节愈合而成,如跗线螨雌螨第一对足的胫节与跗节的愈合,或雄螨第四对足胫节与跗节愈合,愈合处常有线状痕迹。

11.286　后跗节　metatarsus
又称"基跗节"。蜱类跗节的基节。非辐毛总目的一些螨类足跗节被缝或环线分为两部分中的近基部分。

11.287　端跗节　telotarsus, distitarsus
非辐毛总目的一些螨类足跗节被缝或环线分为两部分的远基部分。

11.288　前跗节盖　pretarsal operculum
由前跗节端部向两侧伸展的片状结构,位于跗节爪的腹面。

11.289　跗[节]毛束　tarsal cluster
第一对足跗节由一或二根感棒、芥毛和原生刚毛组成的一束刚毛。见于甲螨。

11.290　跗感器　tarsal sensillum
又称"跗节器(tarsal organ)"。中气门螨类第一对足跗节末端的一组感受器,具有味觉和嗅觉功能。

11.291　哈氏器　Haller's organ
蜱类第一对足跗节背面的化感器,由前窝和后囊组成,前窝内有各种感毛,能感受各种气味,借以寻找宿主。

11.292　前跗毛　pretarsala
又称"端跗毛"。着生于前跗节的刚毛。

11.293　侧亚端毛　parasubterminala, parasubterminal seta
第一对足跗节亚端毛旁的光裸、细短刚毛。

11.294　亚中毛　submidian seta
第一对足跗节除亚端毛、副亚端毛外的刚毛。

11.295　跗鞭毛　mastitarsala, mastitarsal seta
又称"长跗毛"。第三对足跗节的一根或几根长刚毛。

11.296　微距　microspur
又称"微跗毛(microtarsala)"。第一对、第三对足或感棒旁的一根短距。

11.297　步爪　ambulacrum, ambulacra(复)
又称"真爪(true claws)"。组成步行器的一对爪。

11.298　羽状爪　feather claw
起源于瘿螨足跗节端部的爪间突,呈羽状分枝,由中央主干和两条或两条以上侧枝组成,主干有单一和分叉两种类型。

11.299　放射枝　ray
简称"枝","轮"。瘿螨羽状爪两侧的小分枝,放射状。

11.300 步行器 ambulacral organ
位于足的端部,具步行功能,包括一对爪、爪间突和爪垫,或退化变形,基部与前跗节的骨片或腱关连。

11.301 基骨片 basilar sclerite
与步行器(爪间突、爪垫和爪)相连接或关连的骨片,后方与肌肉和腱连接,可活动。

11.302 副步行器毛 parambulacral seta
海螨位于跗节端部两侧的中空、厚壁刚毛。

11.303 端球爪 knobbed claw
瘿螨突出在跗节上方的、向前弯曲的附属物,端部球状,与真爪非同源,可能是感觉棒的适应性变形。

11.304 爪窝 fossa, claw fossa
海螨爪基部的膜质窝,爪可缩曲其中。

11.305 爪窝毛 fossary seta
海螨生于爪窝内的刚毛。

11.306 异型爪 paralycus
足跗节端部发生变形的爪。

11.307 足鳍 leg-fin
甲螨第三对、第四对足股节腹面的膜质扩展物。

11.308 蜡被 cerotegument
又称"盖表皮"。表皮的分泌层,不同腺体可能参与蜡被的分泌。见于中气门、前气门和甲螨类。甲螨蜡被发达,覆盖全身,组成饰纹。

11.309 蜡丝 wax filaments
来自体壁孔道末端的精细蜡道,酷似蜡烛芯,具有传送蜡质分泌物从孔道到上表皮表面的功能。

11.310 盖角层 tectostracum
上表皮中无色的蜡质薄层,由皮细胞经孔道分泌,有防水和抗磨损的作用。

11.311 施氏层 Schmidt layer
紧靠表皮活细胞上界限不十分清楚的极薄的颗粒层。

11.312 环管口 solenostome
精子进入生殖系统在基节的开口孔,通常在第三对足或第四对足基节处。

11.313 环管 tubulus annulatus, sperm access
精子由环管口经扁状漏斗构造进入的线状管。

11.314 体孔 body pore
高度骨化水螨类群的体壁上未骨化的微小环形薄壁区。

11.315 背孔 dorsal pore
水螨背面的体孔。

11.316 辐孔 rosette pore
水螨躯体背面的孔状结构,由孔口及中室组成,有数条孔道连接孔口和中室。

11.317 辐孔区 areolae
躯体和颚体背面着生辐孔的区域。

11.318 隙状器 lyriform organ, lyrifissure, lyriform fissure
又称"琴形器","隙孔"。广泛分布于螨类体表或附肢的裂缝状结构,由膜质的上表皮覆盖,是一种内感器,具有感受肌肉张力、颤动和血淋巴的压力等功能。

11.319 背隙状器 dorsal lyrifissure
位于中气门螨类第二对至第四对足跗节近端2/3处的隙孔。

11.320 杯形器 cupule
圆形,见于表皮的柔软部分。与隙状器同源,在个体发育过程中,可被裂缝状的隙状器替代,功能同隙状器。

11.321　背颈缝孔区　areae porosae dorsose-jugales
位于背颈缝区域的一对孔区。

11.322　侧孔区　areae porosae laterales
位于甲螨后背板两侧的孔区。

11.323　背囊　sacculus, sacculi(复)
甲螨体表或跗肢凹入表皮的小囊状结构,具有腺体功能。

11.324　翅形体　pteromorpha
甲螨后背板肩部向前侧方伸出一对结构,与翅相似,可动或不可动。根据形状可分为"尖形翅形体(oxyptera)"和"伞状翅形体(umbellate pteromorpha)"等。具有保护足和控制气流的作用。

11.325　无翅形体　aptera
甲螨的后背板没有侧伸的翅形体。

11.326　翅形体铰链　pteromorpha hinge
甲螨翅形体与后背板之间由膜质的非骨化构造连接,似铰链,翅形体可活动。

11.327　非动型翅形体　immovable ptero-mopha
翅形体与后背板愈合,不能活动。

11.328　可动型翅形体　movable ptero-mopha
翅形体由铰链与后背板关连,能活动。

11.329　分突　discidium
甲螨后背板两侧、位于第三对和第四对足之间的突起。

11.330　肤纹突　dorsal lobes
叶螨表皮线状纹上的齿状缺刻。

11.331　骨结　scleronoduli
中气门螨类(胭螨科、双革螨科)前背板具

有的成对节结。

11.332　微瘤　microtubercle
瘿螨背、腹部环缘上或环缘间常有排列整齐的微小突起,呈椭圆形、锥形等,具调节体内水分的功能。

11.333　叶　lamella, lamellae(复)
甲螨前背板从体表隆起的一对板条状结构,始于前背板的基部或感器窝,延伸向前,相互平行或端部会合。水螨称"瓣尖"。

11.334　叶毛　lamellar seta
着生于叶或尖突端部的刚毛。

11.335　叶间毛　interlamellar seta
位于前背板两叶之间的一对刚毛。

11.336　前叶　prolamella
从叶的前端部延伸至喙毛基部的脊线。

11.337　亚叶　sublamella
位于叶的外侧、沿前背板的侧缘延伸的脊线。

11.338　横叶　translamella
连接于叶之间的宽阔横带或狭窄横线。

11.339　背中脊　dorsocentral ridge
瘿螨大体背中央的纵向隆起线。

11.340　背中槽　dorsocentral furrow
瘿螨大体背中央的纵向凹槽。

11.341　冠脊　crista metopica
位于前体部中央窄长的板状结构,前、后端各有一对感毛,见于赤螨和绒螨。

11.342　背脊　costa, costae(复), dorsal ridge
躯体背面的纵向脊状突。

11.343　侧背脊　paracosta
躯体背面两侧的纵向脊状突。

11.344　分脊 costula, costulae（复）

甲螨前背板体表的一对棱线,与叶相似,因不向水平方向扩展,不呈板条状或叶状。

11.345　腹脊 ventral ridge

躯体腹面的脊状突。

11.346　背瘤 dorsal tubercle

瘿螨头胸板,即背盾板上的瘤状突起,通常瘤上着生背毛。

11.347　棘区 cribrum

中气门螨类在肛后毛之后、布满棘刺的区域。棘腺产生的性信息素可能由该区域散播。

11.348　背瘤突 dorsal hump

软蜱足跗节和后跗节背缘的瘤状突起。

11.349　前叶突 anterior shield lobe

又称"前板叶"。瘿螨头胸板向前延伸的部分,位于喙基部上方。

11.350　前足体突 propodosomal lobe

又称"檐形突"。叶螨(苔螨)前足体向前伸出的二对峰形突起。

11.351　前表皮内突 anterior apodeme

延伸于瘿螨内生殖器的骨片,有肌肉着生。

11.352　感器窝侧突 parastigmatic enantiophysis

甲螨腹面腹颈沟外侧端的一对突起。

11.353　感器窝后突 postbothridial enantiophysis

甲螨感器窝后侧的二对突起。

11.354　腹颈沟突 ventrosejugal enantiophysis

腹颈沟前、后彼此相对的二对突起。

11.355　背颈沟突 dorsosejugal enantiophysis

位于甲螨前背板,背颈沟前面的二对突起。

11.356　前足体腹突 propodoventral enantiophysis

位于甲螨前足体腹面的一对突起。

11.357　前足体侧隆突 propodolateral apophysis

甲螨一些种类(珠甲螨)前背板伸向两侧的大型突起,呈三角形。

11.358　尖突 cuspis, cuspides（复）

甲螨的梁向前延伸,游离于体表的部分,端部有梁毛着生。

11.359　髁突 condyle, condylus, condyli（复）

基节板在足窝处的侧向突起,形成基节板与足转节间的关节。

11.360　顶毛 vertical seta

通常指背板的第一对背毛。

11.361　前背毛 anterior dorsal seta

瘿螨背盾板(头胸板)近前缘的刚毛,0～3根。

11.362　缘毛 marginal seta

背板两侧缘的刚毛。

11.363　亚缘毛 submarginal seta

又称"边毛"。位于缘毛内侧的刚毛。指中气门螨类末体区内背面的刚毛。

11.364　中毛 central seta

又称"背中毛 (dorsocentral seta, dorsal median seta)"。沿背板中央两侧排列的刚毛。

11.365　前中毛 anteromedian seta, anterior medial seta

背板前部的中间刚毛。

11.366　间毛 intercalary seta, intermedial

seta
位于亚缘毛与背中毛之间的刚毛。

11.367 侧毛 laterals, lateral seta
背板或附肢侧面的刚毛。中气门螨类在缘毛内侧的一列背板毛。瘿螨外生殖器侧方的一对刚毛。

11.368 前侧毛 anterolateral seta, antelateral seta
背板前部两侧的刚毛。

11.369 后侧毛 posterior lateral seta
背板后部两侧的刚毛。

11.370 背毛 dorsal seta
躯体背面刚毛的通称。着生于附肢背面的刚毛。

11.371 亚背毛 subdorsal seta
通常指背中毛和背侧毛之间的刚毛。

11.372 背毛式 dorsal setation formula
背毛的排数及各排背毛的数目。

11.373 腹毛 ventrals, ventral seta
通常指腹面的刚毛。着生于腹板的刚毛。

11.374 腹毛式 ventral setation formula
腹毛的排数及各排腹毛的数目。

11.375 胸毛 sternalia, sternal seta
躯体腹面基节内侧的刚毛。着生于中气门螨类胸板上的刚毛。

11.376 胸后毛 metasternal seta
又称"第四胸毛"。着生于胸后板的刚毛,若胸后板缺,则着生于盾间膜上。

11.377 骶毛 sacral seta
叶螨末体横向排列的二对刚毛。

11.378 臀毛 clunal seta
叶螨末体后端的一对刚毛,与其他螨类的

h₁ 毛同源。

11.379 前足体背毛 dorsal propodosomal seta
着生于前足体背面的刚毛,不同类群其数目不同,叶螨为三对或四对,缝颚螨四对。

11.380 后半体背中毛 dorsocentral hysterosomal seta
后半体中央部位的刚毛。

11.381 后半体背侧毛 dorsolateral hysterosomal seta
后半体侧面的刚毛。

11.382 后半体亚背侧毛 dorsosublateral hysterosomal seta
在后半体背中毛和后半体背侧毛之间的一列刚毛,见于细须螨科。

11.383 前足体腹中毛 medioventral propodosomal seta
前足体腹面的一对刚毛,位于第一对足基节之间。

11.384 后足体腹中毛 medioventral metapodosomal seta
后足体腹面的刚毛,位于第三对、第四对足基节之间,毛数不等。

11.385 末体腹中毛 medioventral opisthosomal seta
末体腹面、生殖孔前方的一对刚毛。

11.386 新毛 neotrichy
又称"增生毛"。螨类的躯体或足产生的次生刚毛,相对于原生刚毛来说,是新增加的刚毛。

11.387 常毛 ordinary seta, normal seta
指刚毛数目或形状正常的刚毛。

11.388 副毛 accessory seta

瘿螨尾毛毛瘤之间的一对小毛。

11.389 双毛 duplex setae
又称"串毛（tandem setae）"。（1）叶螨第一对、第二对足跗节的一种特殊刚毛，由两根基部紧靠在一起的刚毛组成，端部的粗而长为感毛，细短的基部毛为触毛。（2）水螨第一对足胫节端部，纵向排列、形态一致的相邻两根刚毛。

11.390 毛 pilus, pili（复）
指柔毛或短毛。

11.391 大毛 heavy seta, macrochaeta
较普通毛明显加粗的刚毛。

11.392 栉毛 pectinate seta, feathered seta
又称"梳毛"。具羽状细分支或微小侧分支的刚毛。

11.393 栓毛 peg-like seta
基部宽阔、端部尖细的披针形刚毛。

11.394 触腺毛 antennal glandularia
水螨躯体前端至眼区的二对腺毛。

11.395 前触腺毛 preantennal glandularia
水螨躯体前端的第一对腺毛，刚毛较粗。

11.396 后触腺毛 postantennal glandularia
水螨第二对触腺毛。

11.397 背腺毛 dorsoglandularia
水螨躯体背面的四对腺毛。

11.398 腹腺毛 ventrogladularia
水螨基节板以外腹面体壁上的腺毛，共四对。

11.399 侧腺毛 lateroglandularia
水螨躯体侧面的腺毛，共四对。

11.400 沼螨腺 glandularia limnesiae
水螨位于第四对足基节板上的腺毛。

11.401 基节腺毛 epiroglandularia
水螨躯体腹面基节板以外的体壁上着生的腺毛。

11.402 围腺片 glandular sclerite
水螨环绕腺毛腺孔的骨片，其上着生刚毛。

11.403 囊毛 vesicular seta
一些水螨体末端中央处的空心囊状毛。

11.404 前感毛 prebacillum
海螨第一对足跗节位于感棒前方的感觉毛。

11.405 原芥毛 profamulus
简单突起形的退化芥毛。

11.406 感毛 sensory seta
体表的各种感受器，多为刚毛状，具有感受化学物质的功能。

11.407 感毛基 sensillary base
感毛基部的环状区域。

11.408 化感毛 chemosensory seta
能感受各种化学物质的刚毛，常发现于第一对、第二对足的端部各节和须肢的端节。如荆毛、芥毛和感棒等。

11.409 光毛质 actinopiline
存在于螨类躯体和附肢刚毛的一种物质，在偏振光下具有双折射特性，与碘亲和，耐乳酸。有些螨类具有含光毛质和不含光毛质两类刚毛，也有仅具有不含光毛质的一种刚毛，依此蜱螨分为复毛类和单毛类两大类群。

11.410 触毛 tactile seta
形状和长度多种多样，中空、壁薄，广泛分布于体壁和附肢，具有触觉功能。

11.411 芥毛 famulus, famuli（复）
具有光毛质鞘的中空小毛，向前指，终端形

状有多种变化,毛基总是大而明显,多见于辐毛总目的第一对足跗节。

11.412 荆毛 eupathidium, eupathidia（复）, acanthoides

具有光毛质鞘、中空的短粗刺毛,见于复毛类的第一对足跗节和须肢。

11.413 盅毛 trichobothrium

包括凹陷状的感器窝和形状各异的刚毛,这类刚毛具有光毛质的芯,可感受振动、风向,见于辐毛总目的躯体和附肢。

11.414 感器窝 bothridium, bothridia（复）

又称"盅毛窝","假气门（pseudostigma）"。位于前半体两侧的一对凹陷或向外突出的杯状体,是感器着生的部位。

11.415 感器 sensillum, sensilla（复）

又称"假气门器（pseudostigmata, pseudostigmatal organ）"。多为特化变形的盅毛,位于前半体,着生于感器窝,头状、棒状等多种形状。甲螨和部分前气门螨类如跗线螨、蒲螨等感器发达,有感觉功能。

11.416 感棒 solenidion, solenidia（复）, sensory rod, sensory club

着生于须肢跗节或足的跗节、胫节和膝节上的一种光滑刚毛,多为棍棒状,通常端部圆钝,中空,内壁具螺旋状环纹。感棒不含光毛质,仅有原生质芯。常以希腊字母 ω、φ 和 σ 分别表示跗节、胫节和膝节的感棒。恙螨须肢或足节的感棒称"棘"。

11.417 端感器 terminal sensillum

叶螨等一些复毛类须肢跗节端部的一种荆毛,粗大,呈柱形或锥形。

11.418 背感器 dorsal sensillum

叶螨等须肢跗节的感棒,小枝状。

11.419 感器窝外毛 exobothridial seta

甲螨感器窝附近的小刚毛,分"感器窝前外毛（anterior exobothridial seta）"和"感器窝后外毛（posterior exobothridial seta）"两种。

11.420 口针鞘 stylophore

螯肢基节愈合的囊状结构,藏有口针,见于叶螨、肉食螨、小黑螨等。

11.421 副口针 auxiliary stylet

瘿螨的第二对口针,推测由涎管形成。

11.422 涎针 salivary stylet

又称"唾针"。中气门螨类颚角腹侧或背面沟槽内的一对针状物,有管与涎腺相通。

11.423 咽板 pharyngeal plate

位于海螨咽的腹面,为颚底中部内面附着肌肉的部位。

11.424 咽泡 pharyngeal bulb

在蠕形螨颚体内部消化道上的马蹄形泡。

11.425 咽泵 pharyngeal pump

由咽后方的背壁形成,背面有发达的肌肉,上下运动,类似唧筒,液体食物可抽入咽内。

11.426 盲管 diverticulum

又称"胃盲囊（gastric caeca）"。由蜱螨中肠分出的盲管,以增加消化道的面积,革螨有 2～3 对细长盲管,蜱类的盲管可多达 5 对以上,甲螨仅有 1 对粗短的盲管。

11.427 直肠囊 rectal sac

近体后端的消化道膨大,前接后肠,后端与肛门相接。

11.428 气门孔 spiracular opening

气管通向体外的开口。不同类群气门的数目和位置不同,是蜱螨高级分类单元的分类根据。

11.429 后气门孔 poststigmatic pore
蜱类的气门孔位于第四对足基节之后。

11.430 气门沟 peritrematal canal, peritrematal groove
中气门螨类由气门向前延伸的长沟,骨化较强。

11.431 气门板 peritreme, peritrematal plate
位于躯体腹面足基节外侧,围绕气门或气门沟的骨板,后者又称"气门沟缘 (peritremalia)"。

11.432 气门斑 macula
蜱类气门板中部的几丁质化部分。

11.433 气门裂 ostium
位于蜱类气门板中间的半月形裂口。

11.434 背突 dorsal process, dorsal prolongation
气门板向背面或后面延伸的突起。

11.435 杯状体 goblet
蜱类气门斑周围的杯形加厚部分,表面观为圆形。

11.436 合神经节 synganglion
蜱螨的中枢神经系统集中形成一团称为合神经节,食道从其间穿过。

11.437 导精趾 spermatodactyl, spermatophoral carrier, spermatophoral process
雄性的中气门螨类螯肢动趾基部—向内生长的角质化附肢,端部可自由活动,交配时具有传送精包的作用。

11.438 导精沟 spermatotreme
在螯肢导精趾上的一条沟,利于精包通过。

11.439 精包膜 ectospermatophore

精球外层的囊状体。

11.440 精器 phorotype, spermatophorotype
海螨形成精包的结构。

11.441 传精器 sperm transfer
雄螨与交配和授精有关的结构。如第三对足的爪和第四对足膝节的缺刻等。

11.442 纳精型 tocospermic type
雄螨的精球或精液直接导入雌螨的生殖孔以完成受精过程。

11.443 足纳精型 podospermic type
雄螨的精球或精液导入雌螨的交配孔,然后经导管到达受精囊,以完成授精。

11.444 翼状突 ala, alae(复)
雌蜱生殖孔边缘的一对细小的翼状突起。

11.445 生殖帷 apron, genital apron
生殖孔的帘状覆盖物。

11.446 受精囊管 spermathecal tube
连接受精囊与卵巢的导管。

11.447 端锤 terminal knob
叶螨雄性外生殖器端部扩大的部分。

11.448 克氏器 Claparede's organ
又称"拟气门 (urstigma)","基节器 (coxal organ)"。仅发现于前幼螨和幼螨期的一种器官,位于前、中两足基节之间,具柄和半球形的端部,或呈圆形的凹陷状结构,可能为湿度感受器,见于辐毛总目。如甲螨、恙螨、绒螨和粉螨等。

11.449 颚腺 infracapitular gland
复毛类具有的一对粒状腺体,由导管相连,开口于下颚体背面的上唇或上唇基部,与丝的产生和分泌有关。

11.450 吉氏器 Gene's organ

又称"吉氏腺（Gene's gland）"。雌蜱特有的腺体,位于盾板下面(硬蜱)或假头基之前(软蜱),开口于盾板前缘与假头基交界处,其蜡质分泌物包裹在卵外,使卵粒黏着在一起。

11.451 蜷螨器 ereynétal organ
蜷螨第一对足胫节的倒囊状结构,由一狭窄导管相连,开口于一简单或高度特化的刚毛附近。

11.452 莓螨器 rhagidial organ
位于莓螨第一对足跗节背面,足的表面形成一凹陷,内有一或数个平卧、与跗节表面齐平的感棒。

11.453 格氏器 Grandjean's organ
粉螨前足体前侧缘形成的一环绕颚体基部的薄骨板,为火炬形等多种形状。

11.454 威瑟器 With's organ
副下唇的一对肥大刚毛,着生于节腹螨的助螯器内侧。

11.455 食道上器官 supraesophageal organ
吸螨科食道与咽交界处的长盲管状结构,可产生一种用于捕食猎物和筑巢的丝状分泌物。

11.456 盾窝 fovea
雌蜱躯体异盾中部接近盾板处的一对窝状结构,是盾窝腺的开口。

11.457 盾窝腺 foveal gland
存在于多种雌蜱体内,当吸血时产生性信息素,通过盾窝排出体外。

11.458 新体现象 neosomy
螨类在同一龄期内,通过表皮延伸而使体躯扩大或表皮有乳突状、鳞片状的发育现象,以适应卵生、运动、取食等功能。

11.459 裂出 schizechenosy

羔螨、绒螨、水螨等种类没有肛门,当废物在后盲肠的小囊中累积至满时,体壁由此裂开,执行废物排出和分泌的方式。

11.460 原雌 protogeny
同种瘿螨有不同形态特征的非越冬型的雌成螨。

11.461 冬雌 deuterogyny, deutogyne
同种瘿螨有不同形态特征的越冬型的雌成螨。部分瘿螨的生活史具有冬雌和原雌的交替。

11.462 同型雄螨 homomorphic male
雄螨的体躯形状和刚毛的长短与雌螨相同。

11.463 二型雄螨 bimorphic male
某些螨类的雄螨与雌螨相比,体躯较大,背刚毛较长,或须肢变长,背板刻纹不同等。

11.464 多型雄螨 polymorphic male
在外界环境影响下,雄螨的形态产生多态现象,有的雄螨与雌螨相同,而有的第三对足变形,体躯和刚毛变长或须肢长度不同等。见于粉螨、肉食螨、长须螨等类群。

11.465 卵蛹 schadonophan
水螨完成胚胎发育后滞留在卵壳内的幼螨。

11.466 次卵 deutovum
又称"幼虫前期"。近球形的初生卵发育成蛋形,颜色加深,卵壳破裂后为次卵。

11.467 次卵膜 deutovarial membrane
次卵壳内一层包裹幼虫的薄膜。

11.468 前幼螨 prelarva
螨类胚后发育的第一个龄期。通常无附肢和口器的囊状体,不能取食和活动。但也有的类群具有三对足和口器。前幼螨蜕皮为幼螨。

11.469 幼螨 larva

具三对足,骨化微弱,无生殖孔,可活动和取食。蜱类称"幼蜱"。

11.470 若蛹 nymphochrysalis

又称"前蛹(protochrysalis)"。在幼螨期和活动的若螨期之间有一静止期,即若螨期之前的静止期。

11.471 成蛹 imagochrysalia, teleiophane

在若螨期之后的静止期称为成蛹。指恙螨的第三若螨。

11.472 第一若螨 protonymph

又称"原若螨"。在幼螨与成螨期之间的第一个若螨期,出现第四对足和生殖孔,复毛类具生殖乳突一对,躯体和附肢的刚毛数目较幼螨增多,能活动取食。

11.473 第二若螨 deutonymph

又称"后若螨"。第一若螨蜕皮后进入第二若螨,复毛类具生殖乳突二对,躯体、附肢和腹面的刚毛数目较第一若螨增多。

11.474 第三若螨 tritonymph

甲螨、粉螨和部分前气门螨类具有第三若螨,由第二若螨蜕皮形成,生殖乳突三对,形态与成螨相似,但也有完全不同的种类。

11.475 成螨 adult, imago, prosopon

蜱螨生活史的最后龄期,由最后一龄若螨的静止期蜕皮后进入的成熟期,一般不再蜕皮。蜱类称"成蜱"。

11.476 第一蛹 nymphophan

静止状态的水螨第一若螨。

11.477 第二蛹 deutochrysalis

又称"后蛹"。静止状态的水螨第二若螨。

11.478 终蛹 teleochrysalis, teleiophane

静止状态的水螨第三若螨。

11.479 前成螨 preadult

绒螨等类群,成螨成熟后还能继续蜕皮,这些成螨称之为前成螨。

11.480 休眠体 hypopus, hypopodes（复）

当干燥或营养缺乏等不利的环境条件出现时,第二若螨体壁骨化增强,口器退化,足粗短,出现吸盘板,外部形态与正常若螨完全不同。休眠体是一种适于传播的螨态,也是在不良条件下的生存形式。出现在无气门螨类。

11.481 活动休眠体 active hypopus, hypopus motile

又称"移动若螨(nymph migratrice)"。能自由活动的无气门螨类休眠体,利用吸盘、抱握器等特殊构造吸附于节肢动物的体表或脊椎动物的皮毛,以利传播。

11.482 不活动休眠体 inert hypopus

不能活动的无气门螨类休眠体,没有吸盘和抱握器,留在第一若螨的皮壳内,等待适宜环境条件的到来或被动传播。

11.483 气生幼螨 aerial larva

水螨较低等类群的幼螨,在一定程度上保留了陆生祖先直接呼吸空气的特征,常浮于水表活动。

11.484 离壳型 apopheredermes

甲螨幼期的躯体背面携带蜕皮,蜕皮在背毛的顶部,易于除去。

11.485 真壳型 eupheredermes

甲螨各龄期的蜕皮都覆盖在躯体背面,层层相叠。如珠甲螨科、王珠甲螨科等。

11.486 无壳型 apheredermes

甲螨幼期的各龄期后背板均无蜕皮覆盖。如步甲螨科、奥甲螨科等。

11.487 巨板型 macrosclerosae

甲螨若螨的后背板由大型骨板覆盖。如大

翼甲螨科、尖棱甲螨科等。

11.488 螨类群落带 zone of acarina

多种螨类在一个地带的集合,具有相对稳定以及发展和演替的动态特征。

11.489 群集现象 colonization

恙螨幼螨具有集中于物体尖端的习性,物体倾斜度越大,幼螨向尖端集中越多。

11.490 螨岛 mite island

恙螨幼螨喜群集,在小范围内群集于孳生地,等待宿主。

11.491 蜱螨亚纲 Acari

属于节肢动物门蛛形纲。头胸腹愈合;体躯分颚体和躯体两部分,颚体包括口器,突出于体前方,躯体不分节或分节不明显;一般幼螨具三对足,若螨和成螨有四对足。蜱螨包括"蜱(tick)"和"螨(mite)",是蛛形纲中种类和数量最多,生物学最为多样化的类群。生活于陆地、淡水和海洋,与人类关系密切。分为非辐毛总目和辐毛总目两大支系。

11.492 非辐毛总目 Anactinotrichida

又称"单毛类(Anactinochaeta)",曾称"寄螨目(Parasitiformes)"。蜱螨亚纲的两大类群之一,包括背气门目、巨螨目、蜱目和中气门目。体躯和足仅具一种单折射光刚毛(不含光毛质);足基节可自由活动;须肢跗节具成对的爪,亚端节具可活动的趾节;背颈缝和头足沟付缺;自由生活的种类有口下板沟和胸叉;无克氏器和生殖乳突;无增节变态。

11.493 辐毛总目 Actinotrichida

又称"复毛类(Actinochaeta)",曾称"真螨目(Acariformes)"。蜱螨亚纲的两大类群之一,包括前气门目、无气门目和甲螨目。体躯和足具有双折射(含光毛质)和单折射(不含光毛质)两种刚毛;足基节与足体腹面愈合;须肢跗节步爪发达,无趾节;具背颈缝和头足沟;口下板沟和胸叉付缺;具有克氏器和生殖乳突;多数种类有增节变态。

11.494 背气门目 Notostigmata

又称"节腹螨目(Opilioacarida)"。体大型,与盲蛛相似,有很多原始特征。单眼2~3对;末体侧面有4对小气门,无气门沟;末体有不明显的11~13个"体节";胸叉基成对,分离;具1对或2对助螯器和威瑟器;末体具很多的隙状器;足节产生次生节。以花粉和菌类为食。生活于热带和较干旱地区。

11.495 巨螨目 Holothyrida

又称"四气门目(Tetrastigmata)"。体大型,中等或强骨化的螨类。无单眼;二对气门孔位于躯体侧面或体缘;气门与体外的气门板和体内的气囊连结;内唇发达,齿舌状。捕食性,栖居于石块下或腐烂的植物上。

11.496 蜱目 Ixodida

又称"后气门目(Metastigmata)"。体大型。口器特化,由一对螯肢和具倒齿的口下板组成;须肢四节,末端无爪;气门位于第四对足基节外侧。生活史包括卵、幼蜱、若蜱和成蜱。分硬蜱和软蜱两大类。蜱是蜱螨亚纲中专性寄生的类群,对人、畜造成严重危害,不仅吸食血液,并能传播各种疾病。

11.497 中气门目 Mesostigmata

又称"革螨目(Gamasida)"。体背、腹面有多数骨板,第二对至第四对足基节间有气门一对,与伸长的气门沟相连;无单眼;具头盖和胸叉;有须肢趾节,分2~4叉。种类繁多,栖息环境多样,包括自由生活的捕食性种类和内、外寄生性螨类,吸食哺乳动物血液并传播很多疾病。

11.498 前气门目 Prostigmata

又称"辐螨目（Actinedida）"。体壁通常柔弱，骨板有或无；气门开口于螯肢基部或前足体的肩部，与气门沟相连；须肢常有须[肢]爪复合体；螯肢钳状、针状或退化；前半体和后半体之间有颈缝分开；前背板常有盅毛。种类和栖息环境多样，陆生或水生，包括植食性、捕食性、腐食性和寄生性螨类。

11.499　无气门目　Astigmata

又称"粉螨目（Acaridida）"。骨化微弱；无气门或气门沟，通过皮肤呼吸；螯肢钳状，或特化变形；须肢小，两节；后半体有末体侧腺；有休眠体和二型雄螨现象。性二态。多数为陆栖种类，腐食性、菌食性和寄生性。粉螨常取食粮食、饲料、食糖等储藏物品。鸟类、哺乳动物等也常发现寄生性的无气门螨类。

11.500　甲螨目　Oribatida

又称"隐气门目（Cryptostigmata）"。多数种类体壁坚厚；螯肢钳状，具齿；下颚体有助螯器；气门不明显；前背板具感器窝一对，感器发达。生活史包括卵、幼螨、第一至第三若螨和成螨。无性二态。甲螨营自由生活，栖息于枯枝落叶和土壤表层，少数种类生活于半水生环境或植物上。腐食性或菌食性。甲螨对于有机物质的分解、土壤的形成和肥力具有重要意义。

11.501　皮刺螨亚目　Dermanyssina

背面有全背板或裂背板；胸板完整或与胸后板愈合；颚盖退化成一或多个颚盖突；具涎针。包括自由生活和寄生生活的种类，可捕食线虫、小型节肢动物。如植绥螨科（Phytoseiidae）；寄生类群吸食脊椎动物血液，与人、畜关系密切的如皮刺螨科（Dermanyssidae）、厉螨科（Laelapidae）等。

11.502　表刻螨亚目　Epicriina

全背板有多角形的纹饰；气门沟退化；第一

对足无步行器，具极长的亚端毛。生活于森林落叶、苔藓、朽木。

11.503　尾足螨亚目　Uropodina

高度骨化，背板完整或仅在末体形成与前背板分离的小块骨板；第二对至第四对足侧面有凹陷，足可缩入；第一对足基节扩大，掩盖胸叉和颚体。生活于森林土壤、动物巢穴、鸟窝、蚁巢，部分种类属携播螨类。

11.504　真足螨亚目　Eupodina

颈缝明显或无；有些种类前足体中央具前突；动趾伸长或针状，定趾退化。生活于植物、土壤，常见科如真足螨科（Eupodidae）、吸螨科（Bdellidae）、巨须螨科（Cunaxidae）、镰螯螨科（Tydeidae）等。

11.505　大赤螨亚目　Anystina

骨化微弱；盅毛有或无；螯钳基部分离，动趾钩状，定趾退化；多数有生殖乳突。自由生活的捕食性类群，大赤螨科（Anystidae）常见于土壤、低矮的植被上。

11.506　寄殖螨亚目　Parasitengona

包括陆生和水生的种类。幼螨寄生性，其余各螨态自由生活；幼、若螨期与成螨期异形；一对或二对盅毛；螯肢动趾吸盘状或针状，无动趾；常有须肢拇爪复合体；气门开口于螯肢基部。陆生类群包括幼螨寄生在节肢动物或脊椎动物的赤螨科（Erythraeidae）、恙螨科（Trombiculidae）和绒螨科（Trombidiidae）。水生类群即水螨（Hydracarina）。

11.507　缝颚螨亚目　Raphignathina

骨化微弱或有骨板；无生殖乳突；有些类群足仅二对。包括植食性的叶螨科（Tetranychidae）、瘿螨科（Eriophyidae），捕食性的缝颚螨科（Raphignathidae）、长须螨科（Stigmaeidae）和肉食螨科（Cheyletidae）等。

11.508 跗线螨亚目 Tarsonemina

雌螨有一对感器,头状;螯肢基部愈合为针鞘,动趾针状;后半体有不明显的背板;性二态明显。常见科如跗线螨科(Tarsonemidae)、蒲螨科(Pymotidae)、盾螨科(Scutacaridae)等。

11.509 原甲螨部 Division Archoribatida

又称"大孔甲螨(Macropylina)","低等甲螨(Lower Oribatida)"。后背板毛至少15对;足膝节的形状和长度与胫节相似;生殖孔和肛孔大型,相接;仅有短气管。

11.510 真甲螨部 Division Euoribatida

又称"短孔甲螨(Brachypylina)","高等甲螨(Higher Oribatida)"。后背板毛4～15对;足膝节δ形状和长度与胫节不同;生殖孔和肛孔小型,远离;气管长,开口于足盘腔或分颈缝。

11.511 恙螨 chigger mite, trombiculid mite

又称"恙虫",曾称"沙虱"。螯肢爪弯刀状;躯体背面有盾板,具感觉毛和背板毛;幼螨圆形或"葫芦"形,密被刚毛;第一对、第二对足靠近。生活史包括卵、次卵、幼螨、若蛹、若螨、成蛹和成虫。幼螨寄生为害,若螨和成螨自由生活。有些种类是恙虫病的传播媒介。见恙虫病。

11.512 蠕形螨 demodicid mite

小型,窄长,形如蠕虫。颚体梯形,中央为锥突状的针鞘,螯肢针状;躯体有环形皮纹;足四对,粗短。寄生于毛囊或皮脂腺内,也可寄生在腔道和组织内,引起蠕形螨病。

11.513 疥螨 sarcoptid mite

口器咀嚼式,螯钳端部具小齿,可穿入皮肤;体表有细纹和鳞状突起或短刺;足粗短,足跗节具长柄吸盘或长毛。寄生于人体或各种家畜,生活在口器形成的表皮洞穴或隧道内,刺激和损伤皮肤引起疥疮。

11.514 尘螨 dust mite, dermatophagoid mite

小型,体表有皮纹;螯肢钳状;背面有盾板,无顶毛;躯体后侧有一对末体侧腺;雄螨第一对足粗壮,第四对足很细;雌螨生殖瓣倒"V"形,具生殖乳突。普遍存在于人类居住环境中,是一种过敏源,可引致哮喘、鼻炎、皮炎等,危害人类健康。

11.515 叶螨 tetranychid mite, spider mite

螯肢针状,刺吸式;须肢跗节刚毛6～7根,胫节具爪;气门开口于螯肢基部;各足跗节爪具黏毛。性二态。有吐丝拉网的习性。植食性螨类,危害棉花、果树、蔬菜、林木以及观赏植物,是重要的农业害螨。

11.516 细须螨 tenuipalpid mite, false spider mite

体小型,多扁平。螯肢针状;须肢跗节刚毛不多于三根;须肢胫节无爪;跗节爪和爪间突均具黏毛。性二态。植食性螨类,寄生于叶片,也有形成螨瘿或生活于叶鞘的种类。有些种类是重要的果树害螨。

11.517 长须螨 stigmaeid mite

弱骨化至强骨化;螯肢分离或粘连,不形成口针鞘;气门开口于螯肢基部;须肢胫节爪发达,跗节末端有分叉或不分叉的荆毛;背毛13～14对;生殖孔纵向,与肛孔相接;各足跗节爪光滑,爪间突着生有3对黏毛。多数为肉食性螨类,捕食叶螨、瘿螨、跗线螨及小型昆虫等。

11.518 瘿螨 eriophyoid mite

小型,蠕虫状;螯肢针状;足二对;爪间突呈羽状;后半体由具环纹的大体和尾体组成。植食性螨类,在叶片形成螨瘿或游移生活,除直接危害宿主植物外,还是植物病毒的传播媒介,很多种类危害果树、蔬菜、林木和观赏植物,是重要的农业害螨。

11.519　跗线螨　tarsonemid mite
螯肢针状;躯体分节或有分节的痕迹;雌螨的前足体两侧有感器一对,雄螨无;雌螨第四对足跗节有长鞭状刚毛,雄螨第四对足胫节膨大;雄螨躯体末端有生殖乳突。植食性、捕食性、寄生性,一些种类是重要的农业害螨。

11.520　根螨　root mites
属于粉螨科根螨属（*Rhizoglyphus*）。螯肢发达,适于咀嚼;顶毛短小;第一对、第二对足具圆锥形的跗节刚毛。危害块根、球茎、鳞茎等植物的地下部分及储藏物,并传播病菌,引起腐烂病。

11.521　植绥螨　phytoseiid mite
螯肢动趾钳状;须肢有叉毛;躯体由骨化的背板覆盖;背毛 13 ~ 23 对,多数 20 对以下;具胸叉;腹面有多块骨板;气门位于第三对足和第四对足基节之间的外侧。多数捕食性。植绥螨是常见的重要天敌,捕食害螨和微小昆虫。

11.522　肉食螨　cheyletid mite
螯肢基部愈合,动趾针状;须肢发达,胫节爪明显,股节增大;须肢跗节有梳状毛;躯体背面有骨化的背板 1~2 块;第一对足跗节爪有或无,第二对至第四对足跗节端部具爪;爪间突有或无,常具黏毛;生殖孔纵向。捕食性和寄生性。常发现于储藏物、落叶层、土壤表层和动物巢穴内。

11.523　水螨　water mite
生活于各类水域(包括温泉)的螨类,其中少数类群生于咸水或碱水。已知生物学的种类,幼螨(或特定若螨期)都寄生于水生昆虫或其他无脊椎动物;若螨自由活动,搜寻宿主;成螨自由生活,扑食其他小型无脊椎动物或卵。

11.524　携播螨类　phoretic mites
通过另一生物进行传播和扩散的螨类,它

们之间没有寄生关系。携播螨类常有特殊构造以便附着在传播者体外。如尾足螨的肛柄、粉螨休眠体的肛吸盘等。

11.525　储藏物螨类　stored product mites
生活环境为各类储藏物,包括储粮及食品,如粉螨、肉食螨、尘螨等。可危害储藏食品、中成药等,也可引起人体皮炎或哮喘等疾病。

11.526　土壤螨类　soil mites
生活于土壤内、土壤表层的枯枝落叶和腐烂有机物中,以及生活于苔藓、地衣等植物的螨类。取食各种菌类、藻类或腐烂的植物碎屑,也包括土壤中捕食性生活的螨类。如甲螨、真足螨、尾足螨及部分跗线螨等。

11.527　捕食性螨类　predacious mites
以捕食其他动物为生的螨类。生活于地面的螨类捕食小型节肢动物及其卵、线虫,如巨螯螨等。生活于植物的种类,捕食小型昆虫、螨类及其卵。如植绥螨、长须螨、巨须螨等。

11.528　粪食性螨类　coprophagous mites
取食动物粪便或排泄物的螨类。

11.529　腐食性螨类　saprophagous mites
取食腐烂动、植物的螨类。如甲螨在森林内取食腐植质,尘螨取食脱落的皮屑等。

11.530　尸食性螨类　necrophagous mites
取食动物尸体的螨类。

11.531　菌食性螨类　mycetophagous mites, mycophagous mites
取食各种菌类的螨类,如取食真菌、藻类、细菌等。很多甲螨、粉螨、尾足螨等都是菌食性螨类。

11.532　植食性螨类　phytophagous mites
取食活体植物及其果实或加工品等,如叶螨、瘿螨、跗线螨和粉螨等。这些螨类大都对农、林作物造成危害。

11.533　杂植食性螨类　panphytophagous mites

既可取食腐烂的植物又可取食微生物的螨类。

11.534　微植食性螨类　microphytophagous mites

专门取食微小植物,即取食微生物的螨类。

11.535　寄生性螨类　parasitic mites

生活史各期或部分时期寄生于脊椎或无脊椎动物的体内、外,吸食动物血液或以体液为生。如蜱、革螨、恙螨、疥螨等,这些螨类常传播各种病原体,引起人畜疾病。大蜂螨和蜂盾螨寄生于蜜蜂的体外和气管,引起蜜蜂死亡,危害养蜂业。

11.536　外寄生螨类　ectoparasitic mites

寄生于动物体或人体外的螨类。如皮刺螨在宿主体表吸血,蒲螨在鳞翅目幼虫如家蚕、红铃虫体表吸取体液。

11.537　内寄生螨类　endoparasitic mites

寄生于动物体或人体内的螨类,如肺刺螨寄生于宿主的呼吸道内。

11.538　一宿主蜱　one-host tick

又称"单宿主蜱"。生活史各期均在同一宿主上度过,即从幼蜱开始在宿主上吸血,后蜕变为若蜱继续吸血,再蜕变为成蜱,直到成蜱饱血后再离开宿主。

11.539　二宿主蜱　two-host tick

幼蜱吸血,蜕变为若蜱以及若蜱吸血都在同一宿主上进行,若蜱饱血后才离开宿主,落地蜕变为成蜱,再寻找另一宿主吸血,一生中需要两个宿主。

11.540　三宿主蜱　three-host tick

幼蜱在一个宿主上吸血,饱血后落地蜕变为若蜱。若蜱再爬到另一宿主上吸血,饱血后落地蜕变为成蜱。成蜱再寻找第三个宿主吸血。一生中需要三个宿主。

11.541　医学蜱螨学　medical acarology

研究与人类疾病有关的蜱螨及其防治的科学。

11.542　蜱媒脑炎　tick-borne encephalitis

又称"森林脑炎(forest encephalitis, spring-summer encephalitis)"。是一种自然疫源性疾病,主要发生于森林地带,其病原体为森林脑炎病毒,由蜱叮咬而传播。

11.543　凯萨努森林病　Kyasanur forest disease

在印度热带雨林中发现此病,使猴类大量死亡,也能致人死命。是一种自然疫源性疾病,其病原体为蜱媒脑炎病毒群的一种,由蜱叮咬而传播。

11.544　兰加特脑炎　Langat encephalitis

该病发现于马来西亚兰加特森林中,其病原体为兰加特病毒,由蜱叮咬而传播。

11.545　肾综合征出血热　haemorrhagic fever with renal syndrome, RSHF

又称"流行性出血热"。一种自然疫源性疾病,病原体为流行性出血热病毒,鼠类为主要的传染源,主要为动物源性传播,经革螨和恙螨在鼠间传播,对保持、扩大疫源地起重要作用。症状有发热、出血和肾脏损害。

11.546　克里木－刚果出血热　Crimean-Congo haemorrhagic fever

又称"蜱媒出血热","新疆出血热"。一种自然疫源性疾病,其病原体为克里木－刚果出血热病毒,蜱类为其传播媒介。

11.547　北亚蜱媒斑疹热　rickettsiosis sibirica

是一种自然疫源性疾病,其病原体为北亚

蜱媒斑疹热立克次氏体,由蜱叮咬而传播。

11.548 落基山斑疹热 Rocky Mountain spotted fever
是一种自然疫源性疾病,其病原体为立克次氏体,由蜱叮咬而传播。

11.549 Q热 Q fever
是一种自然疫源性疾病,其病原体为Q热立克次氏体,多途径感染人,偶由蜱叮咬而传播。

11.550 莱姆病 Lyme disease
是一种自然疫源性疾病,其病原体为伯氏包柔螺旋体(*Borrelia burgdorefi*),传播媒介为硬蜱。症状早期以慢性游走性红斑为主,中期表现神经系统及心脏异常,晚期主要是关节炎。

11.551 蜱媒回归热 tick-borne recurrens, spirochaetosis
病原体为包柔螺旋体,由钝缘蜱叮咬而传播。

11.552 蜱传麻痹症 tick-borne paralysis
又称"蜱瘫"。蜱在吸血过程中,唾液所含毒素注入宿主体内,引起麻痹。

11.553 布鲁菌病 brucellosis
由布鲁氏杆菌所引起的疾病,传染源以家畜为主,接触传染为主要途径,它们在蜱体内有繁殖和感染的能力。

11.554 土拉菌病 tularaemia
又称"兔热病"。是一种人畜共患的自然疫源性疾病,其病原体为土拉热杆菌,主要传染源为野兔及鼠类,蜱为传播媒介。

11.555 巴贝虫病 babesiasis
为人和家畜共患的寄生原虫病,其病原体为巴贝虫,有多种传播方式,蜱的叮咬是重要的传播方式之一。

11.556 梨浆虫病 piroplasmosis
为家畜寄生原虫病,其病原体为梨浆虫,蜱为传播媒介。

11.557 泰勒虫病 theileriasis
为家畜寄生原虫病,其病原体为泰勒虫,蜱为传播媒介。

11.558 血尿热 red-water fever
家畜感染巴贝虫病、梨浆虫病和泰勒虫病等寄生原虫后,病原体寄生在血液的红细胞中,大量红细胞被破坏,因而出现血尿和贫血,患畜体温高达40℃以上。

11.559 螨病 acariasis, acaridiasis, acarinosis
由于螨类寄生而引起的疾病,包括叮咬而致变态反应引起的螨源性疾病和螨类作为媒介传播病原体而引起的螨媒性疾病。

11.560 螨性变态反应 mite sensitivity
由螨本身及其分泌物、蜕皮和尸体作为过敏原而引起的过敏反应。

11.561 螨性皮炎 acarodermatisis
受螨类的侵袭或接触到螨类的分泌物、排泄物和尸体等,皮肤出现红斑、丘疹及水疱等症状。引起螨性皮炎的螨类有革螨、恙螨、粉螨和尘螨等。

11.562 恙螨皮炎 trombiculosis
被恙螨幼螨叮咬后,人体对恙螨唾液产生的一种皮肤过敏反应。

11.563 恙虫病 tsutsugamushi disease, scrub typhus
一种急性传染病,由恙螨幼螨叮咬人体传入病原体——恙虫病立克次氏体后导致的自然疫源性疾病。

11.564 恙虫病立克次氏体 *Rickettsia tsutsugamushi*
恙虫病的病原体,在恙螨体内繁殖,经多期

和卵传递至下一代,在宿主动物和人体的有核细胞内寄生、繁殖和致病。

11.565 恙螨[立克次氏体]热 chigger-borne rickettsiosis
又称"恙螨[斑疹]热(chigger-borne typhus, trombityphosis, trombiculiasis)"。被恙螨幼螨叮咬后,感染了恙虫病立克次氏体而产生的持续性发热,头疼,皮肤出现斑疹或溃疡,淋巴节肿大等症状。

11.566 茎口 stylostome
恙螨幼螨螯肢刺入皮肤经唾液溶解,出现坏死性环圈,形成的管状通道。

11.567 蠕形螨病 demodicidosis
又称"蠕螨症"。人或家畜感染蠕形螨后,可引起蠕形螨性酒渣鼻、睑缘炎、外耳道痒、面部毛囊虫皮炎和口周皮炎,蠕形螨出入毛囊易使化脓性细菌侵入,引起毛囊炎、皮脂腺炎等。

11.568 肺螨症 pulmonary acariasis
螨类经呼吸道侵入人体呼吸系统引起的疾病。引起肺螨症的螨类主要有粉螨和跗线螨。

11.569 肠螨症 intestinal acariasis
由粉螨随其污染的食物被人吞食后,寄生于肠道所引起的消化系统症状。

11.570 疥疮 scabies
由于皮肤被疥螨寄生,挖掘"隧道"的机械刺激,及其分泌物和排泄物引起的过敏反应,感染者皮肤刺痒,形成丘疹、水疱、脓疱等皮肤症状。

11.571 农业螨类学 agricultural acarology
简称"农螨学"。研究与农业有关的螨类及有害螨类的防治和有益螨类利用的学科。

11.572 毛瘿 erineum, erinea(复)
又称"毛毡"。由瘿螨刺吸植物后在叶面形成的毛毡状物。

11.573 樱桃斑驳叶病 cherry mottle leaf
由凸植羽瘿螨(*Phytoptus inaequalis*)从桃叶上传播病毒至樱桃,引起被害叶呈斑驳状。

11.574 蔷薇丛枝病 rose rosette
由果叶刺瘿螨(*Phyllocoptes fructiphilus*)将病毒传至蔷薇,引起基部副芽处嫩枝丛生,最终使嫩叶部分或全部变红。

11.575 小麦条纹花叶病 wheat streak mosaic
由郁金香瘤瘿螨(*Aceria tulipae*)传播病毒至小麦植株,造成黄绿色或黄色条纹,生长受阻或组织坏死。病毒也可传播至大麦、燕麦、玉米、荞麦或一年生杂草。

11.576 丛缩病 brooming
又称"丛枝病"。由瘿螨引起的嫩枝丛生或枝端节间缩短。

11.577 桃花叶病 peach mosaic
由桃植羽瘿螨(*Phytoptus insidiosus*)传播至桃树,使叶芽过度生长,节间缩短,叶呈花叶状且皱缩变形。

11.578 无花果花叶病 fig mosaic
无花果瘿螨(*Eriophyes ficus*)传播病毒至无花果,使无花果叶出现不同大小、界限分明的黄色斑点,致果实提前脱落。

11.579 柑桔同心环纹枯病 concentric ring blotch of citrus
柑桔叶片受害后呈同心环纹状,由桔叶丽瘿螨(*Calacarus citrifolii*)传播。

11.580 柯氏液 Koenike's solution
螨类标本保存液,用冰醋酸、甘油和蒸馏水配成。

11.581 伦氏液 Lundlad's solution

蟎类标本组织消解液,制片时用于溶解体内组织。

11.582　凯氏液　Keifer's solution
适用于瘿蟎的标本封固液,由水合氯醛、山梨醇、石炭酸、碘、碘化钾和水组成。

11.583　霍氏封固液　Hoyer's medium
蟎类标本常用的封固液,由阿拉伯胶、甘油、水合氯醛和水组成。

英 汉 索 引

A

abdomen　腹部　03.374, 腹[部]　11.108
abdomere　腹节　03.375
abdominal comb　腹栉　03.377
abdominal ganglion　腹神经节　04.087
abdominal gill　腹鳃　03.420
abdominal gland　腹腺　04.195
abdominal leg　腹足　03.376
abdominal segment　腹节　03.375
abductor　展肌　04.029
abductor muscle　展肌　04.029
abiotic component　非生物因子　06.003
abiotic factor　非生物因子　06.003
abjugal suture　前侧缝　11.237
abundance　多度，＊丰度　06.102
acanthoides　荆毛　11.412
acanthotaxy　刺序　03.401
Acari　蜱螨亚纲　11.491
acariasis　螨病　11.559
acaridiasis　螨病　11.559
Acaridida　＊粉螨目　11.499
Acariformes　＊真螨目　11.493
acarine disease　蜂螨病　10.048
acarinosis　螨病　11.559
acarodermatisis　螨性皮炎　11.561
accessory antennal nerve　附触角神经　04.065
accessory burrow　副穴　07.153
accessory cell　副室　03.365
accessory groove　副沟　11.246
accessory plate　副肛侧板　11.220
accessory prong　＊副爪　11.039
accessory seta　副毛　11.388
accidental host　偶见宿主　10.071
acephalous larva　无头幼虫　05.049
acetabula（复）　基节窝，＊基节臼　03.253
acetabular plate　殖吸盘板　11.193

acetabulum　基节窝，＊基节臼　03.253
acetylation　乙酰化作用　09.157
acetylcholine　乙酰胆碱　09.094
acetylcholine receptor　乙酰胆碱受体　09.137
acetylcholinesterase　乙酰胆碱酯酶　09.095
acetylcholinesterase reactivation　乙酰胆碱酯酶复活
　[作用]　09.101
AChE　乙酰胆碱酯酶　09.095
acone eye　无晶锥眼　04.114
acoustic communication　声通讯　07.238
acoustic signal　听觉信号　07.239
acridiommatin　蝗眼色素　08.118
acridioxanthin　蝗黄嘌呤　08.104
acrodendrophily　嗜树梢性　07.045
acrosomal granule　顶体颗粒　04.287
across fiber patterning　跨纤维传导型　08.270
acrostichal bristle　中鬃　03.190
acrotergite　端背片　03.196
acrotrophic ovariole　端滋卵巢管　04.266
Actinedida　＊辐螨目　11.498
Actinochaeta　＊复毛类　11.493
actinopiline　光毛质　11.409
Actinotrichida　辐毛总目　11.493
activation　活化作用　09.055
activation center　激活中心　05.139
active hypopus　活动休眠体　11.481
actograph　活动图　07.067
acute paralysis　急性麻痹病　10.059
acute toxicity　急性毒性　09.003
acute zone　锐带　04.109
adanal plate　肛侧板　11.216
adanal pore　肛侧孔　11.218
adanal seta　肛侧毛　11.217
adanal shield　肛侧板　11.216
adductor　收肌　04.030

・145・

adductor muscle 收肌 04.030

adecticous pupa 无颚蛹 05.068

adelphoparasitism 自复寄生 06.140

adenotrophic viviparity 腺养胎生 05.125

adenylluciferin 腺苷酰萤光素 08.016

adenyloxyluciferin 腺苷酰氧化萤光素 08.017

adfrontal sclerites 旁额片 03.070

adfrontal suture 旁额缝 03.071

adhesive organ 黏毛 03.274

adipocyte 脂肪细胞 04.203

adipohaemocyte 脂血细胞 04.225

adipohemocyte 脂血细胞 04.225

adipokinetic hormone 激脂激素 08.198

adipose tissue 脂肪体 04.202

adoral seta 口侧毛 11.078

adrenergic fiber 肾上腺素能神经纤维 04.106

adult 成虫 05.073, 成螨, *成蜱 11.475

aedeagus 阳茎[端] 03.476

aerial larva 气生幼螨 11.483

aeropyle 气洞 03.540

aeroscepsy 声嗅感觉 08.264

aerotaxis 趋气性 07.030

aestivation 夏蛰 05.022

afferent duct 导精管 04.277

afferent neuron 传入神经元 04.095

Afrotropical Realm 非洲界 02.133

after-hyperpolarization potential 超极化后电位
08.278

age-specific life table 年龄特征生命表 06.086

aggenital-anal plate 侧殖肛板 11.204

aggenital plate 侧殖板 11.202

aggenital seta 侧殖毛 11.203

aggregation 聚集 07.057

aggregation pheromone 聚集信息素 07.188

aggressive behavior 攻击行为 07.129

aggressive mimicry 攻击拟态 07.147

aggressive phonotaxis 攻击趋声性 07.032

aging of acetylcholinesterase 乙酰胆碱酯酶老化
09.100

agricultural acarology 农业螨类学, *农螨学
11.571

agricultural entomology 农业昆虫学 01.004

air-borne sound 气导声 08.265

air-flow receptor 气流感受器 04.152

air sac 气囊 04.246

air vesicle 气囊 04.246

AKH 激脂激素 08.198

ala 翼状突 11.444

alae（复） 翼状突 11.444

alaraliae 翅桥 03.206

alar calypter 上腋瓣 03.332

alar frenum（拉） 翅韧带 04.041

alaria 背翅突 03.203

alariae（复） 背翅突 03.203

alarm pheromone 警戒信息素 07.191

alary muscle 心翼肌 04.031

alary polymorphism 翅多型 05.117

alert pheromone 警戒信息素 07.191

alienicola 侨蚜 05.118

alienicolae（复） 侨蚜 05.118

aliesterase 脂族酯酶 09.108

alifer 侧翅突 03.224

alimentary castration 营养性不育 08.238

alkaline gland 杜氏腺 04.022

allantoic acid 尿囊酸 08.065

allantoin 尿囊素 08.063

allatectomy 咽侧体切除术 08.185

allatostatin 抑咽侧体神经肽 08.193

allatotropin 促咽侧体神经肽 08.192

allelochemicals 异种化感物, *他感化合物
07.174

allelochemics 异种化感物, *他感化合物 07.174

allelopathy 异种化感, *他感作用 06.216

allochronic species 异时种 02.084

alloiogenesis *异态交替 05.099

allometroses（复） 杂合群体 06.159

allometrosis 杂合群体 06.159

allometry 异速生长 05.055

allomone 益己素 07.175

allopatric distribution 异域分布 06.078

allopatric speciation 异域物种形成 02.075

allopatry 异域分布 06.078

alloscutum 异盾 11.118

allotype 配模 02.115

ALP 蚜虫致死麻痹病 10.114

alpha lobe α叶 04.048

alpha taxonomy α分类 02.005

alternate host 替代宿主 10.072

alternation of generations 世代交替 05.099

alternative substrate inhibition 交替底物抑制
  09.082

alula 翅瓣 03.304

alulae（复） 翅瓣 03.304

aluler 翅瓣 03.304

alveoli（复） 毛窝 03.400

alveolus 毛窝 03.400

ambrosia 虫道菌圃 06.193

ambulacra（复） 步行足 03.275，步爪 11.297

ambulacral organ 步行器 11.300

ambulacrum 步爪 11.297

ambulatorial leg 步行足 03.275

ambulatorial seta 步刚毛 03.395

ambush 伏击 07.127

ameiotic parthenogenesis 非减数孤雌生殖 05.104

amenotaxis 趋风性 07.029

amensalism 偏害共生 06.176

American foulbrood 美洲幼虫腐臭病 10.049

Ametabola 无变态类 02.152

ametabola *无变态 05.011

aminoacidemia 高氨酸血［症］ 08.023

ammophilous group 沙栖类群 06.072

amoeba disease 变形虫病 10.051

amphigonic female 有性雌蚜，*产卵雌蚜
  05.113

amphigony *两性生殖 05.033

amphipneustic respiration 两端气门呼吸 08.052

amphiterotoky 产雌雄孤雌生殖 05.105

ampullaceous sensillum 坛形感器 04.139

Amyelois transitella chronic stunt disease 脐橙螟慢
  性矮缩病 10.116

anabiosis 间生态 06.218

Anactinochaeta *单毛类 11.492

Anactinotrichida 非辐毛总目 11.492

anagenesis 累变发生，*前进进化 02.045

anal angle 臀角 03.295

anal appendage 肛附器 03.487

anal cleft 臀裂 03.461

anal comb 臀栉 03.459

anal fold 臀褶 03.297

anal fork 尾叉 03.458

anal gland 肛门腺 03.470

anal groove 肛沟 11.224

anali（复） 肛门 03.471

anal lobe 臀叶 03.303

anal orifice 肛门 03.471

anal pads 肛垫 03.472

anal papilla 肛乳突 03.469

anal papillae（复） 肛乳突 03.469

anal pedicel 肛柄 11.228

anal plate 臀板 03.456，肛板 11.207

anal region 臀区 03.300

anal segment 肛节 03.464

anal seta 肛毛 11.209

anal shield 肛板 11.207

anal sucker 肛吸盘 11.215

anal sucker plate 肛吸盘板 11.214

anal valva 肛瓣 11.208

anal vein 臀脉 03.349

anamorphosis 增节变态 05.010

anapleurite 上基侧片 03.217

anastomosis 并脉 03.361

anatrepsis 胚体上升，*反向移动 05.162

anautogeny 非自发性生殖 08.241

anchoral process 锚突 11.012

androcidal action 杀雄作用 10.150

androconia 香鳞 03.289

anellus 阳茎端环 03.507

anepimeron 上后侧片 03.214

anepisternum 上前侧片 03.211

anholocyclic species *不全周期种 05.100

ankyloblastic germ band 弯胚带 05.143

anogenital plate 殖肛板 11.182

Anoplura 虱目，*虱 02.170

antacoria 角基膜 03.080

antagonism 拮抗作用 09.057

antagonistic bristle 拮鬃 11.044

antapical palpal seta 须肢底毛 11.052

antapical seta *底毛 11.052

anteclypeus 前唇基 03.167

antecostal sulcus 前脊沟 03.193

antelateral seta 前侧毛 11.368

antenna 触角 03.078

antenna cleaner　净角器　03.283

antennae（复）　触角　03.078

antennal fossa　触角窝　03.079

antennal glandularia　触腺毛　11.394

antennal lobe　触角叶　04.064

antennal neuron　触角神经元　04.100

antennal socket　触角窝　03.079

antennifer　支角突　03.081

antepygidial bristle　臀前鬃　03.457

antepygidial setae　臀前鬃　03.457

anterior apodeme　前表皮内突　11.351

anterior dorsal commissure　前连索　04.060

anterior dorsal seta　前背毛　11.361

anterior exobothridial seta　*感器窝前外毛
　　11.419

anterior genuala　前膝毛　11.274

anterior medial seta　前中毛　11.365

anterior notal wing process　前背翅突　03.204

anterior shield lobe　前叶突，*前板叶　11.349

anterior tibiala　前胫毛　11.282

anterolateral seta　前侧毛　11.368

anteromedian projection　前中突　11.135

anteromedian seta　前中毛　11.365

anthogenesis　产雌雄孤雌生殖　05.105

anthophila　喜花类　07.102

anthophily　传粉作用　07.103

anti-attractant　抗引诱剂　07.222

antiaxial fissure　助螯器缝　11.074

antibiosis　抗生作用　06.214

anticholinesterase agents　抗胆碱酯酶剂　09.105

antidiuretic hormone　*抗利尿激素　08.208

antidiuretic peptide　抗利尿肽　08.208

antifreeze protein　抗冻蛋白　08.144

antiinsect antibiotic　杀虫抗生素　10.148

antixenosis　排拒作用　06.215

antrum　导管端片　03.532

anus　肛门　03.471

Anystina　大赤螨亚目　11.505

aorta　大血管　04.206

apamin　蜂神经毒肽　08.081

apansporoblast　*非多孢子母细胞　10.182

apheredermes　无壳型　11.486

aphidilutein　蚜黄液　08.074

aphid lethal paralysis　蚜虫致死麻痹病　10.114

aphins　蚜色素　08.107

aphrodisiac　催欲素　07.227

apical angle　顶角　03.294

apical appendage　端附器　03.455

apidaecin　蜜蜂抗菌肽　10.020

apimyiasis　蜜蜂蝇蛆病　10.052

apitoxin　蜂毒　08.080

apneumone　偏益素　07.178

apodeme　表皮内突　03.020

apolipoprotein　脱脂载脂蛋白　08.142

apolysis　皮层溶离　08.054

apomictic parthenogenesis　非减数孤雌生殖
　　05.104

apomorphy　衍征　02.032

apopheredermes　离壳型　11.484

aposematic coloration　警戒色　07.134

apotele　*趾节　11.038

apotype　补模　02.125

appendage　附肢　03.028

appendotomy　自残　07.155

appetitive flight　琐飞　07.054

applied entomology　应用昆虫学　01.003

apposition eye　联立眼　04.110

apposition image　联立像　08.261

appresorium　附着胞　10.156

apron　生殖帷　11.445

aptera　无翅形体　11.325

Apterygota　无翅亚纲　02.140

aquatic entomology　水生昆虫学　01.008

archetype　原始型　02.052

arculus　弓脉　03.360

areae porosae dorsosejugales　背颈缝孔区　11.321

areae porosae laterales　侧孔区　11.322

area porosa　*孔区　11.026

areolae　辐孔区　11.317

areoles　副室　03.365

armature　体刺　03.392

arolanna　中垫　03.272

arolannae（复）　中垫　03.272

arolella　中垫　03.272

arolia（复）　中垫　03.272

arolium　中垫　03.272

arrestant 滞留素 07.224

arrhenotoky 产雄孤雌生殖 05.106

arthrodial brush ＊关节刷 11.057

Arthropoda 节肢动物门 02.137

articulation 关节 03.094

artificial diet 人工饲料 08.038

arylester hydrolase 芳基酯水解酶 09.111

arylphorin 芳基贮存蛋白 08.126

ascovirus 囊泡病毒 10.127

aspergilosis ＊曲霉病 10.151

aspidosoma 前背 11.106

aspis 盾 11.113

assembling 会集 07.056

assembly pheromone 聚集信息素 07.188

association neuron ＊联络神经元 04.096

associative learning 联系学习 07.073

Astigmata 无气门目 11.499

astrotaxis 趋星性 07.043

asynchronous muscle 异步肌 04.036

atavism 返祖[现象] 02.043

athermobiosis 低温滞育 06.203

attacin 天蚕抗菌肽 10.019

attenuate infection 弱毒感染 10.191

attenuation 减毒作用 10.192

attractant 引诱剂 07.221

augmentation release 助增释放 06.225

auricula 耳状突 11.025

Australian Realm 澳大利亚界 02.134

autapomorphy 自有衍征 02.042

autogeny 自发性生殖 08.240

autohemorrhage ＊自出血 07.158

autolysis 自体分解 08.032

automictic parthenogenesis 自融孤雌生殖 05.102

automimicry 自拟态 07.144

autoparasitism 自复寄生 06.140

autophagocytosis 自噬作用 08.031

autotomy 自残 07.155

autotroph 自养生物 06.004

auxiliary stylet 副口针 11.421

auxiliary worker 奴工蚁 07.166

auxotropy 增养作用 08.043

AV 囊泡病毒 10.127

available name 可用名 02.117

avermectin 阿维菌素类杀虫剂 09.072

aversion learning 厌恶学习 07.075

avoidance strategy 逃避对策 06.130

axial filament 轴丝 04.289

axial prong ＊主爪 11.039

axillaries 腋片 03.308

axillary cord 腋索 03.311

axillary region 腋区 03.301

axonal projection 轴突投射 08.269

axonal transmission 轴突传导 09.098

axoneme 轴丝 04.289

azadirachtin 印楝素 09.078

B

babesiasis 巴贝虫病 11.555

bacillary paralysis 芽孢杆菌麻痹病 10.061

Bacillus thuringiensis 苏云金杆菌 10.140

bacmid 杆状病毒穿梭载体 10.105

baculovirus 杆状病毒 10.098

baculovirus expression vector system 杆状病毒表达载体系统 10.104

Balbiani ring 巴尔比亚尼环 08.295

basalare 前上侧片 03.220

basal fold 基褶 03.296

basantenna 角基膜 03.080

basement membrane 基膜 04.011

bases seta 基毛 11.009

basiconic sensillum 锥形感器 04.132

basifemur 基股节，＊基腿节 11.267

basilar sclerite 基骨片 03.301

basiproboscis 基喙 03.170

basis capituli ＊假头基 11.004

basisternum 基腹片 03.233

basitarsus 基跗节 03.263

bassianolide Ⅱ 类白僵菌素Ⅱ 10.163

Batesian mimicry 贝氏拟态 07.141

beauvericin Ⅰ　白僵菌素Ⅰ　10.162

bee bread　蜂粮　06.163

bees wax　蜂蜡　08.068

bee venom　蜂毒　08.080

behavior　行为　07.001

behavioral ecology　行为生态学　07.003

behavioral genetics　行为遗传学　07.005

behavioral plasticity　行为可塑性　07.009

behavior pattern　行为模式　07.002

behavior regulator　行为调节剂　07.216

behavior resistance　行为抗性　09.040

beta lobe　β叶　04.049

beta taxonomy　β分类　02.006

Bettlach May disease　彼得拉哈五月病　10.054

BEVS　杆状病毒表达载体系统　10.104

bimolecular rate constant　双分子速率常数　09.152

bimorphic character　二态性状　02.037

bimorphic male　二型雄螨　11.463

binominal nomenclature　双名法　02.061

bioaccumulative coefficient　生物蓄积系数　09.153

bioassay　生物测定　09.015

bioclimatic graph　生物气候图　06.037

bioclimatograph　生物气候图　06.037

biodegradability　生物降解性　09.133

biogenic amine system　生物胺系统　09.136

biogeochemical cycling　生物地球化学循环，＊物质
　　循环　06.006

biological alkylating agent　生物烷化剂　09.091

biological barrier　生物障碍　06.048

biological concentration　＊生物浓缩　06.015

biological control of insect pests　害虫生物防治
　　01.037

biological isolation　生物隔离　06.079

biological magnification　生物放大　06.015

biological species　生物学种　02.090

bioluminescence　生物发光　08.013

biomass pyramid　生物量锥体　06.013

biophage　活食者　06.049

biordinal crochets　双序趾钩　03.412

biotic component　生物因子　06.002

biotic factor　生物因子　06.002

biotic insecticide　生物杀虫剂　10.193

biotic potential　生物潜力　06.047

biting mouthparts　咀嚼式口器　03.152

biting-sucking mouthparts　嚼吸式口器　03.153

bivoltine　二化性　05.017

bivouac　临时驻栖　07.167

blastodium　芽生孢子　10.160

blastokinesis　胚动　05.161

blastospore　芽生孢子　10.160

Blattodea　蜚蠊目，＊蜚蠊，＊蟑螂　02.160

blood gill　血鳃　03.421

blue disease　蓝色病　10.055

body pore　体孔　11.314

bombycic acid　蚕蛾酸　08.066

bombykol　蚕蛾性诱醇　07.196

bombyxin　家蚕肽　08.191

bothridia（复）　感器窝，＊虫毛窝　11.414

bothridium　感器窝，＊虫毛窝　11.414

brachyblastic germ band　短胚带　05.144

brachyosis　缩短病　10.064

Brachypylina　＊短孔甲螨　11.510

bracoviruses　茧蜂病毒　10.130

bradykinin　＊舒缓激肽　08.079

brain hormone　＊脑激素　08.190

bristle　鬃　03.043

broad-spectrum insect virus　广谱昆虫病毒　10.030

bromatia（复）　蚁菌瘤　06.192

bromatium　蚁菌瘤　06.192

brood cannibalism　同窝相残　07.165

brood care　亲代照料　07.172

brooming　丛缩病，＊丛枝病　11.576

brucellosis　布鲁菌病　11.553

buccal cavity　口腔　03.146

buccula　小颊　03.118

bucculae（复）　小颊　03.118

bulbus ejaculatorius（拉）　射精管球　04.294

bursa copulatrix（拉）　交配囊　04.278

bursicon　鞣化激素　08.196

butyrylcholine esterase　＊丁酰胆碱酯酶　09.096

C

calli（复） 胝 03.338

calling 召唤 07.241

calliphorin 丽蝇蛋白 08.127

callus 胝 03.338

callus cerci 臀胝 03.463

calobiosis 同栖共生 06.172

calyces（复） 蕈体冠 04.047

calyciform cell 杯形细胞 04.183

calypter 腋瓣 03.331

calypteres（复） 腋瓣 03.331

calyx 蕈体冠 04.047

camerostoma 头窝，*颚基窝 11.018

campaniform sensillum 钟形感器 04.138

cannibalism 同类相残 07.125

cantharidin 斑蝥素 08.082

capitular apodeme 颚内突 11.011

capitular bay 颚[基]湾 11.022

capitular groove *假头沟 11.023

capitular sternum 顶胸，*颚床 11.019

capitulum *假头 11.001

capsid 壳体，*衣壳 10.086

capsomere 壳粒 10.085

capsule *荚膜 10.097

carbamate insecticides 氨基甲酸酯类杀虫剂 09.068

carbamatic hydrolase 氨基甲酸酯水解酶 09.123

carbamylation constant 氨基甲酰化常数 09.149

carboxyamidase 羧基酰胺酶，*酰胺酶 09.122

carboxylamide hydrolase 羧基酰胺酶，*酰胺酶 09.122

carboxylesterase 羧酸酯酶，*B－酯酶 09.109

carboxylic ester hydrolase 羧酸酯酶，*B－酯酶 09.109

cardia 前胃 04.179

cardiac valve *贲门瓣 04.177

cardines（复） 轴节 03.097

cardo 轴节 03.097

carnivore 食肉类 07.092

carpophage 食果类 07.088

carrier state 带毒状态，*载体状态 10.038

caste 级 06.153

catalepsy 僵住状 07.068

catatrepsis 胚体下降，*顺向移动 05.163

catch 握弹器 03.408

category 分类阶元 02.023

caterpillar 蠋 05.047

cauda 尾臀 11.160

caudal appendage 尾突 11.165

caudal filament 中尾丝 03.447

caudal gill 尾鳃 03.452

caudal leg 臀足 03.462

caudal membrane 尾臀膜 11.162

caudal plate 尾板 11.164

caudal process 尾突 11.165

caudal proleg 臀足 03.462

caudal protrusion 尾突 11.165

caudal seta 尾毛 11.159

caudal sympathetic nervous system 尾交感神经系统 04.093

cave entomology 洞穴昆虫学 01.015

C. cicadae 蝉花 10.155

cecidium 虫瘿 06.217

cecropin 天蚕素 10.018

cell 翅室 03.364

cell-released virus 细胞释放病毒 10.108

cement layer 盖表皮，*黏质层 04.003

central body 中央体 04.045

central seta 中毛 11.364

centriole adjunct 中心粒旁体 04.286

centrolecithal egg 中黄卵 05.134

cephaliger 负头突 03.182

cephalothorax 头胸部 11.107

cerci（复） 尾须 03.445

cercobranchiate 尾鳃 03.452

cercus 尾须 03.445

cerebrum 脑 04.042

cerotegument 蜡被，*盖表皮 11.308

cervical groove 颈沟 11.244

cervicalia jugular sclerites　颈片　03.180

cervical sclerites　颈片　03.180

cervicum　颈部　03.179

cervix　颈部　03.179

chaetosema　毛隆　03.044

chaetotaxy　毛序　03.393

chalk brood　幼虫白垩病　10.056

character　性状，*特征　02.041

character polarization　性状极化　02.040

ψChE　拟胆碱酯酶，*假胆碱酯酶　09.096

cheek　颊叶　11.087

cheeks　颊　03.117

chela　螯钳　11.054

chelicera　螯肢　11.053

chelicerae（复）　螯肢　11.053

cheliceral base　螯基　11.055

cheliceral brush　螯刷　11.057

cheliceral claw　*螯［肢］爪　11.054

cheliceral digit　螯趾　11.059

cheliceral guides　螯导体　11.058

cheliceral seta　螯肢毛　11.067

cheliceral shaft　*螯杆　11.055

cheliceral sheath　螯鞘，*螯盔　11.063

chelobase　螯基　11.055

chelostyle　*螯［肢］爪　11.054

chemical communication　化学通讯　07.237

chemically defined diet　化学规定饲料　08.039

chemiluminescence　化学发光　08.012

chemoreception　化学感觉　08.283

chemosensory seta　化感毛　11.408

chemosterilant　化学不育剂　09.075

chemotaxis　趋化性　07.028

chemotaxonomy　化学分类学　02.017

cherry mottle leaf　樱桃斑驳叶病　11.573

chewing mouthparts　咀嚼式口器　03.152

cheyletid mite　肉食螨　11.522

chigger-borne rickettsiosis　恙螨［立克次氏体］热
　　11.565

chigger-borne typhus　*恙螨［斑疹］热　11.565

chigger mite　恙螨，*恙虫，*沙虱　11.511

chitin　几丁质　08.057

chitinase　几丁质酶　08.157

chitin synthetase　几丁质合成酶　08.156

chitin-synthetase inhibitor　几丁质合成酶抑制剂
　　09.084

chitobiose　几丁二糖　08.060

choice behavior　选择行为　07.132

cholinergic synapse　胆碱能突触　09.099

cholinergic system　胆碱能系统　09.093

chordotonal sensillum　弦音感器　04.140

choriogenesis　卵壳发生　08.234

chorion　卵壳　05.128

chorionin　卵壳蛋白　08.139

chorion protein　卵壳蛋白　08.139

chorusing　齐鸣　07.242

chromasome　眼色素小体　08.258

chromosome puff　染色体疏松团　08.294

chronic paralysis　慢性麻痹病　10.060

chrymosymphily　喜蝎性　07.133

chrysopterin　金蝶呤　08.100

cibarial chamber　食窦，*食室　03.149

cibarium　食窦，*食室　03.149

cinnabarinic acid　朱砂精酸　08.119

circadian rhythm　昼夜节律　07.064

circle crochets　环式趾钩　03.414

circumgastric suture　围腹缝　11.233

circumoesophageal commissure　*围咽神经连索
　　04.084

cladistic analysis　支序分析　02.025

cladistics　支序分类学　02.013

cladogenesis　分支发生　02.047

cladogram　支序图　02.048

cladon　分支单元　02.046

Claparede's organ　克氏器　11.448

clasp　握弹器　03.408

clasper　抱握器　03.480

clasping　抱握　07.109

clasping leg　抱握足　03.280

class　纲　02.064

classification　分类　02.003

clava　棒节　03.086

clavi（复）　爪片　03.317

clavus　爪片　03.317

claw　爪　03.268

claw fossa　爪窝　11.304

cleavage center　卵裂中心　05.138

cleptobiosis 盗食共生 06.173

cleptoparasitism 盗食寄生 06.149

closed cell 闭室 03.366

club 棒节 03.086

clunal seta 臀毛 11.378

clypeus 唇基 03.075

coagulocyte 包囊细胞 04.226

coarctate pupa 围蛹 05.063

coccinellin 瓢虫生物碱 08.086

cocoonase 茧酶 08.162

codlemone 苹果小卷蛾性诱剂 07.202

coeloconic sensillum 腔锥感器 04.134

coevolution 协同进化 02.057

coexistence 共存 06.168

cold hardiness 耐寒性，＊抗寒性 06.204

cold resistance 耐寒性，＊抗寒性 06.204

cold tolerance 耐寒性，＊抗寒性 06.204

Coleoptera 鞘翅目，＊甲虫 02.175

Collembola 弹尾目，＊跳虫 02.142

collophore 黏管 03.403

collum of rutellum 助螯器颈 11.075

colonization 群集现象 11.489

comb 蜂房 05.096

commensalism 偏利共生 06.175

common name 俗名 02.102

communal species 群居种类 07.161

competition 竞争 06.050

complementary reproductive type 补充生殖型 05.098

complete metamorphosis 全变态 05.005

compound eye 复眼 03.056

compound nest 复巢 06.160

concentric ring blotch of citrus 柑桔同心环纹枯病 11.579

condyle 髁 03.093，髁突 11.359

condyli（复） 髁突 11.359

condylus 髁突 11.359

conea 晶突 11.094

congeneric species 同属种 02.086

conical spur 锥形距 11.070

conjugation 轭合作用 09.156

conjunctivae（复） 节间膜 03.023

conjunctivum 节间膜 03.023

connexivum 侧接缘 03.390

conservation 保育，＊保护 06.226

contagious distribution 核心分布 06.109

controlled release formulation 缓释剂 09.077

convergence 趋同性 06.210

convergent evolution 趋同进化 02.055

coordinated taxis 协调趋性 07.049

Copeognatha 啮虫目，＊啮虫 02.168

coprophagous mites 粪食性螨类 11.528

coprophagy 食粪性 07.101

copulation 交尾 07.115

copulatory pouch 交配囊 04.278

corbicula 花粉篮 03.284

corbiculae（复） 花粉篮 03.284

corbiculate leg 携粉足 03.282

cordycepin 虫草菌素 10.154

Cordyceps sobolifera 蝉花 10.155

core 髓核 10.088

corium 革片 03.318

corneus point 明斑 03.328

cornicles 腹管 03.448

corniculi（复） 腹管 03.448，颚角 11.027

corniculus 腹管 03.448，颚角 11.027

cornu 基突 11.024

cornua（复） 基突 11.024

cornuti 阳茎针，＊角状器 03.489

corona 齿冠 11.082

coronal suture 冠缝 03.048

corpora allata（复） 咽侧体 04.076

corpora pedunculatum（拉） 蕈状体 04.046

corpus allatum（拉） 咽侧体 04.076

corpus cardiacum 心侧体 04.074

corpus centrale（拉） 中央体 04.045

corpus paracardiacum（拉） 心侧体 04.074

Corrodentia 啮虫目，＊啮虫 02.168

costa 前缘脉 03.342，抱器背 03.510，背脊 11.342

costae（复） 抱器背 03.510，背脊 11.342

costal margin ［翅］前缘 03.290

costal spine 前缘刺 03.334

costula 分脊 11.344

costulae（复） 分脊 11.344

co-toxicity coefficient 共毒系数 09.008

D

dance language 摆尾舞 07.246

dark adaptation 暗适应 08.244

DDT-dehydrochlorinase 滴滴涕脱氯化氢酶, *DDT 酶 09.121

decarbamylation constant 去氨基甲酰化常数 09.151

defoliating insect 食叶昆虫 07.087

degree-day 日·度 06.105

delayed neurotoxicity 迟发性神经毒性 09.004

demodicid mite 蠕形螨 11.512

demodicidosis 蠕形螨病, *蠕螨症 11.567

dendrolasin 若保幼激素 08.187

dens 叉节 03.406

density dependent factor 密度制约因子 06.054

density independent factor 非密度制约因子 06.055

densonucleosis 浓核症 10.125

densonucleosis virus 浓核病毒 10.126

densovirus 浓核病毒 10.126

dentes（复） 叉节 03.406

dentition formula 齿式 11.083

dents of proboscis 喙齿 03.164

dephosphorylation constant 去磷酰化常数 09.150

dermal gland 皮腺 04.020

Dermanyssina 皮刺螨亚目 11.501

Dermaptera 革翅目, *蠼螋 02.163

dermatophagoid mite 尘螨 11.514

dermomyositis 表皮坏死症 10.057

deserticolous group 荒漠类群 06.071

desiccation protein 干燥蛋白 08.148

desmergate 工兵蚁 05.090

destruxins 绿僵菌素 10.169

detection for resistance 抗药性检测, *抗药性诊断 09.047

deterrent 阻碍素 07.226

detoxification 解毒作用 09.056

detritivore 屑食类 07.097

deuterogyny 冬雌 11.461

deuterotoky 产雌雄孤雌生殖 05.105

deutocerebral commissure 中脑连索 04.063

deutocerebrum 中脑 04.061

deutochrysalis 第二蛹, *后蛹 11.477

deutogyne 冬雌 11.461

deutonymph 第二若螨, *后若螨 11.473

deutosternum *第二胸板 11.023

deutovarial membrane 次卵膜 11.467

deutovum 次卵, *幼虫前期 11.466

developmental membrane *发育膜 10.087

development zero 发育起点温度 06.103

DH 滞育激素 08.197

diagastric type 横腹型 11.231

diapause 滞育 06.195

diapause hormone 滞育激素 08.197

diapause protein 滞育蛋白 08.143

dichoid 分缝型 11.239

dichoptic type 离眼式 03.054

diel periodicity 昼夜节律 07.064

differentiation center 分化中心 05.140

digit 趾 11.060

digiti（复） 趾 11.060

digitus 抱器指突 03.516, 趾 11.060

digitus externus *外趾 11.062

digitus fixus 定趾 11.061

digitus internus *内趾 11.061

digitus mobilis 动趾 11.062

digoneutism 二化性 05.017

3,4-dihydroxyphenylalanine *3,4-二羟苯丙氨酸 08.121

dimorphism 二型现象 05.027

dinergate 兵蚁 05.088

dinergatogyne 兵工蚁 05.091

dinergatogynomorph 工雌蚁 05.081

diplokaryon 连核 10.183

Diplura 双尾目, *双尾虫 02.143

Diptera 双翅目 02.180

diptercin 蝇抗菌肽 10.021

directional hearing 方向听觉 08.267

directionally selective neuron 方向选择神经元

04.099

direct metamorphosis　＊直接变态　05.007

disc　盘窝　11.146

discidium　分突　11.329

discoidal cell　中室　03.368

discontinuous respiration　不连续呼吸　08.051

discriminating dose　区分剂量　09.054

disjugal suture　后侧缝　11.238

disparlure　舞毒蛾性诱剂　07.197

dispenser　散发器　07.214

dispersal　扩散　06.205

dispersal pheromone　迁散信息素　07.190

dispersion　扩散　06.205

disruptive coloration　混隐色　07.138

dissociation constant　解离常数　09.147

distiphallus　阳茎［端］　03.476

distiproboscis　端喙　03.171

dististylus　端附器　03.455

distitarsus　端跗节　11.287

ditrysian type　双孔式　03.443

diuresis　多尿　08.064

diuretic hormone　＊利尿激素　08.207

diuretic peptide　利尿肽　08.207

diurnal rhythm　昼夜节律　07.064

divergence　趋异性　06.211

divergent evolution　趋异进化　02.056

diverticulum　盲管　11.426

Division Archoribatida　原甲螨部　11.509

Division Euoribatida　真甲螨部　11.510

DNV　浓核病毒　10.126

dominance　优势度　06.114

dominant species　优势种　06.115

DOPA　多巴　08.121

dopadecarboxylase　多巴脱羧酶　08.159

dopamine　多巴胺　08.122

dopa-oxidase　多巴氧化酶，＊二元酚酶　08.158

dopase　多巴氧化酶，＊二元酚酶　08.158

dormancy　休眠，＊蛰伏　05.021

dorsal apodeme　＊背内突　11.011

dorsal blood vessel　背血管　04.208

dorsal diaphragm　背膈　04.210

dorsal furrow　背缝　11.234

dorsal hump　背瘤突　11.348

dorsalia　小背片　11.117

dorsal lobes　肤纹突　11.330

dorsal lyrifissure　背隙状器　11.319

dorsal median seta　＊背中毛　11.364

dorsal muscle　背肌　04.024

dorsal organ　背器［官］　05.149

dorsal plate　背板　11.111

dorsal platelet　小背片　11.117

dorsal pore　背孔　11.315

dorsal process　背突　11.434

dorsal prolongation　背突　11.434

dorsal propodosomal seta　前足体背毛　11.379

dorsal ridge　背脊　11.342

dorsal sensillum　背感器　11.418

dorsal seta　背毛　11.370

dorsal setation formula　背毛式　11.372

dorsal shield　背板　11.111

dorsal sinus　＊背窦　04.209

dorsal spur　＊背距　11.263

dorsal tibial seta　胫背毛　11.042

dorsal trachea　背气管　04.233

dorsal tracheal commissure　背气管连索　04.240

dorsal tracheal trunk　背气管干　04.235

dorsal tubercle　背瘤　11.346

dorsal vessel　背血管　04.208

dorsocentral bristle　背中鬃　03.191

dorsocentral furrow　背中槽　11.340

dorsocentral hysterosomal seta　后半体背中毛　11.380

dorsocentralia　背中片　11.130

dorsocentral ridge　背中脊　11.339

dorsocentral seta　＊背中毛　11.364

dorsoglandularia　背腺毛　11.397

dorsolateral hysterosomal seta　后半体背侧毛　11.381

dorsolateralia　背侧片　11.131

dorsomeson　背中线　03.008

dorsopleural line　背侧线　03.009

dorsosejugal enantiophysis　背颈沟突　11.355

dorsosejugal suture　背颈缝　11.236

dorsosublateral hysterosomal seta　后半体亚背侧毛　11.382

dorsovalvula　背产卵瓣　03.520

dorsovalvulae（复） 背产卵瓣 03.520

dorso-ventral groove 背腹沟 11.242

dorylaner 矛形雄蚁 05.087

dosage-response relationship 剂量与反应关系 09.130

dose response 剂量反应 09.065

double infection 双重感染 10.045

double sampling 双重抽样法 06.065

dromyosuppresin 果蝇抑肌肽 08.216

Drosophila sigma virus 果蝇西格马病毒 10.132

drosopterin 果蝇蝶呤 08.103

drosulfakinin 果蝇硫激肽 08.217

drumming reaction 敲击反应 07.105

ductus bursae（拉） 囊导管 04.255

ductus ejaculatorius（拉） 射精管 04.293

ductus seminalis（拉） 导精管 04.277

Dufour's gland 杜氏腺 04.022

dulosis 奴役[现象] 07.124

duplex setae 双毛 11.389

dust mite 尘螨 11.514

DσV 果蝇西格马病毒 10.132

Dyar's rule 戴氏定律，* 戴氏法则 05.058

E

EAG 触角电位图 08.281

EC$_{50}$ 有效中浓度 09.032

ecdyses（复） 蜕皮 05.053

ecdysial fluid 蜕皮液 08.053

ecdysial line 蜕裂线，* 头盖缝 03.047

ecdysis 蜕皮 05.053

ecdysis triggering hormone 蜕皮引发激素 08.229

ecdysone 蜕皮素 08.171

α-ecdysone * α蜕皮素 08.171

β-ecdysone * β蜕皮素 08.172

ecdysteroids 蜕皮甾类 08.170

ecdyserone 蜕皮甾酮 08.172

eclipse period 隐蔽期 10.092

eclosion 羽化 05.071，孵化 05.072

eclosion clock 蜕壳时钟，* 羽化时钟 08.011

eclosion hormone 蜕壳激素，* 羽化激素 08.199

eclosion rhythm 蜕壳节律，* 羽化节律 08.007

ecocline 生态梯度，* 渐变群 06.075

ECOD 乙氧香豆素 O–去乙基酶 09.118

ecogenesis 生态[种]发生 06.030

ecological adaptation 生态适应 06.029

ecological amplitude 生态幅[度]，* 生态值 06.026

ecological distribution 生态分布 06.024

ecological dominance 生态优势 06.028

ecological efficiency 生态效率 06.083

ecological equilibrium 生态平衡 06.031

ecological isolation 生态隔离 06.082

ecological management 生态治理 06.221

ecological niche 生态位 06.034

ecological pyramid 生态锥体 06.014

ecological race 生态宗 02.094

ecological selectivity 生态选择性 09.051

ecological strategy 生态对策 06.032

ecological subspecies 生态亚种 02.092

ecological succession 生态演替 06.033

ecological threshold 生态阈值，* 生态阈限 06.027

ecomone 生态信息素 07.194

economic entomology * 经济昆虫学 01.003

economic threshold 经济阈值 06.220

ecophene 生态表型 06.074

ecospecies 生态种 02.091

ecosystem 生态系统 06.001

ecotone 群落交错区 06.039

ecotoxicology 生态毒理学 01.034

ecotype 生态型 06.073

ectohormone 外激素 07.180

ectoparasitic mites 外寄生螨类 11.536

ectoparasitism 外寄生 06.133

ectospermatophore 精包膜 11.439

ectosymbiosis 外共生 06.170

ED$_{50}$ 有效中量 09.022

edge effect 边缘效应 06.040

EDNH 卵发育神经激素 08.204

efferent neuron 传出神经元 04.094

efficiency of food conversion　食物转化效率　08.037

efficiency of food digestion　食物消化效率　08.036

egg　卵　05.043

egg calyx　输卵管萼　04.275

egg cap　卵盖　03.539

egg chamber　卵室　04.271

egg development neurosecretory hormone　卵发育神经激素　08.204

egg-guide　导卵器　03.523

EH　蜕壳激素，*羽化激素　08.199

ejaculatory bulb　射精管球　04.294

ejaculatory duct　射精管　04.293

ejaculatory pump　精泵　04.295

electroantennogram　触角电位图　08.281

electrophorotype of cypovirus　质型多角体病毒电泳型　10.110

electroretinogram　视网膜电位图　08.282

elytra（复）　鞘翅　03.322

elytral flange　鞘翅缘突　03.324

elytron　鞘翅　03.322

emargination　缘凹　11.120

Embioptera　纺足目，*足丝蚁　02.167

embolium　缘片　03.321

embryonic cuticle　胚胎表皮　05.151

embryonic envelope　胚胎包膜　05.152

embryonic metamere　初生节　03.025

emergence　羽化　05.071

emigration　迁出　06.207

emission　散发　07.212

empodia（复）　爪间突　03.271

empodium　爪间突　03.271

encapsulation　包囊作用，*团囊作用　10.014

endangered species　濒危种　06.123

endemic species　地方种　06.116

endite　内叶　03.031

endochorion　内卵壳　05.130

endocrine gland　内分泌腺　04.156

endocuticle　内表皮　04.008

endocuticula（拉）　内表皮　04.008

endocytosis　内吞作用　08.027

endogenital seta　内殖毛　11.189

endogenous rhythm　内源节律　07.066

endoparasitic mites　内寄生螨类　11.537

endoparasitism　内寄生　06.132

endophallus　内阳茎　03.477

endopodalia　足内板　11.151

endopodal plate　足内板　11.151

endopodal shield　足内板　11.151

endopodite　内肢节　03.035

Endopterygota　内翅类　02.147

endopterygotes　内翅类　02.147

endoskeleton　内骨骼　04.013

endosymbiosis　内共生　06.169

endotheca　内阳[茎]基鞘　03.482

endotoky　体内卵发育　05.036

δ-endotoxin　*δ内毒素　10.147

energid　活质体　05.135

energy budget　能量收支　06.084

energy flow　能量流动，*能流　06.007

energy pyramid　能量锥体，*能量金字塔　06.012

enteric discharge　排胃　07.159

enterokinase　肠激酶　08.155

entocuticle　内表皮　04.008

entomogenous nematode　昆虫寄生性线虫　10.189

entomology　昆虫学　01.001

entomopathogenicity　昆虫病原性　10.027

entomophage　食虫类　07.091

Entomophthora aphidis　蚜虫疫霉　10.152

entomophyte　冬虫夏草　10.153

entomopox virus　昆虫痘病毒　10.117

entomopox virus disease　昆虫痘病毒病　10.122

entomourochrome　虫尿色素　08.110

entrainment　内外偶联　08.010

envelope　囊膜　10.087

enveloping cell　围被细胞　04.127

environmental capacity　环境容量　06.017

environmental entomology　环境昆虫学　01.007

environmental fitness　环境适度　06.019

environmental resistance　环境阻力　06.018

environmental toxicology　农药环境毒理学　01.033

epandrium　雄性生殖背板　03.431

Ephemerida　蜉蝣目，*蜉蝣　02.150

Ephemeroptera　蜉蝣目，*蜉蝣　02.150

epicephalon　上后头　03.132

epicranial arm　额缝　03.049

epicranial suture　蜕裂线，*头盖缝　03.047

Epicriina 表刻螨亚目 11.502

epicuticle 上表皮 04.004

epicuticula（拉） 上表皮 04.004

epideictic pheromone 抗聚集信息素 07.189

epidermis 真皮 04.009

epigamic behavior 求偶行为 07.112

epigamic color 性色 07.110

epigenetic period 后成期 05.038

epiglossa 内唇 03.147

epiglottis 内唇 03.147

epigynial plate 前殖板 11.186

epigynium 前殖板 11.186

epimera（复） 后侧片 03.213

epimeral plate 基节板 11.252

epimeral seta 基节板毛 11.253

epimeron 后侧片 03.213

epimeron group 基节板群，＊基节板组 11.254

epimeron pore 基节板孔 11.255

epimorphosis 表变态 05.011

epiopticon 视外髓 04.054

epiparasitism 重寄生 06.139

epipharyngeal sclerites 内唇片 03.155

epipharynx 内唇 03.147

epiphysis 前胫突 03.261

epipleura（复） 缘折 03.323

epipleurite 上侧片 03.219

epipleuron 缘折 03.323

epipodite 上肢节 03.033

epiproct 肛上板 03.466

epiprosoma 足前体 11.105

epiroglandularia 基节腺毛 11.401

episematic color 辨识色 07.136

episterna（复） 前侧片 03.209

episternum 前侧片 03.209

epistoma 口上片 03.123

epistomal suture ＊口上沟 03.077

epistome ＊口上板 11.002

epitracheal gland 气管上腺 04.238

epoxide hydrolase 环氧[化]物酶 09.110

EPSP 兴奋性突触后电位 08.277

EPV 昆虫痘病毒 10.117

eremoparasitism 独寄生 06.145

eremophilus group 荒漠类群 06.071

ereynetal organ 蝓螨器 11.451

ergatandromorph 工雄蚁 05.086

ergate 工蚁 05.082

ergatogyne 无翅雌蚁 05.085

ergatoid 拟工蚁 05.089

erinea（复） 毛瘿，＊毛毡 11.572

erineum 毛瘿，＊毛毡 11.572

eriophyoid mite 瘿螨 11.518

erythroaphin 蚜红素 08.108

erythropsin 眼红素 08.115

erythropterin 红蝶呤 08.101

ETH 蜕皮引发激素 08.229

Ethiopian Realm ＊埃塞俄比亚界 02.133

ethogenetics 行为遗传学 07.005

ethogramme 行为图表 07.013

ethophysiology 行为生理学 07.004

ethoxylcumarin O-dethylase 乙氧香豆素 O-去乙基酶 09.118

etiology 病因学 10.004

eucone eye 晶锥眼 04.112

eucone ommatidum 晶锥眼 04.112

eugenital opening 真殖孔 11.187

eugenital seta 真殖毛 11.188

eumelanin 真黑色素 08.096

eupathidia（复） 荆毛 11.412

eupathidium 荆毛 11.412

eupheredermes 真壳型 11.485

euplantula 跗垫 03.267

Eupodina 真足螨亚目 11.504

European foulbrood 欧洲幼虫腐臭病 10.050

euryecious species 广幅种，＊广适种 06.121

eusocial insect 真社会性昆虫 06.154

eusternum 主腹片 03.231

eutrochantin 基侧片 03.216

eutrophapsis 哺幼性 07.164

eutrophication 富营养作用 08.044

evolutionary novelty 进化新征 02.044

evolutionary species 进化种 02.089

evolutionary strategy 进化对策 06.209

evolutionary taxonomy 进化分类学 02.012

excitatory postsynaptic potential 兴奋性突触后电位 08.277

exite 外叶 03.032

xobothridial seta 感器窝外毛 11.419

exo-brevicomin 西部松小蠹诱剂 07.209

exochorion 外卵壳 05.129

exocone eye 外晶锥眼 04.113

exocrine gland 外分泌腺 04.158

exocuticle 外表皮 04.006

exocuticula（拉） 外表皮 04.006

exocytosis 胞吐作用 08.028

exogenous rhythm 外源节律 07.065

exopodal plate 足外板 11.152

exopodite 外肢节 03.034

Exopterygota 外翅类 02.146

exopterygotes 外翅类 02.146

exoskeleton 外骨骼 03.011

exotic species 外来种 06.118

exotoky 体外卵发育 05.037

α-exotoxin α外毒素，*卵磷脂酶 10.145

β-exotoxin β外毒素，*耐热外毒素 10.146

exotrysian type 外孔式 03.444

exploratory learning 潜伏学习 07.074

ex situ conservation 异地保育，*易地保护 06.228

exterior respiration 外呼吸 08.048

external chiasma 外交叉 04.058

external genual seta 外膝毛 11.278

external malae *外磨叶 11.027

extra-intestinal digestion 肠外消化 08.034

extra-oral digestion 口外消化 08.033

extratemporal seta 外颞毛 11.140

exuvia（复） 蜕 05.054

exuvial gland 蜕皮腺 04.012

exuvium 蜕 05.054

eye 眼，*眼点 11.090

eye bridge 眼桥 11.093

eye-brow *假眉 11.132

eye plate 眼板 11.092

eyeshine 眼耀 08.245

F

face 颜面 03.073

facet 小眼面 03.061

facia（复） 颜面 03.073

facial carina 颜脊 03.074

facilitation 易化 08.006

facultative diapause 兼性滞育 06.197

facultative parasitism 兼性寄生 06.135

facultative parthenogenesis 兼性孤雌生殖 05.110

facultative pathogen 兼性病原体 10.026

facultative pathogenic bacteria 兼性病原性细菌 10.138

false ovipositor 伪产卵器 03.531

false spider mite 细须螨 11.516

false vein 伪脉 03.359

family 科 02.067

famuli（复） 芥毛 11.411

famulus 芥毛 11.411

fat body 脂肪体 04.202

fat cell 脂肪细胞 04.203

fauna 动物区系 02.129

feather claw 羽状爪 11.298

feathered seta 栉毛，*梳毛 11.392

fecula 虫粪 08.061

fecundity 繁殖力 06.095

feeding stimulant 助食素 07.218

femora（复） 股节，*腿节 03.257,11.266

femorala 须股毛 11.047

femoral seta 须股毛 11.047

femorogenu 股膝节 11.270

femur 股节，*腿节 03.257,11.266

femur-genu 股膝节 11.270

fenestra 生殖窗，*膜孔，*透明斑 03.485

fenestrae（复） 生殖窗，*膜孔，*透明斑 03.485

fertility 生育力 06.094

festoon 缘垛 11.121

fibrillar muscle 纤维肌 04.034

fibroin 丝心蛋白 08.128

fibroinase 丝心蛋白酶 08.161

fig mosaic 无花果花叶病 11.578

figure direction cell 图形检测细胞 04.097

fila ovipositoris 产卵丝 03.530

file 音锉 03.417

filter chamber 滤室 04.186

filter feeder 滤食类 07.096

finite rate of increase 周限增长率 06.099

fixed chela 定趾 11.061

fixed digit 定趾 11.061

flabellum 中舌瓣 03.156

flacherie 软化病 10.058

flagellar segment 鞭小节 03.085

flagellomere 鞭小节 03.085

flagellum 鞭节 03.084，鞭毛 04.288

flash coloring 瞬彩 07.139

flashing light 闪光 07.106

flight muscle 飞行肌 04.033

follicle cell 卵泡细胞 04.272

follicle patency 卵泡开放 08.233

follicle-specific protein 卵泡特异蛋白 08.138

food chain 食物链 06.008

food channel 食物道 03.157

food competition 食物竞争 06.051

food habit 食性 07.080

food meatus 食物道 03.157

food preference 嗜食性 06.052

food web 食物网 06.009

foraging 觅食 07.055

foraging strategy 觅食策略 06.164

foramen magnum 后头孔 03.141

forceps 尾铗 03.446

forcipes（复） 尾铗 03.446

foreleg 前足 03.250

forensic entomology 法医昆虫学 01.014

forest encephalitis *森林脑炎 11.542

forest entomology 森林昆虫学 01.005

formamidine 甲脒类杀虫剂 09.071

formicary 蚁巢 05.095

formulation 剂型 09.076

fossa 爪窝 11.304

fossary seta 爪窝毛 11.305

fossorial leg 开掘足 03.278

four epimeral group *四基节板群 11.254

fovea 盾窝 11.456

foveal gland 盾窝腺 11.457

fovea pedales 足窝 11.250

frass 虫粪 08.061

free pupa 离蛹，*裸蛹 05.064

frenulum 翅缰 03.371

fringe 缘毛，*缨毛 03.335

fringe habitat 边缘生境 06.023

frons 额 03.065

front 额 03.065

frontal elevation *额瘤 03.088

frontal ganglion 额神经节 04.068

frontalin 南部松小蠹诱剂 07.210

frontal lunule *额眉片 03.068

frontal nerve 额神经 04.069

frontal plate 额片 11.096

frontal seta 额毛 11.138

frontal suture 额缝 03.049

frontal tubercle 额突 03.069

frontal vitta 间额 03.067

frontoclypeal suture 额唇基沟 03.077

frontoclypeus 额唇基 03.076

frontogenal suture 额颊沟，*角下沟 03.116

fulturae 舌悬骨 03.154

functional response 功能反应 06.128

fundatrices（复） 干母 05.111

fundatrigenia 干雌 05.116

fundatrigeniae（复） 干雌 05.116

fundatrix 干母 05.111

funicle 索节 03.087

furca 刺突 03.409

furcae（复） 刺突 03.409

furcula 弹器，*跳器 03.404

furcular base 弹器基 03.405

fusi（复） 吐丝器 03.176

fusolin 纺锤体蛋白 10.121

fusus 吐丝器 03.176

G

GABA receptor　γ-氨基丁酸受体　09.138

galea　外颚叶　03.099，＊外叶　11.063

galeal seta　螯鞘毛，＊螯盔毛，＊外叶毛　11.064

gall　虫瘿　06.217

Gamasida　＊革螨目　11.497

gamic female　有性雌蚜，＊产卵雌蚜　05.113

gamma taxonomy　γ分类　02.007

gamogenesis　有性生殖　05.033

ganglionic commissure　神经节连索　04.071

gaster　柄后腹　03.389

gastric caeca　＊胃盲囊　11.426

gastric ganglion　嗉囊神经节　04.083

gate　周期时限　08.009

gating current　门控电流　08.271

gena　颊　03.117

genae（复）　颊　03.117

genal comb　颊栉　03.119

genal process　颊突　03.121

genal seta　颊毛　11.086

genaponta　后颊桥　03.138

genealogy　谱系学　02.008

gene amplification　基因扩增　09.146

genera（复）　属　02.070

general entomology　普通昆虫学　01.002

generation overlap　世代重叠　06.101

generation time　世代时间　06.093

Gene's gland　＊吉氏腺　11.450

Gene's organ　吉氏器　11.450

genital acetabulum　＊殖吸盘　11.192

genital apron　生殖帷　11.445

genital area　生殖区　11.184

genital capsule　生殖囊　03.433

genital chamber　生殖腔　03.438

genital coverflap　生殖器盖片　11.195

genital field　生殖区　11.184

genital fold　生殖褶　11.196

genital groove　生殖沟　11.248

genitalia　外生殖器　03.473

genital meatus　生殖道　04.296

genital operculum　生殖盖　11.194

genital papilla　生殖乳突　11.192

genital sclerite　生殖片　11.185

genital segment　生殖节　03.424

genital shield　生殖盖　11.194

genital wing　生殖翼　11.197

genito-anal plate　殖肛板　11.182

genito-anal seta　殖肛毛　11.183

genito-ventral seta　殖腹毛　11.206

genito-ventral shield　殖腹板　11.205

gen. nov.　新属　02.071

genuala　膝毛，＊膝棘　11.271

genus　属　02.070

genus novum(拉)　新属　02.071

geographical distribution　地理分布　06.069

geographical isolation　地理隔离　06.080

geographic subspecies　地理亚种　02.093

geomenotaxis　恒向趋地性　07.041

geotaxis　趋地性　07.040

geotropotaxis　转向趋地性　07.042

germarium　原卵区　04.260

germ band　胚带　05.141

germ cell　生殖细胞　05.042

germ disc　＊胚盘　05.141

germinal band　胚带　05.141

gestalt　格式塔，＊完形　07.006

giant axon　巨轴突　04.089

giant cell　畸形细胞　04.228

gizzard　前胃　04.179

glandular hair　螯毛　03.396

glandularia limnesiae　沼螨腺　11.400

glandular sclerite　围腺片　11.402

glandular seta　腺毛　03.397

glomeruli（复）　神经纤维球　04.062

glomerulus　神经纤维球　04.062

glossa　中唇舌　03.114

glossae（复）　中唇舌　03.114

glucosamine　葡糖胺，＊氨基葡糖　08.123

glucuronidase　葡糖醛酸糖苷酶　09.103

glucuronyl transferase 葡糖苷酸基转移酶 09.120

glue protein 胶蛋白 08.132

glutathione S-transferase 谷胱甘肽 S-转移酶 09.119

α-glycerophosphate shuttle α-甘油磷酸穿梭，*α-甘油磷酸循环 09.135

gnathal segment 颚节 03.038

gnathobasal seta 颚基[节]毛，*第四喙毛 11.008

gnathobase 颚基 11.004

gnathocoxal seta 颚基[节]毛，*第四喙毛 11.008

gnathos 颚形突，*下齿形突 03.503

gnathosoma 颚体 11.001

gnathosomal base ring 颚基环，*颚体茎 11.014

gnathosomal groove 颚[基]沟 11.015

gnathosomal seta 颚基[节]毛，*第四喙毛 11.008

gnathotectum 颚盖 11.002

goblet 杯状体 11.435

goblet cell 杯形细胞 04.183

gonad 生殖腺 04.254

gonadotropic hormone 促性腺激素 08.211

gonadotropin 促性腺激素 08.211

gonangula（复）瓣间片，*生殖棱 03.522

gonangulum 瓣间片，*生殖棱 03.522

gonapophysis 生殖突 03.435

gonapsides（复）殖下片 03.497

gonapsis 殖下片 03.497

gonarcus 殖弧叶 03.496

gonocoxite 生殖基片 03.436

gonocrista 生殖脊 03.494

gonocristae（复）生殖脊 03.494

gonoplac 生殖板 03.429

gonopod 生殖肢 03.428

gonopore 生殖孔 03.440

gonosaccus 生殖囊 03.433

gonosetae 生殖毛 03.434

gonosomite 生殖节 03.424

gonostyli（复）生殖刺突 03.437

gonostylus 生殖刺突 03.437

gonotreme 生殖口 03.439

gonotrophic dissociation 生殖滋养分离 08.239

gossyplure 红铃虫性诱剂 07.198

gradate crossvein 阶脉 03.357

grade 级 02.097

grainvore 食谷类 07.089

Grandjean's organ 格氏器 11.453

grandlure 棉象甲性诱剂 07.199

granular hemocyte 颗粒血细胞 04.222

granule 颗粒体 10.097

granulin 颗粒体蛋白 10.096

granulocyte 颗粒血细胞 04.222

granulosis 颗粒体病 10.094

granulosis virus 颗粒体病毒 10.095

grasserie 脓病，*黄疸病 10.099

green-muscardine 绿僵病，*黑僵病 10.166

green-sensitive cell 绿敏细胞 04.122

gregarious parasitism 群寄生 06.144

grooming behavior 修饰行为 07.131

group 群 02.096

group defence 结群防卫 07.156

grouping behavior 结群行为 07.011

growth-blocking peptide 生长阻滞肽 08.213

Grylloblattodea 蛩蠊目，*蛩蠊 02.156

guild 共位群，*功能群 06.077

gula 外咽片 03.139

gular plate 外咽片 03.139

gular suture 外咽缝 03.140

gullet 食道 04.175

GV 颗粒体病毒 10.095

gymnodornous nest 裸巢 05.094

gynandromorph 雌雄嵌合体 05.120

gyne 雌蚁 05.077

gynecoid 雌工蚁 05.083

gynergate 雌工嵌体 05.084

gynium 雌生殖节 03.427

gynogenesis 雌核生殖 05.039

gyrinidone 豉甲酮 08.087

H

habitat 生境，＊栖息地 06.020
habitat selection 生境选择 06.022
habituation 习惯化 07.071
haemocoel 血腔 04.205
haemocoelic insemination 血腔受精 05.040
haemocoelous viviparity 血腔胎生 05.041
haemocyte 血细胞 04.213
haemolymph 血淋巴 08.018
haemorrhagic fever with renal syndrome 肾综合征出
  血热，＊流行性出血热 11.545
Haller's organ 哈氏器 11.291
halter 平衡棒 03.313
hamabiosis 无益共生 06.177
hamuli（复） 翅钩 03.373
hamulus 翅钩 03.373
hapis 抱器瓣 03.502
haplometrosis 单母建群 05.093
haplometrotic colony 单王群 07.169
harpago 抱握器 03.480
harpagones（复） 抱握器 03.480
hatching 孵化 05.072
haustella（复） 中喙 03.162
haustellum 中喙 03.162
head 头 03.036
head capsule 头壳 03.037
hearing 听觉 07.243
heat shock cognate protein 热激关联蛋白 08.147
heat shock protein 热休克蛋白，＊热激蛋白
  08.146
heavy seta 大毛 11.391
Helicoverpa armigera stunt disease 棉铃虫矮缩病
  10.115
hemagglutinin 血细胞凝集素 08.020
hematophage 食血类 07.094
hemelytra（复） 半鞘翅 03.316
hemelytron 半鞘翅 03.316
hemielytra（复） 半鞘翅 03.316
hemielytron 半鞘翅 03.316
Hemimetabola 半变态类 02.153

hemimetamorphosis 半变态 05.008
hemipneustic respiration 半气门式呼吸 08.049
Hemiptera 半翅目，＊蝽 02.164
hemocoel 血腔 04.205
hemocyte 血细胞 04.213
hemocytopenia 血细胞减少［症］ 08.021
hemocytopoietic organ 造血器官 04.229
hemogram 血相 08.019
hemokinin 血细胞激肽 08.215
hemolin 抑血细胞聚集素 08.214
hemolymph 血淋巴 08.018
hemopoietic organ 造血器官 04.229
herbivore 食草类 07.086
hermaphrodite 雌雄同体 05.119
herobathmy 祖衍镶嵌 02.051
heterochrony 异时发生 05.012
heterodynamic insect 异动态昆虫 05.014
heterogamy 异配生殖 05.035
heterogeny ＊异态交替 05.099
heterogonic growth 异速生长 05.055
heteromorphosis 异形再生 08.003
heteromorphous regeneration 异形再生 08.003
heteroparthenogenesis 周期性孤雌生殖 05.092
heterotroph 异养生物 06.005
heteroxenous parasitism 转主寄生 06.147
Hexapoda 六足类 02.138
HFV 家蝇病毒 10.112
hibernacula（复） 越冬巢 05.024
hibernaculum 越冬巢 05.024
hibernation 冬眠 05.023
hierarchy 序位体系，＊阶元系统 02.024
Higher Oribatida ＊高等甲螨 11.510
hindleg 后足 03.252
histogenesis 组织发生 08.001
histolysis 组织分解 08.002
histopathology 病理组织学 10.003
Holarctic Realm 全北界 02.130
holidic diet ＊全纯饲料 08.039
holocrine secretion 全质分泌 08.025

holocriny　全质分泌　08.025

holocyclic species　全周期性种　05.100

holodorsal shield　全背板　11.123

hologastric type　全腹型　11.230

holoid　全缝型　11.241

Holometabola　全变态类　02.154

holonotal shield　全背板　11.123

holopodal plate　全足板　11.150

holoptic type　接眼式　03.053

Holothyrida　巨螨目　11.495

holotype　正模　02.114

holoventral plate　全腹板　11.174

holoventral shield　全腹板　11.174

hom.　[异物]同名　02.098

homeostasis　稳态　06.016

homeotic gene　同源异形基因　08.302

homeotype　等模　02.121

home range　活动范围　07.051

homochromatism　同色现象　06.213

homodynamic insect　同动态昆虫，*连续繁殖昆虫
　05.013

homomorpha　成幼同型　05.052

homomorphic male　同型雄螨　11.462

homonym　[异物]同名　02.098

homoplasy　异源同形　02.050

Homoptera　同翅目　02.165

homotype　等模　02.121

honeydew　蜜露　08.067

honey sac　*蜜囊　04.178

honey stomach　蜜胃　04.178

hood　顶突　11.088

horizontal transmission　水平传递　10.196

hormesis　毒物兴奋效应　09.064

hormone response element　激素应答单元　08.291

host　宿主，*寄主　06.141

host range　宿主域　10.029

host specificity　宿主专一性　06.150，宿主特异性
　10.028

house fly virus　家蝇病毒　10.112

Hoyer's medium　霍氏封固液　11.583

HRE　激素应答单元　08.291

HSP　热休克蛋白，*热激蛋白　08.146

humeral angle　肩角　03.293

humeral callus　肩胛　03.336

humeral crossvein　肩横脉　03.352

humeral plate　肩板　03.309

humeral projection　肩突　11.134

humeral region　肩区　11.133

humerals　肩毛　11.142

humeral seta　肩毛　11.142

humoral immunity　体液免疫　10.017

hyaluronidase　透明质酸酶　08.165

hydrokinesis　湿动态　07.023

hydrostatic organ　浮水器，*水中平衡器　03.423

hydrostatic pressure receptor　水压感受器　04.148

hydrotaxis　趋湿性　07.037

20-hydroxy-ecdysterone　*20－羟基蜕皮酮
　08.172

hygroreceptor　湿感受器　04.151

Hymenoptera　膜翅目　02.179

hypandrium　下生殖板　03.430

hypergamesis　过交配　08.242

hyper-irritability　过兴奋性　09.011

hypermetamorphosis　复变态　05.006

hyperparasitism　重寄生　06.139

hypertrehalosemic hormone　高海藻糖激素　08.194

hyphal body　菌丝段　10.159

hypoandrium　雄性生殖腹板　03.432

hypocerebral ganglion　脑下神经节　04.067

hypodermis　真皮　04.009

hypognathal groove　下颚沟　11.023

hypognathous type　下口式　03.040

hypognatum　*下颚体　11.020

hypogynia（复）　下阴片　03.491

hypogynium　下阴片　03.491

hypo-irritability　低兴奋性　09.012

hypomera（复）　前背折缘　03.189

hypomeron　前背折缘　03.189

hypopharyngeal gland　咽下腺，*王浆腺
　04.170

hypopharynx　下咽　11.028

hypopleura（复）　下后侧片　03.215

hypopleuron　下后侧片　03.215

hypopodes（复）　休眠体　11.480

hypoproct　肛下板　03.468

hypoproteinenia　血蛋白缺乏[症]　08.022

hypopus 休眠体 11.480

hypopus motile 活动休眠体 11.481

hypopygium 肛下板 03.468

hypostomal area 口后区 03.127

hypostomal bridge 口后桥 03.129

hypostomal plate 口下板 11.079

hypostomal sclerite 口后片 03.128

hypostomal seta 口下板毛 11.080

hypostomal suture 口后沟 03.126

hypostome 口下板 11.079

hypotrehalosemic hormone 低海藻糖激素 08.195

hypsotaxis 趋高性 07.039

hysterosoma 后半体 11.103

hysterosomal shield 后半体板 11.114

I

I_{50} 抑制中浓度 09.027

ice nucleation 冰核形成 08.030

ichnoviruses 姬蜂病毒 10.129

idiosoma 躯体 11.097

IGR 昆虫生长调节剂 09.083

IIV 昆虫虹彩病毒 10.124

ileum 回肠 04.190

imaginal bud 器官芽，＊成虫盘 05.158

imaginal disc 器官芽，＊成虫盘 05.158

imagines（复） 成虫 05.073

imago 成虫 05.073，成螨，＊成蜱 11.475

imagochrysalia 成蛹 11.471

immersed germ band 下沉胚带 05.146

immigration 迁入 06.208

immovable pteromopha 非动型翅形体 11.327

imprinting 印记 07.077

inapparent infection 弱毒感染 10.191

incased pupa 裹蛹 05.065

incidence 发病率 10.033

incipient species 端始种 02.083

incisor 切齿 03.091

incitant 诱发因子 07.220，激活因子 10.039

inclusion body 包含体 10.075

incomplete metamorphosis 不完全变态 05.007

incubation period 潜伏期 10.035

independent joint action 独立联合作用 09.059

indigenous species 本地种 06.117

induction 诱发 10.037

inert hypopus 不活动休眠体 11.482

infection 感染 10.040

infection peg 入侵丝 10.157

infection phase 感染期 10.047

infective juvenile 侵染期幼虫 10.190

infectivity 感染力 10.032

infestation 侵袭 10.034

infochemicals 信息化学物质 07.173

infracapitular apodeme 颚内突 11.011

infracapitular bay 颚[基]湾 11.022

infracapitular gland 颚腺 11.449

infracapitular rostrum 颚喙 11.005

infracapitulum 颚底 11.020

infracapitulum furrow 颚缝 11.021

infraepimeron 下后侧片 03.215

infraepisternum 下前侧片 03.212

infraspecific category 种下阶元 02.087

infunda 唾液泵 04.162

ingluvial ganglion 嗉囊神经节 04.083

ingroup 内群 02.035

initiatorin 熟精内肽酶 08.167

initiatorin inhibitor 熟精内肽酶抑制素 08.168

innate behavior 先天行为，＊本能 07.007

innate capacity for increase 内禀增长力 06.100

inner lobe of palpal base 颚基内叶 11.013

inner margin [翅]内缘，＊[翅]后缘 03.292

inner membrane ＊内膜 10.086

inokosterone 牛膝蜕皮酮 08.176

inquiline 寄食昆虫 06.188

Insecta 昆虫纲 02.139

insect antifeedant 昆虫拒食剂 09.074

insect behavior 昆虫行为学 01.031

insect biochemistry 昆虫生物化学 01.028

insect biogeography 昆虫生物地理学 01.019

insect biology 昆虫生物学 01.020

insect bionomics 昆虫生物学 01.020

insect community 昆虫群落 06.038

insect cytogenetics 昆虫细胞遗传学 01.024

insect dietics 昆虫食谱学 08.047

insect ecology 昆虫生态学 01.030

insect embryology 昆虫胚胎学 01.026

insect ethology 昆虫行为学 01.031

insect growth regulator 昆虫生长调节剂 09.083

insecticide resistance 抗药性 09.033

insecticide tolerance 耐药性 09.045

insecticyanin 虫青素 08.095

insect immunogen 昆虫免疫原 10.013

insect iridescent virus 昆虫虹彩病毒 10.124

insectivore 食虫类 07.091

insect molecular biology 昆虫分子生物学 01.029

insect morphology 昆虫形态学 01.021

insect morphometrics 昆虫形态测量 01.022

insect neuropeptide 昆虫神经肽 08.189

insectorubin 虫红素 08.111

insectoverdin 虫绿素 08.094

insect pathology 昆虫病理学 01.036

insect pharmacology 昆虫药理学 01.035

insect physiology 昆虫生理学 01.027

insect resources 昆虫资源 01.038

insect spermatology 昆虫精子学 01.025

insectstatics 抑虫作用 08.005

insect systematics 昆虫系统学 01.018

insect technology 昆虫技术学 01.017

insect toxicology 昆虫毒理学 01.032

insect ultrastructure 昆虫超微结构 01.023

insensitivity 不敏感性 09.013

insensitivity index 不敏感指数 09.014

in situ conservation 就地保育 06.227

instar 龄 05.056

integrated pest management 有害生物综合治理 06.219

integument 体壁 04.001

integumental nervous system 体壁神经系统 04.092

integumental scolophore 具樾神经胞，*体壁弦音器 04.154

intercalary plate 插入板 11.127

intercalary seta 间毛 11.366

intercalary vein 闰脉，*间插脉 03.358

intercaste 间级 05.076

interfrontalia 间额 03.067

interlamellar seta 叶间毛 11.335

intermedial seta 间毛 11.366

intermediate chordotonal organ 间弦音器 04.144

internal chiasma 内交叉 04.057

internal genual seta 内膝毛 11.277

internal malae *内磨叶 11.028

internal medullary mass 视内髓 04.053

interneuron 中间神经元 04.096

interoceptor 内感受器 04.147

interommatidial angle 小眼间角 08.257

interpalpal seta 须[肢]间毛，*颚肢基毛，*颚床毛 11.051

intersegmental fold 节间褶 03.022

intersegmental membrane 节间膜 03.023

intersex 雌雄间性 05.075

intersternite 间腹片 03.235

intervalvula 内产卵瓣，*第二产卵瓣 03.519

intervalvulae（复） 内产卵瓣，*第二产卵瓣 03.519

intestinal acariasis 肠螨症 11.569

intimate membrane *内膜 10.086

intrinsic rate of increase *内禀增长率 06.100

intrinsic toxicity 内在毒性 09.001

intromittent organ 插入器 03.479

invalid name 无效名 02.107

invasive species 入侵种 06.120

in vitro metabolism 离体代谢 09.131

in vivo metabolism 活体代谢 09.132

ionic channel 离子通道 09.144

ion transport peptide 离子转运肽 08.227

IPM 有害生物综合治理 06.219

ipsdienol 齿小蠹二烯醇 07.208

ipsenol 齿小蠹烯醇 07.207

iridescent virus disease 虹彩病毒病 10.123

iridodial 琉蚁二醛 08.090

iris cell 虹膜细胞 04.118

iris pigment cell *虹膜色素细胞 04.118

iris tapetum 虹膜反光层 04.123

irreversible inhibitor 不可逆抑制剂 09.089

irritant 刺激素 07.225

isonitrogenous diet　等氮饲料　08.042
isoparthenogenesis　等孤雌生殖　05.103

Isoptera　等翅目，＊白蚁　02.162
Ixodida　蜱目　11.496

J

japanilure　日本丽金龟性诱剂　07.205
jaundice　脓病，＊黄疸病　10.099
JH　保幼激素　08.182
JHA　保幼激素类似物　08.183
JH analogue　保幼激素类似物　08.183
JH binding protein　保幼激素结合蛋白　08.149
JH esterase　保幼激素酯酶　08.160
JH mimic　保幼激素类似物　08.183
juga（复）　翅轭　03.370
jugal fold　轭褶　03.298
jugal region　轭区　03.302

jugal vein　轭脉　03.350
jugularia　颈板　11.166
jugular plate　颈板　11.166
jugular shield　颈板　11.166
jugum　翅轭　03.370
juice sucker　吸液汁类　07.099
juvabione　保幼冷杉酮　08.186
juvenile hormone　保幼激素　08.182
juvenoid　保幼激素类似物　08.183
juvocimene　保幼罗勒烯　08.184
juxta　阳茎基环　03.508

K

kairomone　益它素　07.176
kappa　负唇须节　03.111
karyotype　核型　02.019
katatrepsis　胚体下降，＊顺向移动　05.163
katepimeron　下后侧片　03.215
katepisternum　下前侧片　03.212
KD_{50}　击倒中量　09.029
kdr　击倒抗性　09.041
Keifer's solution　凯氏液　11.582
kermes　胭脂　08.105
kermesic acid　胭脂酮酸　08.106
key　检索表　02.059
key-factor analysis　关键因子分析　06.092
keystone species　关键种　06.119

K_i　双分子速率常数　09.152
kinesis　动态　07.018
kin group　家族群　07.168
klinokinesis　调转动态　07.020
klinotaxis　调转趋性　07.048
knobbed claw　端球爪　11.303
knock down resistance　击倒抗性　09.041
knock down resistance gene　抗击倒基因　09.043
Koenike's solution　柯氏液　11.580
K-selection　K 选择　06.110
K-strategist　K 对策昆虫　06.111
KT_{50}　击倒中时　09.030
Kyasanur forest disease　凯萨努森林病　11.543

L

labella（复）　唇瓣　03.173
labellum　唇瓣　03.173
labial ganglion　下唇神经节　05.156
labial gland　下唇腺　04.159
labial palp　下唇须　03.110

labio-maxillary complex　下颚下唇复合体　03.115
labipalp　下唇须　03.110
labium　下唇　03.105
labral nerve　上唇神经　04.081
labrum　上唇　03.089

labrum-epipharynx 上内唇 03.148

lac 紫胶 08.071

laccaic acid 紫胶酸，*虫漆酸 08.073

laccase 虫漆酶 08.164

laccose 紫胶糖 08.072

lacinella 内颚侧叶 03.101

lacinia 内颚叶 03.100，胸叉丝，*胸叉内叶 11.171

lacinia convoluta 卷喙 03.163

laciniae（复） 内颚叶 03.100，胸叉丝，*胸叉内叶 11.171

lamella 叶，*瓣尖 11.333

lamella antevaginalis 前阴片 03.534

lamellae（复） 叶，*瓣尖 11.333

lamella postvaginalis 后阴片 03.535

lamellar seta 叶毛 11.334

lamellocyte 叶状血细胞 04.223

Langat encephalitis 兰加特脑炎 11.544

lanigern 蚜橙素 08.109

lapping mouthparts 舐吸式口器 03.169

larva 幼虫 05.044，幼螨，*幼蜱 11.469

larvae（复） 幼虫 05.044

larval serum protein *幼虫血清蛋白 08.125

latent infection 潜伏性感染 10.036

latent learning 潜伏学习 07.074

lateral cervicale 侧颈片 03.181

lateral groove 侧沟 11.243

lateral integument 侧壁 11.177

lateral lip 侧唇 11.077

lateral muscle 侧肌 04.028

lateral nerve cord 侧神经索 04.091

lateral ocellus 侧单眼 03.059

lateral oviduct 侧输卵管 04.274

lateral pharyngeal gland 咽下腺，*王浆腺 04.170

lateral postanals 肛后侧毛 11.223

lateral postscutellar plate *侧后小盾片 03.201

laterals 侧毛 11.367

lateral seta 侧毛 11.367

lateral tibial seta 胫侧毛 11.041

lateral tracheal trunk 侧气管干 04.237

laterocervicalia 侧颈片 03.181

laterocoxal seta *基节侧毛 11.257

lateroglandularia 侧腺毛 11.399

latero-opisthosomal gland 末体侧腺 11.156

lateropleurite 侧侧片 03.222

lateroposterior flap 后侧瓣 11.056

laterosternite 侧腹片 03.381

laterotergite 侧背片 03.380

law of effective temperature 有效积温法则 06.104

law of priority 优先律 02.063

LC$_{50}$ 致死中浓度 09.026

LD$_{50}$ 半数致死量，*致死中量 09.024

LD-P line 剂量对数－机值回归线 09.016

leaf-dipping method 叶浸渍法 09.020

learned behavior 后天行为 07.008

learning 学习 07.070

lectin 血细胞凝集素 08.020

lectotype 选模 02.122

leg-fin 足鳍 11.307

leg socket 足窝 11.250

Lepidoptera 鳞翅目 02.177

lepis 鳞片 03.306

lethal dosage 致死剂量 09.021

lethal synthesis 致死性合成 09.155

leucokinin 蜚蠊肌激肽 08.223

leucopterine 白蝶呤 08.102

leucosulfakinin 蜚蠊硫激肽 08.224

levelling 平整 07.152

licking mouthparts 舐吸式口器 03.169

life cycle 生命周期，*生活周期 05.002

life history 生活史 05.001

life table 生命表 06.085

light adaptation 光适应 08.243

light-compass orientation 光罗盘定向 07.015

ligula 唇舌 03.112

limiting factor 限制因子 06.053

lipochrome 脂色素 08.097

lipofuscin 脂褐质 08.124

lipophorin 载脂蛋白 08.141

lipovitellin 脂卵黄蛋白 08.137

lobula plate 小叶板 04.059

locking flange 锁突 03.325

locomotor activity rhythm 动作节律 08.008

locustamyosuppresin 蝗抑肌肽 08.220

locustamyotropin 蝗促肌肽 08.221

locustapyrokinin 蝗焦激肽 08.225

locustasulfakinin 蝗硫激肽 08.222

locustatachykinin 蝗速激肽 08.219

logistic growth 逻辑斯谛增长 06.046

long-day insect 长日照昆虫 05.025

longitudinal vein 纵脉 03.341

looplure 粉纹夜蛾性诱剂 07.200

lora（复） 舌侧片 03.159

Lorsch disease 洛氏病 10.067

lorum 舌侧片 03.159

Lower Oribatida ＊低等甲螨 11.509

lower squama 下腋瓣 03.333

LSP ＊幼虫血清蛋白 08.125

LT₅₀ 致死中时 09.028

luciferase 萤光素酶 08.163

luciferin 萤光素 08.015

luminescence 萤光 08.014

Lundlad's solution 伦氏液 11.581

lunule 新月片 03.068

lure 诱芯，＊诱饵 07.215

Lyme disease 莱姆病 11.550

lyocytosis 溶泡作用 08.029

Lyonnet's gland 列氏腺 04.171

lyrifissure 隙状器，＊琴形器，＊隙孔 11.318

lyriform fissure 隙状器，＊琴形器，＊隙孔 11.318

lyriform organ 隙状器，＊琴形器，＊隙孔 11.318

M

mAChR 蕈毒碱性受体 09.141

macrochaeta 大毛 11.391

Macropylina ＊大孔甲螨 11.509

macrosclerosae 巨板型 11.487

macrotaxonomy 大分类学 02.015

macrotrichia 刚毛 03.394

macula 气门斑 11、432

makisterone A 罗汉松甾酮A 08.175

Malaya disease 马来亚病 10.102

male annihilation 雄虫灭绝 06.224

Mallophaga 食毛目，＊羽虱，＊鸟虱 02.169

Malpighian tube 马氏管 04.200

Malpighian tubule 马氏管 04.200

mandible 上颚 03.090

mandibular ganglion 上颚神经节 04.082

mandibular gland 上颚腺 04.165

mandibular lever 上颚杆 03.095

manica 围阳茎鞘 03.509

manna 蜜露 08.067

Mantodea 螳螂目，＊螳螂 02.161

manubrium 弹器基 03.405，极丝柄 10.185

MAO 单胺氧化酶 09.115

marginal groove 缘沟 11.245

marginalin 臀腺素 08.091

marginal seta 缘毛 11.362

marking pheromone 标记信息素 07.186

mass trapping 大量诱捕法 07.233

mastibial seta 胫鞭毛 11.281

mastifemorala 股鞭毛，＊腿长毛 11.269

mastifemoral seta 股鞭毛，＊腿长毛 11.269

mastigenuala 膝鞭毛 11.273

mastigenual seta 膝鞭毛 11.273

mastitarsala 跗鞭毛，＊长跗毛 11.295

mastitarsal seta 跗鞭毛，＊长跗毛 11.295

mastitibiala 胫鞭毛 11.281

maternal effect gene 母体效应基因 08.300

mating ＊交配 07.115

mating disruption 交配干扰，＊迷向法 07.232

mating flight 婚飞 07.111

matrone 配偶素 08.235

maxilla 下颚 03.096

maxillae（复） 下颚 03.096

maxillary ganglion 下颚神经节 05.155

maxillary gland 下颚腺 04.164

maxillary lever 下颚杆 03.104

maxillary palp 下颚须 03.102

MD 副核 04.285

meconium 蛹便 08.062

Mecoptera 长翅目，＊蝎蛉 02.178

media 中脉 03.347

medial crossvein 中横脉 03.356

medial shield 中板 11.126

median cell 中室 03.368

median cercus 中尾丝 03.447

median effective concentration 有效中浓度 09.032

median effective dose 有效中量 09.022

median genuala 中膝毛 11.275

median inhibitory concentration 抑制中浓度
  09.027

median knock-down dosage 击倒中量 09.029

median knock-down time 击倒中时 09.030

median lethal concentration 致死中浓度 09.026

median lethal dose 半数致死量 09.024

median lethal time 致死中时 09.028

median nerve cord 中神经索 04.090

median ocellus 中单眼 03.058

median oviduct 中输卵管 04.276

median plate 中片 03.312，中板 11.126

median tibiala 中胫毛 11.283

medical acarology 医学蜱螨学 11.541

medical entomology 医学昆虫学 01.006

mediotergite 中背片 03.379

medioventral metapodosomal seta 后足体腹中毛
  11.384

medioventral opisthosomal seta 末体腹中毛
  11.385

medioventral propodosomal seta 前足体腹中毛
  11.383

medulla externa（拉） 视外髓 04.054

medulla interna（拉） 视内髓 04.053

Megaloptera 广翅目 02.171

melanization 黑变作用 10.015

melanosis 黑化病 10.065

melittin 蜂毒溶血肽 08.076

membrane 膜片 03.320

memory 记忆 07.076

menotaxis 恒向趋性 07.047

mentotectum 颏盖 11.085

mentum 颏 03.109

mentum seta 颏毛 11.084

mera（复） 后基片 03.255

meridic diet 半纯饲料 08.040

meroblastic division 局部卵裂 05.160

merocrine secretion 局部分泌 08.026

merocriny 局部分泌 08.026

meroistic ovariole 具滋卵巢管 04.263

meron 后基片 03.255

meront 静止子 10.179

mesenteron（拉） 中肠 04.180

mesocuticle 中表皮 04.007

mesodermal tube 背血管 04.208

mesogynal plate 中殖板 11.201

mesogynal shield 中殖板 11.201

mesonotal scutellum 中背小盾片 11.125

mesonotal shield 中背板 11.124

mesonotum 中胸背板 03.242

mesopleura（复） 中胸侧板，*中侧片 03.244

mesopleuron 中胸侧板，*中侧片 03.244

mesosoma 中躯 03.006

mesosomata（复） 中躯 03.006

mesosternum 中胸腹板 03.243

Mesostigmata 中气门目 11.497

mesothorax 中胸 03.241

metabolic resistance 代谢抗性 09.037

metacephalon 下后头 03.133

metamera 体节 03.001

metamorphoses（复） 变态 05.004

metamorphosis 变态 05.004

metanotum 后胸背板 03.246

metapleura（复） 后胸侧板 03.248

metapleuron 后胸侧板 03.248

metapodalia 足后板 11.154

metapodal plate 足后板 11.154

metapodal shield 足后板 11.154

metapodosoma 后足体 11.102

metapopulation 异质种群，*集合种群 06.076

metasoma 后躯 03.007

metasternal plate 胸后板 11.173

metasternal seta 胸后毛，*第四胸毛 11.376

metasternal shield 胸后板 11.173

metasternum 后胸腹板 03.247，胸后板 11.173

Metastigmata *后气门目 11.496

metatarsus 后跗节，*基跗节 11.286

metathetely 后成现象 05.122

metathorax 后胸 03.245

metatype 后模 02.120

multiple embedded virus　多粒包埋型病毒　10.091

multiple resistance　多种抗药性　09.039

multistate character　多态性状　02.039

muscalure　家蝇性诱剂　07.201

muscardine　僵病，* 硬化病　10.151

muscarinic receptor　蕈毒碱性受体　09.141

muscaronic receptor　蕈毒酮样受体　09.140

muscularis（拉）　鞘肌　04.032

musculus abductor（拉）　展肌　04.029

musculus adductor（拉）　收肌　04.030

musculus alaris（拉）　心翼肌　04.031

musculus doralis（拉）　背肌　04.024

musculus lateralis（拉）　侧肌　04.028

musculus transversalis（拉）　横肌　04.026

musculus ventralis（拉）　腹肌　04.025

musculus viscerum（拉）　脏肌　04.027

mushroom body　蕈状体　04.046

mutagenicity　突变性　09.087

mutualism　互利共生，* 互惠共生　06.174

mycangial cavity　菌室　03.538

mycetocyte　含菌细胞　04.199

mycetome　含菌体　04.198

mycetometochy　蕈巢共生　06.178

mycetophagous mites　菌食性螨类　11.531

mycophagous mites　菌食性螨类　11.531

myocardium　心肌壁　04.039

myotome　肌节　04.037

myrmecochory　蚁播　06.161

myrmecoclepty　蚁客共生　06.179

myrmecophage　食蚁类　07.093

myrmecophile　蚁冢昆虫　06.194

myrmecoxene　蚁客，* 蚁真客　06.190

Müllerian mimicry　米勒拟态　07.142

Müller's organ　米勒器　04.145

N

N-acetylglucosamine　N - 乙酰葡糖胺　08.059

nAChR　烟碱受体　09.142

naiad　稚虫　05.046

naso　前突，* 鼻突　11.136

nasute gland　兵螱腺　04.021

natality　出生率　06.088

natatorial leg　游泳足　03.279

native species　本地种　06.117

natural classification　自然分类　02.004

natural control　自然控制　06.222

natural host　天然宿主　10.070

natural resistance　自然抗性　09.034

natural suppression　自然抑制　06.223

neala　轭区　03.302

Nearctic Realm　新北界　02.135

necrophagous mites　尸食性螨类　11.530

nectarivore　食蜜类　07.090

negative binomial distribution　负二项分布，* 聚集分布　06.010

negative cross resistance　负交互抗性　09.036

Neoptera　新翅类　02.149

neopterans　新翅类　02.149

neosomy　新体现象　11.458

neoteinia　幼态延续　08.004

neotenia　幼态延续　08.004

neoteny　幼态延续　08.004

neotrichy　新毛，* 增生毛　11.386

Neotropical Realm　新热带界　02.136

neotype　新模　02.124

nephrocyte　集聚细胞　04.196

nereistoxin insecticides　沙蚕毒类杀虫剂　09.070

nervous integration　神经整合作用　08.268

nervulation　脉序，* 脉相　03.340

nervure　翅脉　03.339

nervus corpusis allatica（拉）　咽侧体神经　04.077

nervus corpusis cardiacus（拉）　心侧体神经　04.075

nest symbionts　巢内共生物　07.126

net reproductive rate　净繁殖率　06.098

neuration　脉序，* 脉相　03.340

neurohaemal organ　神经血器官　04.073

neuromodulator　神经调质　08.285

neuroparsin　蝗抗利尿肽　08.226

Neuroptera　脉翅目　02.172

neurosecretion　神经分泌作用　08.188

neurosecretory cell　神经分泌细胞　04.072

neurotoxic esterase　神经毒性酯酶　09.106

neurotoxin　神经毒素　09.080

neurotransmitter　神经递质　08.284

neutral synoekete　中性客虫　06.187

new genus　新属　02.071

new species　新种　02.081

n. gen.　新属　02.071

niche　生态位　06.034

niche differentiation　生态位分化　06.035

niche overlap　生态位重叠　06.036

nicotinic receptor　烟碱受体　09.142

nidi（复）　胞窝　04.184

nidification　筑巢　07.162

nidus　胞窝　04.184

nikkomycin　日光霉素　10.172

nitrergic neuron　氧化氮能神经元　04.107

nitroalkene　硝硝基烯　08.088

nitro-reductase　硝基还原酶　09.113

node　分支点　02.049，结脉　03.362

nodi（复）　结脉　03.362

nodus　结脉　03.362

nomadic phase　迁徙期　07.163

nom. dub.　疑名　02.110

nomenclature　命名法　02.060

nomen conservandum（拉）　保留名　02.112

nomen dubia（复）　疑名　02.110

nomen dubium（拉）　疑名　02.110

nomen novum（拉）　新名　02.109

nomen nudum（拉）　无记述名　02.103

nomen oblitum（拉）　遗忘名　02.111

nomina nova（复）　新名　02.109

nomina nuda（复）　无记述名　02.103

nom. nov.　新名　02.109

nom. nud.　无记述名　02.103

nonhomologus synapomorphy　非同源共同衍征　02.034

noninclusion virus　非包含体病毒　10.073

nonoccluded virus　非包含体病毒　10.073

normal seta　常毛　11.387

nosema disease　蜜蜂微粒子病　10.187

nota（复）　背板　03.013

notogaster　后背板，＊背腹板　11.115

notogastral seta　后背板毛　11.179

notopleura（复）　背侧片　03.226

notopleural suture　背侧沟　03.227

notopleuron　背侧片　03.226

Notostigmata　背气门目　11.494

notum　背板　03.013

NPV　核型多角体病毒　10.078

n. sp.　新种　02.081

NTE　神经毒性酯酶　09.106

nucleocapsid　核壳体，＊核衣壳　10.084

nucleoid　髓核　10.088

nucleopolyhedrosis　核型多角体病　10.077

nucleopolyhedrosis virus　核型多角体病毒　10.078

Nudarell β virus　松天蛾β病毒　10.113

numerical response　数值反应　06.129

numerical taxonomy　数值分类学　02.014

nuptial feeding　婚食　07.116

nuptial flight　婚飞　07.111

nurse cell　滋养细胞，＊滋卵细胞　04.262

nutritional specialization　营养性特化　08.045

nutritive cord　滋养索　04.270

NβV　松天蛾β病毒　10.113

nymph　若虫　05.045

nymph migratrice　＊移动若螨　11.481

nymphochrysalis　若蛹　11.470

nymphophan　第一蛹　11.476

O

objective synonym　客观异名　02.100

obligate parthenogenesis　专性孤雌生殖　05.109

obligate pathogen　专性病原体　10.025

obligate pathogenic bacteria　专性病原性细菌

10.137

obligatory diapause　专性滞育　06.196

obligatory parasitism　专性寄生　06.134

oblique vein　斜脉　03 363

oblongum 纵室 03.369

OBP 气味结合蛋白 08.151

occipital foramen 后头孔 03.141

occipital ganglion 脑下神经节 04.067

occipital sulcus 后头沟 03.130

occiput 后头 03.131

occluded body 包含体 10.075

occluded virus 包含体病毒 10.074

occult virus 潜伏型病毒 10.134

ocellar pedicel 单眼梗 04.117

ocellar triangle 单眼三角区 03.060

ocelli（复） 单眼 03.057

ocellus 单眼 03.057，*单眼 11.090

octopamine receptor 章鱼胺受体 09.139

octopaminergic agonist 章鱼胺能激动剂 09.088

octotaxic organ *八孔器 11.026

ocularia 眼毛 11.095

ocular neuromere 视神经原节 05.157

ocular plate 眼板 11.092

ocular shield 眼板 11.092

Odonata 蜻蜓目，*蜻蜓 02.151

odontoidea 后头突 03.136

odorant binding protein 气味结合蛋白 08.151

odorant sensitive neuron 气味感觉神经元 04.098

odoriferous gland 气味腺 04.023

odor specialist cell 特异嗅觉细胞 04.108

OEH 卵巢蜕皮素形成激素 08.205

oenocyte 绛色细胞 04.214

oesophageal commissure 食道神经连索 04.084

oesophageal diverticulum 嗉囊，*食道盲囊 04.176

oesophageal lobe 后脑 04.066

oesophageal valve 食道瓣 04.177

oesophagus 食道 04.175

off site conservation 异地保育，*易地保护 06.228

olfactometer 嗅觉仪 07.229

olfactory conditioning 嗅觉条件化 07.079

olfactory lobe *嗅叶 04.064

oligidic diet 寡合饲料 08.041

oligophagy 寡食性 07.082

ommatidia（复） 小眼 03.063

ommatidium 小眼 03.063

ommochrome 眼色素 08.112

omnivore 杂食类 07.084

one-host tick 一宿主蜱，*单宿主蜱 11.538

onychia（复） 爪 03.268

onychium 爪 03.268

oophagy 食卵性 07.100

oosome 卵质体 05.136

oosorption 卵吸收 08.232

oosporein 卵孢素 10.165

oostatic hormone 抑卵激素 08.209

oothecin 卵鞘蛋白 08.140

open cell 开室 03.367

operculum 盖片 03.492

Opilioacarida *节腹螨目 11.494

opisthogenital shield *末体殖板 11.205

opisthognathous type 后口式 03.041

opisthonotal gland *末体背腺 11.156

opisthonotal shield 末体背板 11.157

opisthonotum 末体背板 11.157

opisthosoma 末体 11.104

opisthosomatal plate 末体板 11.155

opisthoventral shield 末体腹板 11.158

opportunity factor 机会因子 09.134

optic cartridge 视觉筒 04.056

optic center 视觉中枢 04.051

optic disc 视觉盘 04.116

optic ganglion *视神经节 04.052

optic lobe 视叶 04.052

opticon 视内髓 04.053

optic tract 视叶 04.052

optimal foraging 最优采食 06.165

optomotor reaction 视动反应 07.017

optomotor system 视动系统 08.248

oral cavity 口腔 03.146

oral disc 口盘 03.144

oral hooks 口钩，*上颚 03.178

orbit 眼眶 03.055

order 目 02.065

ordinary seta 常毛 11.387

oreilletor 耳形突 03.486

oreillets 耳形突 03.486

organochlorine insecticides 有机氯类杀虫剂 09.066

organophosphorus insecticides　有机磷类杀虫剂
　　09.067

Oribatida　甲螨目　11.500

Oriental Realm　东洋界　02.132

orientation　定向　07.014

orientation discrimination　朝向辨别　08.252

ornamentation　纹饰　11.147

orthoblastic germ band　直胚带　05.142

orthognathous type　下口式　03.040

orthokinesis　直动态　07.019

Orthoptera　直翅目　02.157

ostia（复）　交配孔　03.526，心门　04.207

ostiola　臭腺孔　03.422

ostiolae（复）　臭腺孔　03.422

ostium　交配孔　03.526，心门　04.207，气门裂
　　11.433

outer margin　［翅］外缘　03.291

outer membrane　＊外膜　10.087

outgroup　外群　02.036

ova（复）　卵　05.043

ovarian ecdysteroidergic hormone　卵巢蜕皮素形成
　　激素　08.205

ovariole　卵巢管　04.259

ovary　卵巢　04.257

ovary maturating pasin　卵巢成熟肽　08.206

oviduct　输卵管　04.273

oviductus（拉）　输卵管　04.273

oviductus communis（拉）　中输卵管　04.276

oviductus lateralis（拉）　侧输卵管　04.274

oviposition stimulant　产卵刺激素　07.219

ovipositor　产卵器　03.517

oviscapt　产卵器　03.517

ovoviviparity　卵胎生　05.123

ovum　卵　05.043

oxyptera　＊尖形翅形体　11.324

P

paedogenesis　幼体生殖　05.048

paedomorphosis　幼体发育　05.030

paedomorphy　幼征　02.053

Palearctic Realm　古北界　02.131

paleoentomology　古昆虫学　01.016

Paleoptera　古翅类　02.148

paleopterans　古翅类　02.148

palp　须肢　11.029

palpal apotele　须趾节　11.038

palpal base　须［肢］基　11.031

palpal claw　须［肢］爪　11.039

palpal claw complex　须［肢］爪复合体　11.046

palpal coxa　须［肢］基节　11.032

palpal receptor　须感器　11.050

palpal seta　须肢毛　11.030

palpal tarsus　须［肢］跗节　11.037

palpal thumb-claw　＊须肢拇爪　11.045

palpcoxa　须［肢］基节　11.032

palpfemur　须［肢］股节　11.034

palpgenu　须［肢］膝节　11.035

palpi（复）　须肢　11.029

palpifer　负颚须节　03.103

palpiger　负唇须节　03.111

palptarsal seta　须跗毛　11.048

palptarsus　须［肢］跗节　11.037

palptibia　须［肢］胫节　11.036

palptibial claw　须［肢］胫节爪　11.045

palptrochanter　须［肢］转节　11.033

palptrochanteral organ　须肢转器　11.040

palpus　须肢　11.029

panoistic ovariole　无滋卵巢管　04.268

panoistic ovary　无滋卵巢　04.269

panphytophagous mites　杂植食性螨类　11.533

pansporoblast　＊多孢子母细胞　10.182

papiliochrome　凤蝶色素　08.099

para-anal seta　＊副肛毛　11.217

paracosta　侧背脊　11.343

paracrystalline body　副核　04.285

parafrontalia　侧额　03.072

paraglossa　侧唇舌　03.113

paragonia gland　雄性附腺　04.297

paralabrum　侧唇　11.077

peristomium　口缘　03.143

peritremalia　＊气门沟缘　11.431

peritrematal canal　气门沟　11.430

peritrematal groove　气门沟　11.430

peritrematal plate　气门板　11.431

peritreme　气门板　11.431

peritrophic membrane　围食膜　04.181

peroral　经口　10.202

per os　经口　10.202

petiolar segment　腹柄　03.387

petiole　腹柄　03.387，雄尾柄　11.163

petioli（复）　腹柄　03.387

petiolus　腹柄　03.387

phagocyte　吞噬细胞　04.227

phagocytic hemocyte　吞噬细胞　04.227

phagocytosis　吞噬作用　10.016

phagostimulant　助食素　07.218

phallobase　阳［茎］基　03.475

phallomere　阳具叶　03.488

phallotheca　阳［茎］基鞘　03.481

phallotreme　阳茎口，＊次生生殖孔　03.441

phallus　阳具　03.474

pharate adult　隐成虫　05.070

pharyngea　咽片　04.174

pharyngeal bulb　咽泡　11.424

pharyngeal plate　咽板　11.423

pharyngeal pump　咽泵　11.425

pharyngeal sclerite　咽片　04.174

pharynx　咽　04.173

Phasmatodea　竹节虫目，＊竹节虫，＊䗛　02.158

Phasmida　竹节虫目，＊竹节虫，＊䗛　02.158

pheromone　信息素　07.179

pheromone binding protein　信息素结合蛋白
　　08.150

pheromone biosynthetic activating neuropeptide　性信
　　息素合成激活肽　08.201

pheromone inhibitor　信息素抑制剂　07.223

pheromonostatin　抑性信息素肽　08.203

pheromonotropin　促性信息素肽　08.202

phobotaxis　趋避性　07.046

phonoresponse　声反应　07.244

phonotaxis　趋声性　07.031

phoracanthol　桉天牛醇　08.089

phoresy　携播　07.058

phoretic copulation　携配　07.059

phoretic mites　携播螨类　11.524

phorotype　精器　11.440

phosphatase　磷酸酯酶　09.102

phosphodiester hydrolase　磷酸二酯水解酶　09.112

phosphorylated cholinesterase　磷酸化胆碱酯酶
　　09.104

phosphorylation constant　磷酰化常数　09.148

photofobotaxis　避荫趋性　07.035

photokinesis　光动态　07.021

photoperiod　光周期　06.096

photoperiodicity　光周期现象　06.097

photoperiodism　光周期现象　06.097

photophase　光期，＊光相　06.199

photostable pigment　光稳定色素　08.116

phototaxis　趋光性　07.025

phototeletaxis　趋荫性　07.034

phototoxic compound　光毒性化合物　09.086

phragma　悬骨　04.014

phragmanotum　后背板　03.202

phragmata（复）　悬骨　04.014

Phthiraptera　＊虱目　02.170

phylacobiosis　守护共生　06.180

phyllobombycin　叶蛾素　08.075

phylogenetics　系统发生学　02.009

phylogeny　系统发生　02.010

phylogram　系统发生图　02.011

physiological selectivity　生理选择性，＊内在选择性
　　09.050

physiopathology　病理生理学　10.001

phytoecdysone　植物性蜕皮素　08.174

phytoecdysteroids　植物性蜕皮甾类　08.173

phytophagous insect　食植类昆虫　07.085

phytophagous mites　植食类螨类　11.532

phytoseiid mite　植绥螨　11.521

PIB　多角体　10.081

picornavirus　小 RNA 病毒　10.133

picrotoxin receptor　苦毒宁受体　09.143

piercing-sucking mouthparts　刺吸式口器　03.158

piericidin　杀青虫素 A　10.170

pili（复）　毛　11.390

pilifer　唇侧片　03.175

pilus 毛 11.390

pilus basalis 钳基毛 11.066

pilus denticularis 钳齿毛 11.065

pilus dentilis 钳齿毛 11.065

piroplasmosis 梨浆虫病 11.556

placoid sensillum 板形感器 04.135

planont *游走子 10.179

plant-worms 冬虫夏草 10.153

plasmatocyte 浆细胞 04.219

plastron respiration 气盾呼吸 08.050

Plecoptera 襀翅目，*石蝇 02.159

Plectoptera 襀翅目，*石蝇 02.159

pleiotropic hormone 多效激素 08.230

pleometrotic colony 多王群 07.170

plesiomorphy 祖征 02.030

pleura（复） 侧板 03.017

pleural coxal process 侧基突 03.225

pleuralifera 侧翅突 03.224

pleural suture 侧沟 03.223

pleural wing process 侧翅突 03.224

pleurite 侧片 03.018

pleuron 侧板 03.017

pleurosternite 侧腹片 03.381

pleurostomal area 口侧区 03.125

pleurostomal suture 口侧沟 03.124

pleurotergite 侧背片 03.380

plica 翅褶 03.330

plica basalis 基褶 03.296

plicae（复） 翅褶 03.330

plica jugalis 轭褶 03.298

plica vannalis 臀褶 03.297

plume 气缕 07.213

plurivoltine 多化性 05.019

podal shield 足板 11.149

podocephalic canal 颚足沟 11.017

podocephalic gland 颚足腺 11.016

podonotal shield 足背板 11.153

podonotum 足背板 11.153

podoscutum 足背板 11.153

podosoma 足体 11.100

podosomatal shield *足体板 11.149

podospermic type 足纳精型 11.443

poecilandry 雄虫多型 05.079

poecilogony 幼虫多型 05.031

poecilogyny 雌虫多型 05.078

Poisson distribution 泊松分布 06.108

polar filament 极丝 10.184

polarization vision 偏振光视觉 08.253

polaroplast 极质体 10.186

polar tube *极管 10.184

pole cell 极细胞 05.137

polisteskinin 蜂舒缓激肽，*蜂毒激肽 08.079

pollen basket 花粉篮 03.284

pollen brush 花粉刷 03.285

pollen press 花粉夹 03.286

pollination 传粉作用 07.103

pollinator 传粉昆虫 07.104

polyandry 一雌多雄 07.121

polychromatism 多色现象 06.212

polydanvirus 多分 DNA 病毒 10.128

polyembryony 多胚生殖 05.127

polyethism 行为多型 07.012

polygamy 多配偶 07.119

polygoneutism 多化性 05.019

polygynous colony 多王群 07.170

polygyny 一雄多雌 07.120

polyhedrin 多角体蛋白 10.083

polyhedron 多角体 10.081

polyhedron-derived virus 多角体衍生病毒，*Y 杆状病毒 10.109

polyhedron envelope 多角体膜 10.082

polymorphic character 多态性状 02.039

polymorphic male 多型雄螨 11.464

polymorphism 多型现象 05.029

polyphagia 多食性 07.083

polyphagy 多食性 07.083

polyphyly 复系 02.028

polyploidy 多倍性 08.296

polypodine B 水龙骨素 B 08.180

polypodocyte 多足细胞 04.218

polyqueen colony 多王群 07.170

polyspermy 多精入卵，*多精受精 05.126

polytene chromosome 多线染色体 08.293

polytrophic ovariole 多滋卵巢管 04.264

polytrophic ovary 多滋卵巢 04.265

protocephalon 原头 05.153

protocerebral bridge 前脑桥 04.044

protocerebrum 前脑 04.043

protochrysalis ＊前蛹 11.470

protocorm 原躯 05.154

protogeny 原雌 11.460

protogonia 顶角 03.294

protoloma ［翅］前缘 03.290

protonymph 第一若螨，＊原若螨 11.472

protorostral seta 原喙毛 11.007

Protura 原尾目，＊原尾虫 02.141

proventriculus（拉） 前胃 04.179

provirus 原病毒 10.135

pseudoapomorphy ＊假衍征 02.034

pseudochela 假螯 11.069

pseudocholine esterase 拟胆碱酯酶，＊假胆碱酯酶 09.096

pseudoculus 假眼 03.062

pseudodiagastric type 伪横腹型 11.232

pseudoelytra 拟平衡棒 03.314

pseudohalteres 拟平衡棒 03.314

pseudoparasitism 假寄生 06.137

pseudopederin 拟青腰虫素 08.084

pseudopenis 伪阳茎 03.490

pseudophallus 伪阳茎 03.490

pseudopupa 先蛹 05.059

pseudopupil 伪瞳孔 08.246

pseudorutella（复） 假助螯器，＊假螯搂 11.076

pseudorutellum 假助螯器，＊假螯搂 11.076

pseudosacci（复） 伪尖突 03.506

pseudosaccus 伪尖突 03.506

pseudoscutum 假盾区 11.119

pseudosematic color 拟辨识色 07.137

pseudostigma ＊假气门 11.414

pseudostigmata ＊假气门器 11.415

pseudostigmatal organ ＊假气门器 11.415

pseudosymphile 拟客栖，＊寄生共生 06.184

pseudotrachea 唇瓣环沟，＊假气管 03.172

Psocoptera 啮虫目，＊啮虫 02.168

pteralia 翅关节片 03.307

pteromorpha 翅形体 11.324

pteromorpha hinge 翅形体铰链 11.326

pteropleura（复） 翅侧片 03.230

pteropleuron 翅侧片 03.230

pterostigma 翅痣 03.305

pterothorax 翅胸，＊具翅胸节 03.192

Pterygota 有翅亚纲 02.145

ptilinal suture 额囊缝 03.051

ptilinum 额囊 03.066

PTTH 促前胸腺激素 08.190

ptychoid 叠缝型 11.240

pulmonary acariasis 肺螨症 11.568

pulsatile organ 搏动器 04.230

pulvilli（复） 爪垫 03.270

pulvillus 爪垫 03.270

punctation 刻点 11.145

pupa 蛹 05.062

pupae（复） 蛹 05.062

pupa exarata 离蛹，＊裸蛹 05.064

pupa folliculata 裹蛹 05.065

pupaparity ＊蛹胎生 05.125

putidaredoxin 假单孢氧还蛋白 09.129

PV 多分 DNA 病毒 10.128

pygidia（复） 臀板 03.456

pygidium 臀板 03.456

pygophore 生殖囊 03.433

pygopod 尾肢 03.451

pyloric chamber 幽门腔 04.187

pyloric sphincter 幽门括约肌 04.188

pyrethroid insecticides 拟除虫菊酯类杀虫剂 09.069

Q

Q fever Q 热 11.549

quantitative character 数量性状 02.038

quarantine 检疫 06.229

quarantine area 检疫区 06.230

quarantine entomology 检疫昆虫学 01.011

quasisocial insect 准社会性昆虫 06.158

queen　* 母虫　06.153

queen pheromone　蜂王信息素　07.192

queen substance　蜂王信息素　07.192

quiescene　静止期　05.020

R

radial crossvein　径横脉　03.353

radial sector　径分脉　03.345

radial stem vein　径干脉　03.346

radio-medial crossvein　径中横脉　03.355

radiomimetic agent　* 辐射模拟剂　09.091

radius　径脉　03.344

rag　颈部　03.179

raiding behavior　袭击行为　07.128

random distribution　随机分布　06.107

random sampling　随机抽样法　06.066

rank　等级　02.022

raphe　丝压背棍　04.169

Raphidiodea　蛇蛉目，* 蛇蛉　02.173

Raphidioptera　蛇蛉目，* 蛇蛉　02.173

Raphignathina　缝颚螨亚目　11.507

raptorial leg　捕捉足　03.277

rare species　稀有种　06.124

rasp　刮器　03.418

rasping-sucking mouthparts　锉吸式口器　03.160

ray　放射枝，* 枝，* 轮　11.299

receptaculum seminis（拉）　受精囊　04.279

receptive field　光感受野　08.247

recombinant baculovirus　重组杆状病毒　10.103

recruitment　征召　07.171

rectal gill　直肠鳃　04.253

rectal gland　直肠腺　04.192

rectal pad　直肠垫　04.193

rectal papilla　直肠乳突　04.194

rectal sac　直肠囊　11.427

rectum　直肠　04.191

recurrent nerve　回神经，* 胃神经　04.070

red-water fever　血尿热　11.558

reflex bleeding　反射出血　07.158

refractoriness　不应态　07.069

regenerative cycst　* 再生胞囊　04.184

reinfection　再感染　10.044

reiterative behavior　重演行为　07.010

rejected name　否定名　02.104

relative toxicity ratio　相对毒性比　09.006

remigium　臀前区　03.299

repellency　驱避性　09.053

replacement name　替代名　02.108

reproductive diapause　生殖滞育　06.201

reproductive isolation　生殖隔离　06.081

residual effect　残效　09.031

residual spray　滞留喷洒　09.018

residual toxicity　残留毒性　09.005

resistance gene frequency　抗性基因频率　09.042

resistance index　抗药性指数　09.044

resistance management　抗性治理　09.048

respiratory trumpet　呼吸角　04.252

retina　视网膜　04.120

retinaculum　系缰钩　03.372

retinene　视黄醛　08.113

retinophora　视小网膜　04.121

retinotopic map　网膜投射图　08.263

retinula　视小网膜　04.121

reversible inhibitor　可逆性抑制剂　09.090

rhabdom　感杆束　04.125

rhabdomere　感杆　04.124

rhagidial organ　莓螨器　11.452

rheotaxis　趋流性　07.036

rhodopsin　视紫红质　08.114

Rhophoteira　蚤目，* 蚤　02.181

Rhynchota　半翅目，* 蝽　02.164

Rhyngota　半翅目，* 蝽　02.164

Rickettsia tsutsugamushi　恙虫病立克次氏体　11.564

rickettsiosis sibirica　北亚蜱媒斑疹热　11.547

ridge　嵴　11.132

ring gland　环腺　04.078

risilin　节肢弹性蛋白　08.130

rivalry behavior　争偶行为　07.130

rivalry sound　争偶声　07.114

rival song 争偶声 07.114

robbing pheromone 掠夺信息素 07.193

Rocky Mountain spotted fever 落基山斑疹热 11.548

root mites 根螨 11.520

rose rosette 蔷薇丛枝病 11.574

rosette pore 辐孔 11.316

rostral groove 喙沟 03.165

rostral seta 喙毛 11.006

rostral shield 喙盾 11.089

rostral though 喙槽 11.010

rostrum 喙 03.161

royal chamber 王室 05.097

royal jelly 王浆 08.070

r-selection r 选择 06.112

RSHF 肾综合征出血热，＊流行性出血热 11.545

r-strategist r 对策昆虫 06.113

rutella（复） 助螯器，＊螯搂 11.072

rutellar brush 助螯器刷 11.073

rutellum 助螯器，＊螯搂 11.072

S

sacbrood 囊雏病 10.062

sacculi（复） 背囊 11.323

sacculus 抱器腹 03.512

sacculus 背囊 11.323

saccus 囊形突 03.505

sacral seta 骶毛 11.377

safety evaluation 安全性评价 09.154

salivarium 唾液窦 04.163

salivary canal 唾液管 04.161

salivary duct 唾液管 04.161

salivary gland 唾液腺 04.160

salivary pump 唾液泵 04.162

salivary stylet 涎针，＊唾针 11.422

saltatorial appendage 弹器，＊跳器 03.404

saltatorial leg 跳跃足 03.276

sanquinivore 食血类 07.094

sap feeder 吸液汁类 07.099

saprophage 腐食类 07.098

saprophagous mites 腐食性螨类 11.529

saprozoic 腐食类 07.098

sarcocystatin 麻蝇半胱氨酸蛋白酶抑制蛋白 08.152

sarcophage 食肉类 07.092

sarcoptid mite 疥螨 11.513

sarcosome 肌粒 04.038

satto disease 家蚕猝倒病 10.139

scabies 疥疮 11.570

scale 鳞片 03.306

scansorial leg 攀附足 03.281

scape 柄节 03.082

scaphium 颚形突，＊下齿形突 03.503

scapula 肩突 11.134

scapular seta 胛毛 11.141

scavenger 腐食类 07.098

scent gland ＊臭腺 04.023

scent gland orifice 臭腺孔 03.422

schadonophan 卵蛹 11.465

schistostatin 沙蝗抑咽侧体肽 08.228

schizechenosy 裂出 11.459

schizodorsal plate 裂背板 11.128

schizogastric type 裂腹型 11.229

schizogony 裂殖生殖 10.177

schizont 裂殖体 10.178

Schmidt layer 施氏层 11.311

schottenol 仙人掌甾醇 08.181

scientific name 学名 02.101

sclerite 骨片 03.012

scleronoduli 骨结 11.331

sclerotization 骨化[作用] 08.056

scolopale 感棒 04.153

scolopalia（复） 感棒 04.153

scolophore 具棒神经胞，＊体壁弦音器 04.154

scolopidium 具棒感器 04.137

scolopophorous sensillum 具棒感器 04.137

scolops 感棒 04.153

scopa 花粉刷 03.285

scopae（复） 花粉刷 03.285

scotophase 暗期，*暗相 06.200

scotopsin 暗视蛋白 08.131

scraper 刮器 03.418

scratching mouthparts 刮吸式口器 03.177

scrub typhus 恙虫病 11.563

sculpture 刻纹 03.327

scutala 盾板毛 11.137

scutal seta 盾板毛 11.137

scutal sulcus 盾沟 03.199

scutal suture 盾沟 03.199

scutelli（复） 小盾片 03.200

scutellum 小盾片 03.200

scuti（复） 盾片 03.198

scutoscutellar sulcus 盾间沟 03.195

scutum 盾片 03.198，盾板 11.116

SD 增效差 09.063

seasonal viviparity 季节胎生 05.124

secondary gonopore 阳茎口，*次生生殖孔 03.441

secondary infection 继发感染 10.043

secondary metabolite 次生代谢物 07.217

secondary parasitism 二次寄生 06.142

secondary segment 次生节 03.027

secondary segmentation 次生分节 03.026

secondary type 次模 02.126

secretogogue 促泌素 08.035

sectorial crossvein 分横脉 03.354

segment 体节 03.001

segmentation gene 分节基因 08.301

sejugal furrow *分颈缝 11.235

sejugal suture 颈缝 11.235

selective inhibitory ratio 选择抑制比 09.158

selective toxicity 选择毒性 09.002

selinenol 凤蝶醇 08.092

sematic color 保护色 07.135

sembling 会集 07.056

seminal duct 输精管 04.291

seminal vesicle 贮精囊 04.292

semiochemicals 信息化学物质 07.173

semipupa 先蛹 05.059

semisocial insect 半社会性昆虫 06.157

semispecies 半[分化]种 02.088

semivoltine 半化性 05.016

Semper cell 森氏细胞，*晶锥细胞 04.119

sensilla（复） 感器 04.126，11.415

sensillar esterase 感器酯酶 08.166

sensillary base 感毛基 11.407

sensillum 感器 04.126，11.415

sensillum ampullaceum（拉） 坛形感器 04.139

sensillum basiconicum（拉） 锥形感器 04.132

sensillum campaniformium（拉） 钟形感器 04.138

sensillum chaeticum（拉） 刺形感器 04.131

sensillum coeloconicum（拉） 腔锥感器 04.134

sensillum opticum（拉） 光感器 04.146

sensillum placodeum（拉） 板形感器 04.135

sensillum scolopophorum（拉） 具橛感器 04.137

sensillum squamiformium（拉） 鳞形感器 04.136

sensillum styloconicum（拉） 栓锥感器 04.133

sensillum trichodeum（拉） 毛形感器 04.130

sensitivity 敏感性 09.010

sensory club 感棒，*觫 11.416

sensory neuron *感觉神经元 04.095

sensory rod 感棒，*觫 11.416

sensory seta 感毛 11.406

sequential evolution 顺序进化 02.058

sequential sampling 序贯抽样法 06.064

sericin 丝胶蛋白 08.129

sericteria（复） 泌丝器 04.167

sericterium 泌丝器 04.167

serine protease inhibitor 丝氨酸蛋白酶抑制蛋白 08.153

serosal cuticle 浆膜表皮 05.150

serotype 血清型 10.141

serpin 丝氨酸蛋白酶抑制蛋白 08.153

seta 刚毛 03.394

setae（复） 刚毛 03.394

sex attractant 性引诱剂 07.195

sex peptide [雄]性肽 08.236

sex pheromone 性信息素 07.183

sex-specific gene expression 性特异基因表达 08.297

sexuale 性蚜 05.114

sexupara 性母 05.115

sexuparae（复） 性母 05.115

shape discrimination 形状辨别 08.250

short-day insect 短日照昆虫 05.026

sialisterium 唾液腺 04.160

sibling species ＊姐妹种 02.085

sign 病征 10.007

signaling molecule 信号分子 08.286

signal peptide 信号肽 08.287

signal transduction 信号转导 08.289

signum 囊突 03.536

silk press 压丝器 04.168

silkworm viral flacherie 家蚕空头性软化病
10.111

similar joint action 相似联合作用 09.058

single capsid virus 单粒包埋型病毒 10.090

single embedded virus 单粒包埋型病毒 10.090

single epimeral group ＊单基节板群 11.254

Siphonaptera 蚤目，＊蚤 02.181

siphoning mouthparts 虹吸式口器 03.174

Siphunculata 虱目，＊虱 02.170

siphunculus 腹管 03.448

sister group 姐妹群 02.029

skototaxis 趋暗性 07.026

sneak attack 偷袭 07.117

social facilitation 社会性易化 07.072

social insects 社会性昆虫 06.151

social parasitism 群居寄生 06.148

social pheromone 社会信息素 07.184

social symbiosis 群居寄生 06.148

socii（复） 尾突 03.504

socius 尾突 03.504

soil entomology 土壤昆虫学 01.009

soil mites 土壤螨类 11.526

soldiers ＊兵虫 06.153

solenidia（复） 感棒，＊觫 11.416

solenidion 感棒，＊觫 11.416

solenostome 环管口 11.312

solid-borne sound 固导声 08.266

solitary species 独居种类 07.160

somite 体节 03.001

sonagram 声响图 07.245

sonic attraction 声波引诱［作用］ 07.230

spatial integration 空间整合 08.255

spatial vision 空间视觉 08.254

speciation 物种形成 02.074

species 种 02.077

species indeterminata（拉） 未定种 02.082

species nova（拉） 新种 02.081

sperm access 环管 11.313

spermatheca 受精囊 04.279

spermathecal gland 受精囊腺 04.280

spermathecal tube 受精囊管 11.446

spermatocyst 育精囊 04.290

spermatodactyl 导精趾 11.437

spermatophora（拉） 精包，＊精荚 04.281

spermatophoral carrier 导精趾 11.437

spermatophoral process 导精趾 11.437

spermatophore 精包，＊精荚 04.281

spermatophorin 精包蛋白 08.237

spermatophorotype 精器 11.440

spermatotreme 导精沟 11.438

sperm pump 精泵 04.295

sperm transfer 传精器 11.441

spherocyte 球形细胞 04.224

spheroid 球状体 10.118

spheroidin 球状体蛋白 10.120

spheroidosis ＊球状体病 10.122

spherule cell 球形细胞 04.224

spherulocyte 球形细胞 04.224

spider mite 叶螨 11.515

spinasternum 具刺腹片 03.236

sp. indet. 未定种 02.082

spindle poison 纺锤体毒素 09.081

spindles 纺锤体 10.119

spinneret 吐丝器 03.176

spiracle 气门 03.382

spiracle gland 气门腺 04.249

spiracula 气门 03.382

spiraculae（复） 气门 03.382

spiracular atrium 气门室 04.248

spiracular gill 气门鳃 03.385

spiracular gland 气门腺 04.249

spiracular opening 气门孔 11.428

spiracular sphincter 气门括约肌 04.250

spiracular trachea 气门气管 04.247

spirochaetosis 蜱媒回归热 11.551

sp. nov. 新种 02.081

sponging mouthparts 舐吸式口器 03.169

sporadic parthenogenesis　*偶发性孤雌生殖 05.110

sporangium phase　孢子囊时期　10.144

sporemorphogenesis　*孢子形态发生　10.180

spore phase　孢子时期　10.142

sporoblast　孢子母细胞　10.182

sporogony　产孢生殖　10.180

sporont　产孢体　10.181

sporoplasm　孢原质　10.175

sporulation　*孢子形成　10.180

spring disease　春季病　10.063

spring-summer encephalitis　*森林脑炎　11.542

spur　距　03.259

squama　腋瓣　03.331

squamae（复）　腋瓣　03.331

squamiform sensillum　鳞形感器　04.136

SR　增效比，*增效系数　09.062

SR spirochete　性比螺旋体，*性比螺原体 10.149

stabbers　口针　03.168

stadia（复）　龄期　05.057

stadium　龄期　05.057

stage-specific gene expression　虫期特异基因表达 08.298

stemgroups　干群　02.080

stemma　侧单眼　03.059

stemmata（复）　侧单眼　03.059

stem mother　干母　05.111

stereokinesis　触动态　07.022

stereotaxis　趋触性　07.033

sterigma　阴片　03.533

sterna（复）　腹板　03.015

sternacostal sulcus　腹脊沟　03.239

sternal apophysis　腹内突　04.019

sternalia　胸毛　11.375

sternal line　胸线，*腹板线　11.249

sternal plate　胸板　11.167

sternal pore　胸板孔　11.168

sternal seta　胸毛　11.375

sternal shield　胸板　11.167

sternellum　小腹片　03.234

sternite　腹片　03.016

sternocosta　腹内脊　03.240

sterno-genital plate　胸殖板　11.181

sternopleural line　腹侧线　03.010

sternopleurite　腹侧片　03.237

sterno-ventral shield　胸腹板　11.180

sternum　腹板　03.015，胸板　11.167

steroecious species　狭幅种，*狭适种　06.122

steroidogenic hormones　甾源激素　08.169

stigma　翅痣　03.305，气门　03.382

stigmaeid mite　长须螨　11.517

stigmata（复）　气门　03.382

sting　螫针　03.527

sting gland　螫针腺　04.282

stipes　茎节　03.098

stipites（复）　茎节　03.098

stomachic ganglion　嗉囊神经节　04.083

stomatogastric nervous system　交感神经系统 04.079

stomodaeum　口道　04.172

stomodeal nervous system　交感神经系统　04.079

stomodeum　口道　04.172

stomogastric nerve　回神经，*胃神经　04.070

stonebrood　幼虫结石病　10.068

storage protein　贮存蛋白　08.125

stored product mites　储藏物螨类　11.525

stored products entomology　仓储昆虫学　01.010

stratified random sampling　分层随机抽样法 06.067

Strepsiptera　捻翅目，*捻翅虫，*蝙　02.174

stress response　应激反应　08.292

stretch receptor　牵引感受器　04.149

stria　条纹　03.326

striae（复）　条纹　03.326

striated border　纹状缘　04.185

stridulation　摩擦发音　07.240

stridulitrum　音锉　03.417

strigilis　净角器　03.283

strobinin　蚜橙素　08.109

style　针突　03.450

stylet　口针　03.168

styli（复）　针突　03.450

styloconic sensillum　栓锥感器　04.133

stylophore　口针鞘　11.420

stylostome　茎口　11.566

stylus 针突 03.450

subalare 后上侧片 03.221

subantennal suture 额颊沟，＊角下沟 03.116

subcapitulum ＊下颚体 11.020

subcosta 亚前缘脉 03.343

subdorsal seta 亚背毛 11.371

subfamily 亚科 02.068

subgenal sutures 颊下沟 03.122

subgenital plate 下生殖板 03.430

subgenital seta 亚殖毛 11.190

subgenus 亚属 02.073

subhumeral seta 亚肩毛，＊基节间毛，＊肩下毛 11.143

subimago 亚成虫 05.074

subintegumental scolophore 离壁具橛胞 04.155

subjective synonym 主观异名 02.105

sublamella 亚叶 11.337

submarginal seta 亚缘毛，＊边毛 11.363

submentum 亚颏 03.108

submidian seta 亚中毛 11.294

subnymph 拟蛹 05.060

suboesophageal ganglion 食道下神经节，＊咽下神经节 04.080

subpharyngeal nerve 咽下神经 04.085

subscaphium 颚形突，＊下齿形突 03.503

subsocial insect 亚社会性昆虫 06.156

subspecies 亚种 02.078

subterminala 亚端毛 11.049

subterminal seta 亚端毛 11.049

succincti 缢蛹 05.067

succursal nest 蔽身巢 06.166

sulcatol 食菌甲诱醇 07.206

sulci（复） 沟 03.019

sulcus 沟 03.019

supercooling point 过冷却点，＊临界点，＊临界温度 06.198

superfamily 总科 02.066

superficial cleavage 表面卵裂 05.159

superficial germ band 表胚带 05.147

superior pleurotergite 上侧背片 03.201

superparasitism ＊超寄生 06.144

superposition eye 重叠眼 04.111

superpositon image 重叠像 08.262

supraanal plate 肛上板 03.466

supracoxal fold 基节上褶 11.262

supracoxal gland 基节上腺 11.259

supracoxal seta 基节上毛 11.257

supraepisternum 上前侧片 03.211

supraesophageal organ 食道上器官 11.455

supraoesophageal ganglion 脑 04.042

suranal plate 臀板 03.456

surface active agents 表面活性剂 09.092

surfactant 表面活性剂 09.092

surstyli（复） 侧尾叶 03.454

surstylus 侧尾叶 03.454

survival curve 存活曲线，＊l_x曲线 06.091

survival rate 存活率 06.090

susceptibility 感受性 09.009

suspensi 垂蛹 05.066

suspensorium of the hypopharynx 舌悬骨 03.154

suspensory ligament 悬韧带 04.256

suture 缝 03.021

swarming 分蜂 07.060，涌散 07.061

symbiogenesis 共生起源 02.054

symbiosis 共生 06.167

sympathetic nervous system 交感神经系统 04.079

sympatric speciation 同域物种形成 02.076

symphile 蚁客，＊蚁真客 06.190

symplesiomorphy 共同祖征 02.031

symport 同向转运 08.024

symptom 症状 10.008

symptomatology 症状学 10.006

syn. ［同物］异名 02.099

synapomorphy 共同衍征 02.033

synaptic cleft 突触间隙 04.104

synaptic frequency ［视］突触频率 08.272

synaptic gap 突触间隙 04.104

synaptic plasticity 突触可塑性 08.273

synaptic transmission 突触传递 09.097

synaptic vesicle 突触小泡 04.103

synaptosome 突触小体 04.105

synchronous muscle 同步肌 04.035

synclerobiosis 偶然共栖 06.182

syndrome 综合症状 10.010

synecthran 蚁盗 06.191

synergic difference 增效差 09.063

synergic ratio 增效比，＊增效系数 09.062

synergism 增效作用 09.060

synergist 增效剂 09.061

synganglion 合神经节 11.436

synoëcy 客栖 06.183

synoëkete 客虫 06.185

synomone 互益素 07.177

synonym ［同物］异名 02.099

synparasitism 共寄生 06.138

synsternite 合腹节 03.391

syntype 全模 02.119

systematics 系统学 02.002

systematic sampling 系统抽样法，＊机械抽样法 06.068

systemic insecticides 内吸杀虫剂 09.073

T

tachygenesis 简缩发生 05.032

tachykinin 速激肽 08.218

tactile communication 触觉通讯 07.236

tactile seta 触毛 11.410

taenidia（复） 螺旋丝 04.242

taenidium 螺旋丝 04.242

tagma 体段 03.004

tagmata（复） 体段 03.004

tagmosis 体段划分 03.002

tandem setae ＊串毛 11.389

tanyblastic germ band 长胚带 05.145

target resistance 靶标抗性 09.038

tarsala 须跗毛 11.048

tarsal cluster 跗［节］毛束 11.289

tarsal organ ＊跗节器 11.290

tarsal pulvilli（复） 跗垫 03.267

tarsal pulvillus 跗垫 03.267

tarsal sensillum 跗感器 11.290

tarsi（复） 跗节 03.262

tarsomer 跗分节 03.265

tarsonemid mite 跗线螨 11.519

Tarsonemina 跗线螨亚目 11.508

tarsungulus 跗爪 03.266

tarsus 跗节 03.262

Tau ridge T脊 11.161

taxa（复） 分类单元 02.021

taxis 趋性 07.024

taxon 分类单元 02.021

taxonomy 分类学 02.001

tectocuticle 盖表皮，＊黏质层 04.003

tectopedium 足盖 11.251

tectostracum 盖角层 11.310

tectum 头盖［突］ 11.003

tegmen 覆翅 03.315，阳［茎］基 03.475

tegmina（复） 覆翅 03.315

tegula 翅基片 03.310

tegulae（复） 翅基片 03.310

tegumen 背兜 03.499

teleiophane 成蛹 11.471，终蛹 11.478

teleochrysalis 终蛹 11.478

telofemur 端股节，＊端腿节 11.268

telopodite 端肢节 03.030

telosomal seta 尾毛 11.159

telosome 尾体 11.110

telotarsus 端跗节 11.287

telotaxis 趋激性 07.038

telotrophic ovariole 端滋卵巢管 04.266

telotrophic ovary 端滋卵巢 04.267

telson 尾节，＊围肛节 03.449

temple 下颊 03.120

temporal seta 颞毛 11.139

tenaculum 握弹器 03.408

tenellin 卵孢白僵菌素 10.164

tenent hair 黏毛 03.274

tentoria（复） 幕骨 04.017

tentorial pit 幕骨陷 04.018

tentorium 幕骨 04.017

tenuipalpid mite 细须螨 11.516

teratocyte 畸形细胞 04.228

teratogenesis 畸形发生 05.108

teratology 畸形学 10.005

terga（复） 背板 03.013

tergite 背片 03.014

tergites ring 背环 11.129

tergum 背板 03.013

terminal filament 端丝 04.258

terminalia 尾器 03.453

terminal knob 端锤 11.447

terminal sensillum 端感器 11.417

territoriality 领域性 07.052

territorial pheromone 领域信息素 07.187

territory defence 领域防御 07.053

tertiary parasitism 三次寄生 06.143

testes（复） 精巢 04.283

testicular follicle 精巢管，*睾丸管 04.284

testicular tube 精巢管，*睾丸管 04.284

testis 精巢 04.283

tetranactin 杀螨素，*四环菌素 10.171

tetranychid mite 叶螨 11.515

Tetrastigmata *四气门目 11.495

thanatosis 假死 07.154

thanosome 大体 11.109

theileriasis 泰勒虫病 11.557

thelyotoky 产雌孤雌生殖 05.107

thermal hysteresis protein 热滞蛋白 08.145

thermal threshold 发育起点温度 06.103

thermotaxis 趋温性 07.027

thigmotaxis 趋触性 07.033

thoraces（复） 胸部 03.183

thoracic calypter 下腋瓣 03.333

thoracic ganglion 胸神经节 04.086

thoracic gland 胸唾腺 04.166

thoracic leg 胸足 03.249

thorax 胸部 03.183

thread press 压丝器 04.168

three epimeral group *三基节板群 11.254

three-host tick 三宿主蜱 11.540

threshold temperature 发育起点温度 06.103

thumb-claw complex 须[肢]爪复合体 11.046

thuringiensin *苏云金素 10.146

thyridial cell 明斑室 03.329

Thysanoptera 缨翅目，*蓟马 02.166

Thysanura 缨尾目 02.144

tibia 胫节 03.258

tibiae（复） 胫节 03.258

tibiala 胫毛 11.279

tibial seta 胫毛 11.279

tibial spur 胫节距 03.260

tibiotarsus 胫跗节 11.285

tick *蜱 11.491

tick-borne encephalitis 蜱媒脑炎 11.542

tick-borne paralysis 蜱传麻痹症，*蜱瘫 11.552

tick-borne recurrens 蜱媒回归热 11.551

tignum 殖弧梁 03.495

timbal 鼓膜 04.142

time lag 时滞 06.056

time-specific life table 时间特征生命表 06.087

tined apotele *叉状趾 11.038

TIR 点滴/注射毒性比率 09.007

tissue-specific gene expression 组织特异基因表达 08.299

tocospermic type 纳精型 11.442

token stimulus 信号刺激 07.234

tonic receptor 紧张感受器 04.150

tonofibrilla 皮肌纤维 04.040

tonofibrillae（复） 皮肌纤维 04.040

toosendanin 川楝素 09.079

topical application 点滴法 09.019

topical/ inject toxicity ratio 点滴/注射毒性比率 09.007

topochemical sense 化源感觉 07.078

topotaxis 趋位性 07.044

topotype 地模 02.127

tormogen 膜原细胞 04.128

tormogen cell 膜原细胞 04.128

trachea 气管 04.232

tracheae（复） 气管 04.232

tracheal camera 气管龛 04.251

tracheal commissure 气管连索 04.239

tracheal gill 气管鳃 03.419

tracheal recess 气管龛 04.251

tracheal system 气管系统 04.231

tracheoblast 成气管细胞 04.243

tracheole 微气管 04.244

Trägårdh's organ 特氏器 11.071

trail pheromone 踪迹信息素 07.185

transductory cascade 转导级联 08.290

transformational mimicry 变形拟态 07.146

translamella 横叶 11.338

transovarian transmission 经卵巢传递 10.198

transovum transmission 经卵表传递，*卵表传递 10.199

transstadial transmission 经发育期传递 10.200

transtilla 横带片，*抱器背基突 03.511

transverse muscle 横肌 04.026

transverse orientation 横向定位 07.016

trap 诱捕器 07.231

tree-top disease 树顶病，*树梢病 10.100

trehalase 海藻糖酶 08.154

trehalose 海藻糖 08.120

triangle gait 三角步法 07.050

tribe 族 02.069

trichobothria（复） 点毛 03.399

trichobothrium 点毛 03.399，盅毛 11.413

trichogen 毛原细胞 04.129

trichogenous cell 毛原细胞 04.129

trichoid sensillum 毛形感器 04.130

Trichoptera 毛翅目，*石蛾，*石蚕 02.176

tricuspid cap 三角冠 11.068

trigoneutism 三化性 05.018

trimedlure 地中海实蝇性诱剂 07.203

trimorphism 三型现象 05.028

trinomen 三名法 02.062

trinominal name 三名法 02.062

trinominal nomenclature 三名法 02.062

tritocerebrum 后脑 04.066

tritonymph 第三若螨 11.474

tritosternal base 胸叉基，*第三胸板基 11.172

tritosternal lacinia *第三胸板内叶 11.171

tritosternum 胸叉，*第三胸板 11.170

triungulid 拟三爪蚴 05.051

triungulin 三爪蚴 05.050

trivial flight 琐飞 07.054

trivoltine 三化性 05.018

trochanter 转节 03.256

trochanter seta 转节毛 11.264

trochanter spur 转节距 11.263

trochantin 基转片 03.218

trochantinopleura 基侧片 03.216

trombiculiasis *恙螨[斑疹]热 11.565

trombiculid mite 恙螨，*恙虫，*沙虱 11.51[

trombiculosis 恙螨皮炎 11.562

trombityphosis *恙螨[斑疹]热 11.565

trophallactic gland 交哺腺 04.197

trophallaxis 交哺现象 06.162

trophamnion 滋养羊膜 05.148

trophi 口器 03.145

trophic level 营养级 06.011

trophic plasticity 食性可塑性 08.046

trophobiont 食客 06.189

trophocyte 滋养细胞，*滋卵细胞 04.262

trophogeny 食物异级 06.152

trophoroite 营养体 10.176

true claws *真爪 11.297

tsutsugamushi disease 恙虫病 11.563

tubulus annulatus 环管 11.313

tularaemia 土拉菌病，*兔热病 11.554

two-host tick 二宿主蜱 11.539

two-state character 二态性状 02.037

tympana（复） 鼓膜 04.142

tympanal lobe 鼓膜叶 03.416

tympanal organ 听器，*鼓膜器 04.141

tympanic organ 听器，*鼓膜器 04.141

tympanum 鼓膜 04.142

type locality 模式产地 02.128

type species 模式种 02.079

type species of genus 属模 02.118

type specimen 模式标本 02.113

tyrosine phenol-lyase 酪氨酸酚溶酶 09.107

U

umbellate pteromorpha *伞状翅形体 11.324

unci（复） 爪形突 03.501

uncus 爪形突 03.501

unguiculi（复） 小爪 03.273

unguiculus 小爪 03.273

unguitractor plate 掣爪片 03.269

uniform distribution　均匀分布　06.106

uniordinal crochets　单序趾钩　03.411

upper squama　上腋瓣　03.332

urate cell　尿酸盐细胞　04.204

urban entomology　城市昆虫学　01.012

urocyte　尿酸盐细胞　04.204

urogomphi（复）　尾叉　03.458

urogomphus　尾叉　03.458

Uropodina　尾足螨亚目　11.503

urstigma　＊拟气门　11.448

urticating hair　螫毛　03.396

V

vagina　生殖腔　03.438，阴道　03.524

valid name　有效名　02.106

valvae　抱器瓣　03.502

valvifer　负瓣片，＊载瓣片　03.521

valvula vulvae　阴门瓣　03.529

vannal fold　臀褶　03.297

vannal region　臀区　03.300

vannus　臀区　03.300

∞variant　无包含体突变株　10.106

vasa deferentia（复）　输精管　04.291

vasa mucosa（拉）　马氏管　04.200

vas deferens（拉）　输精管　04.291

vector　介体　10.136

vegetative cell phase　营养体时期　10.143

vein　翅脉　03.339

venation　脉序，＊脉相　03.340

vent　肛门　03.471

ventilation trachea　换气气管　04.245

ventral apodeme　＊腹内突　11.011

ventral diaphragm　腹膈　04.212

ventral hysterosomal seta　后半体腹毛　11.178

ventralia　腹片　11.176

ventral muscle　腹肌　04.025

ventral nerve cord　腹神经索　04.088

ventral plate　腹板　11.175

ventral platelet　腹片　11.176

ventral ridge　腹脊　11.345

ventrals　腹毛　11.373

ventral seta　腹毛　11.373

ventral setation formula　腹毛式　11.374

ventral shield　腹板　11.175

ventral tibial seta　胫腹毛　11.043

ventral trachea　腹气管　04.234

ventral tracheal commissure　腹气管连索　04.241

ventral tracheal trunk　腹气管干　04.236

ventral tube　黏管　03.403

ventri-anal shield　腹肛板　11.219

ventro-anal plate　腹肛板　11.219

ventrogladularia　腹腺毛　11.398

ventrosejugal enantiophysis　腹颈沟突　11.354

ventrovalvula　腹产卵瓣，＊第一产卵瓣　03.518

ventrovalvulae（复）　腹产卵瓣，＊第一产卵瓣　03.518

vernacular name　俗名　02.102

verruca　毛瘤　03.052

vertebrate selectivity ratio　脊椎动物选择性比例　09.052

vertex　头顶　03.042

vertical bristle　顶鬃　03.050

vertical seta　顶毛　11.360

vertical transmission　垂直传递　10.197

vesica　阳茎端膜　03.498

vesicular seta　囊毛　11.403

vesicula seminalis（拉）　贮精囊　04.292

vespulakinin　蜂舒缓激糖肽　08.078

veterinary entomology　兽医昆虫学　01.013

vexillum　膨大附端　03.514

Vg　卵黄原蛋白　08.134

vibrissa　髭　03.045

vibrissae（复）　髭　03.045

vibrissal angle　髭角　03.046

vinculum　基腹弧　03.500

violaxanthin　紫黄质　08.098

viral enhancin　病毒增强素　10.107

virginogenia　孤雌胎生蚜　05.112

virginogeniae（复）　孤雌胎生蚜　05.112

virion 病毒粒子 10.076

virogenic stroma 病毒发生基质 10.093

viroplasm 病毒发生基质 10.093

virulence 致病力，＊毒力 10.023

virus bundle 病毒束 10.089

virus-parasitoid symbiosis 病毒与寄生蜂共生现象 10.131

visceral muscle 脏肌 04.027

visual acuity 视敏度 08.260

visual communication 视觉通讯 07.235

visual guidance 视觉制导 08.249

visual induced response 视觉诱发反应 08.259

visuomotor system 视动系统 08.248

vitellarium 生长区 04.261

vitellin 卵黄蛋白 08.133

vitellogenesis 卵黄发生 08.231

vitellogenin 卵黄原蛋白 08.134

vitellophage 消黄细胞 05.133

vitellus 卵黄 05.132

vitreous body 晶锥 04.115

volsella 阳茎基腹铗 03.515

voltage clamp 电压钳 08.280

voltinism 化性 05.015

vomer subanalis 肛下犁突 03.493

VSR 脊椎动物选择性比例 09.052

Vt 卵黄蛋白 08.133

vulva 阴门 03.525

vulvar scale 下生殖板 03.430

W

Wadtracht disease 杉毒病 10.069

waggle dance 摆尾舞 07.246

wagtail dance 摆尾舞 07.246

wandering phase 游移期 07.063

warning coloration 警戒色 07.134

Wasmannian mimicry 瓦斯曼拟态，＊华斯曼拟态 07.143

water mite 水螨 11.523

wax filaments 蜡丝 11.309

Weismann's ring 环腺 04.078

wheat streak mosaic 小麦条纹花叶病 11.575

white-muscardine 白僵病 10.161

wilt disease 萎缩病 10.101

wind tunnel 风洞 07.228

wing 翅 03.287

wing polymorphism 翅多型 05.117

Wipfelkrankheit（德） 树顶病，＊树梢病 10.100

With's organ 威瑟器 11.454

workers ＊职虫 06.153

X

xanthommatin 眼黄素 08.117

xenobiosis 宾主共栖 06.181

Y

yellow muscardine 黄僵病 10.167

yolk 卵黄 05.132

yolk protein 卵黄蛋白 08.133

Z

zigzag flight 锯齿形飞行 07.062

zone of acarina 螨类群落带 11.488

Zoraptera 缺翅目，＊缺翅虫 02.155

汉 英 索 引

A

阿维菌素类杀虫剂　avermectin　09.072
*埃塞俄比亚界　Ethiopian Realm　02.133
γ-氨基丁酸受体　GABA receptor　09.138
氨基甲酸酯类杀虫剂　carbamate insecticides　09.068
氨基甲酸酯水解酶　carbamatic hydrolase　09.123
氨基甲酰化常数　carbamylation constant　09.149
*氨基葡糖　glucosamine　08.123
安全性评价　safety evaluation　09.154
桉天牛醇　phoracanthol　08.089
暗期　scotophase　06.200
暗适应　dark adaptation　08.244
暗视蛋白　scotopsin　08.131
*暗相　scotophase　06.200
螯导体　cheliceral guides　11.058

*螯杆　cheliceral shaft　11.055
螯基　cheliceral base, chelobase　11.055
*螯盔　cheliceral sheath　11.063
*螯盔毛　galeal seta　11.064
*螯楼　rutellum, rutella（复）　11.072
螯钳　chela　11.054
螯鞘　cheliceral sheath　11.063
螯鞘毛　galeal seta　11.064
螯刷　cheliceral brush　11.057
螯肢　chelicera, chelicerae（复）　11.053
螯肢毛　cheliceral seta　11.067
*螯[肢]爪　cheliceral claw, chelostyle　11.054
螯趾　cheliceral digit　11.059
澳大利亚界　Australian Realm　02.134

B

*八孔器　octotaxic organ　11.026
巴贝虫病　babesiasis　11.555
巴尔比亚尼环　Balbiani ring　08.295
靶标抗性　target resistance　09.038
白蝶呤　leucopterine　08.102
白僵病　white-muscardine　10.161
白僵菌素Ⅰ　beauvericin Ⅰ　10.162
*白蚁　Isoptera　02.162
百日青蜕皮酮　ponasterone　08.179
摆尾舞　waggle dance, wagtail dance, dance language　07.246
斑块　patch　06.025
斑蝥素　cantharidin　08.082
板形感器　placoid sensillum, sensillum placodeum（拉）　04.135
伴孢晶体　parasporal crystal　10.147

*瓣尖　lamella, lamellae（复）　11.333
瓣间片　gonangulum, gonangula（复）　03.522
半变态　hemimetamorphosis　05.008
半变态类　Hemimetabola　02.153
半翅目　Hemiptera, Rhynchota, Rhyngota　02.164
半纯饲料　meridic diet　08.040
半[分化]种　semispecies　02.088
半化性　semivoltine　05.016
半气门式呼吸　hemipneustic respiration　08.049
半鞘翅　hemelytron, hemelytra（复）, hemielytron, hemielytra（复）　03.316
半社会性昆虫　semisocial insect　06.157
半数致死量　median lethal dose, LD_{50}　09.024
棒节　clava, club　03.086
孢原质　sporoplasm　10.175
孢子母细胞　sporoblast　10.182

孢子囊时期　sporangium phase　10.144

孢子时期　spore phase　10.142

*孢子形成　sporulation　10.180

*孢子形态发生　sporemorphogenesis　10.180

胞吐作用　exocytosis　08.028

胞窝　nidus, nidi（复）　04.184

包含体　inclusion body, occluded body　10.075

包含体病毒　occluded virus　10.074

包囊细胞　coagulocyte, cystocyte　04.226

包囊作用　encapsulation　10.014

*保护　conservation　06.226

保护色　sematic color　07.135

保留名　nomen conservandum（拉）　02.112

保幼激素　juvenile hormone, JH　08.182

保幼激素结合蛋白　JH binding protein　08.149

保幼激素类似物　JH analogue, JHA, JH mimic,
　juvenoid　08.183

保幼激素酯酶　JH esterase　08.160

保幼冷杉酮　juvabione　08.186

保幼罗勒烯　juvocimene　08.184

保育　conservation　06.226

抱器瓣　valvae, hapis　03.502

抱器背　costa, costae（复）　03.510

*抱器背基突　transtilla　03.511

抱器端　cucullus　03.513

抱器腹　sacculus　03.512

抱器指突　digitus　03.516

抱握　clasping　07.109

抱握器　clasper, harpago, harpagones（复）　03.480

抱握足　clasping leg　03.280

杯形器　cupule　11.320

杯形细胞　calyciform cell, goblet cell　04.183

杯状体　goblet　11.435

北亚蜱媒斑疹热　rickettsiosis sibirica　11.547

背板　tergum, terga（复）, notum, nota（复）
　03.013, dorsal plate, dorsal shield　11.111

背侧沟　notopleural suture　03.227

背侧片　notopleuron, notopleura（复）　03.226,
　dorsolateralia　11.131

背侧线　dorsopleural line　03.009

背产卵瓣　dorsovalvula, dorsovalvulae（复）　03.520

背翅突　alaria, alariae（复）　03.203

背兜　tegumen　03.499

*背窦　dorsal sinus　04.209

背缝　dorsal furrow　11.234

*背腹板　notogaster　11.115

背腹沟　dorso-ventral groove　11.242

背感器　dorsal sensillum　11.418

背膈　dorsal diaphragm　04.210

背环　tergites ring　11.129

背肌　dorsal muscle, musculus doralis（拉）　04.024

背脊　costa, costae（复）, dorsal ridge　11.342

背颈缝　dorsosejugal suture　11.236

背颈缝孔区　areae porosae dorsosejugales　11.321

背颈沟突　dorsosejugal enantiophysis　11.355

*背距　dorsal spur　11.263

背孔　dorsal pore　11.315

背瘤　dorsal tubercle　11.346

背瘤突　dorsal hump　11.348

背毛　dorsal seta　11.370

背毛式　dorsal setation formula　11.372

背囊　sacculus, sacculi（复）　11.323

*背内突　dorsal apodeme　11.011

背片　tergite　03.014

背器［官］　dorsal organ　05.149

背气管　dorsal trachea　04.233

背气管干　dorsal tracheal trunk　04.235

背气管连索　dorsal tracheal commissure　04.240

背气门目　Notostigmata　11.494

背突　dorsal process, dorsal prolongation　11.434

背隙状器　dorsal lyrifissure　11.319

背腺毛　dorsoglandularia　11.397

背血管　dorsal blood vessel, dorsal vessel, mesoder-
　mal tube　04.208

背中槽　dorsocentral furrow　11.340

背中脊　dorsocentral ridge　11.339

*背中毛　dorsocentral seta, dorsal median seta
　11.364

背中片　dorsocentralia　11.130

背中线　dorsomeson　03.008

背中鬃　dorsocentral bristle　03.191

贝氏拟态　Batesian mimicry　07.141

*被食者　prey　06.127

*贲门瓣　cardiac valve　04.177

本地种　indigenous species, native species　06.117

*本能　innate behavior　07.007

*鼻突 naso 11.136

彼得拉哈五月病 Bettlach May disease 10.054

蔽身巢 succursal nest 06.166

闭室 closed cell 03.366

避荫趋性 photofobotaxis 07.035

鞭节 flagellum 03.084

鞭毛 flagellum 04.288

鞭小节 flagellar segment, flagellomere 03.085

*边毛 submarginal seta 11.363

边缘生境 fringe habitat 06.023

边缘效应 edge effect 06.040

变态 metamorphosis, metamorphoses（复） 05.004

变形虫病 amoeba disease 10.051

变形拟态 transformational mimicry 07.146

辨识色 episematic color 07.136

标记信息素 marking pheromone 07.186

表变态 epimorphosis 05.011

表刻螨亚目 Epicriina 11.502

表面活性剂 surfactant, surface active agents 09.092

表面卵裂 superficial cleavage 05.159

表胚带 superficial germ band 05.147

表皮 cuticle, cuticula（拉） 04.002

表皮坏死症 dermomyositis 10.057

表皮内突 apodeme 03.020

表皮质 cuticulin 08.058

濒危种 endangered species 06.123

宾主共栖 xenobiosis 06.181

兵工蚁 dinergatogyne 05.091

兵螱腺 nasute gland 04.021

兵蚁 dinergate 05.088

冰核形成 ice nucleation 08.030

柄后腹 gaster 03.389

柄节 scape 03.082

病毒发生基质 virogenic stroma, viroplasm 10.093

病毒粒子 virion 10.076

病毒束 virus bundle 10.089

病毒与寄生蜂共生现象 virus-parasitoid symbiosis 10.131

病毒增强素 viral enhancin 10.107

病理生理学 physiopathology 10.001

病理形态学 morphopathology 10.002

病理组织学 histopathology 10.003

病因学 etiology 10.004

病原体 pathogen 10.024

病征 sign 10.007

并脉 anastomosis 03.361

并系 paraphyly 02.027

并胸腹节 propodeum, propodeon 03.386

并胸腹节三角片 propodeal triangle 03.388

并眼症 cyclops 10.053

波纹小蠹诱剂 multilure 07.211

搏动器 pulsatile organ 04.230

泊松分布 Poisson distribution 06.108

捕食性螨类 predacious mites 11.527

捕食者 predator 06.126

捕食作用 predation 06.125

捕捉足 raptorial leg 03.277

哺幼性 eutrophapsis 07.164

补充生殖型 complementary reproductive type 05.098

补模 apotype 02.125

不活动休眠体 inert hypopus 11.482

不可逆抑制剂 irreversible inhibitor 09.089

不连续呼吸 discontinuous respiration 08.051

不敏感性 insensitivity 09.013

不敏感指数 insensitivity index 09.014

*不全周期种 anholocyclic species 05.100

不完全变态 incomplete metamorphosis 05.007

不应态 refractoriness 07.069

布鲁菌病 brucellosis 11.553

步刚毛 ambulatorial seta 03.395

步行器 ambulacral organ 11.300

步行足 ambulatorial leg, ambulacra（复） 03.275

步爪 ambulacrum, ambulacra（复） 11.297

C

蚕蛾酸 bombycic acid 08.066

蚕蛾性诱醇 bombykol 07.196

残留毒性　residual toxicity　09.005

残效　residual effect　09.031

仓储昆虫学　stored products entomology　01.010

侧板　pleuron, pleura（复）　03.017

侧背脊　paracosta　11.343

侧背片　laterotergite, pleurotergite, paratergite　03.380

侧背叶　paranotum, paranota（复）　03.288

侧壁　lateral integument　11.177

侧侧片　lateropleurite　03.222

侧翅突　pleural wing process, pleuralifera, alifer　03.224

侧唇　lateral lip, paralabrum　11.077

侧唇舌　paraglossa　03.113

侧单眼　stemma, stemmata（复）, lateral ocellus　03.059

侧额　parafrontalia　03.072

侧腹片　laterosternite, pleurosternite　03.381

侧沟　pleural suture　03.223, lateral groove　11.243

＊侧后小盾片　lateral postscutellar plate　03.201

侧基突　pleural coxal process, coxifer　03.225

侧肌　lateral muscle, musculus lateralis（拉）　04.028

侧接缘　connexivum　03.390

侧颈片　lateral cervicale, laterocervicalia　03.181

侧孔区　areae porosae laterales　11.322

侧毛　laterals, lateral seta　11.367

侧片　pleurite　03.018

侧气管干　lateral tracheal trunk　04.237

侧神经索　lateral nerve cord　04.091

侧输卵管　lateral oviduct, oviductus lateralis（拉）　04.274

侧尾叶　surstylus, surstyli（复）　03.454

侧腺毛　lateroglandularia　11.399

侧亚端毛　parasubterminala, parasubterminal seta　11.293

侧殖板　aggenital plate　11.202

侧殖肛板　aggenital-anal plate　11.204

侧殖毛　aggenital seta　11.203

插入板　intercalary plate　11.127

插入器　penis, intromittent organ　03.479

叉节　dens, dentes（复）　03.406

＊叉状趾　tined apotele　11.038

蝉花　Cordyceps sobolifera, C. cicadae　10.155

产孢生殖　sporogony　10.180

产孢体　sporont　10.181

产雌孤雌生殖　thelyotoky　05.107

产雌雄孤雌生殖　anthogenesis, amphiterotoky, deuterotoky　05.105

＊产卵雌蚜　amphigonic female, gamic female　05.113

产卵刺激素　oviposition stimulant　07.219

产卵器　ovipositor, oviscapt　03.517

产卵丝　fila ovipositoris　03.530

产雄孤雌生殖　arrhenotoky　05.106

常毛　ordinary seta, normal seta　11.387

长翅目　Mecoptera　02.178

＊长跗毛　mastitarsala, mastitarsal seta　11.295

长胚带　tanyblastic germ band　05.145

长日照昆虫　long-day insect　05.025

长须螨　stigmaeid mite　11.517

肠激酶　enterokinase　08.155

肠螨症　intestinal acariasis　11.569

肠外消化　extra-intestinal digestion　08.034

超极化后电位　after-hyperpolarization potential　08.278

＊超寄生　superparasitism　06.144

朝向辨别　orientation discrimination　08.252

巢内共生物　nest symbionts　07.126

掣爪片　unguitractor plate　03.269

尘螨　dust mite, dermatophagoid mite　11.514

城市昆虫学　urban entomology　01.012

成虫　imago, imagines（复）, adult　05.073

＊成虫盘　imaginal disc, imaginal bud　05.158

成螨　adult, imago, prosopon　11.475

＊成蜱　adult, imago, prosopon　11.475

成气管细胞　tracheoblast　04.243

成熟前期　prematuration period　05.003

成蛹　imagochrysalia, teleiophane　11.471

成幼同型　homomorpha　05.052

迟发性神经毒性　delayed neurotoxicity　09.004

齿冠　corona　11.082

齿式　dentition formula　11.083

齿小蠹二烯醇　ipsdienol　07.208

齿小蠹烯醇　ipsenol　07.207

豉甲酮　gyrinidone　08.087

翅　wing　03.287

翅瓣　alula, alulae（复）, aluler, cuilleron　03.304

翅侧片　pteropleuron, pteropleura（复）　03.230

翅多型　alary polymorphism, wing polymorphism　05.117

翅轭　jugum, juga（复）　03.370

翅钩　hamulus, hamuli（复）　03.373

翅关节片　pteralia　03.307

翅后桥　postalare, postalar bridge, postalaria, posta-lariae（复）　03.208

*［翅］后缘　inner margin　03.292

翅基片　tegula, tegulae（复）　03.310

翅缰带　frenulum　03.371

翅脉　vein, nervure　03.339

［翅］内缘　inner margin　03.292

翅前桥　prealare, prealar bridge, prealaria, prealariae（复）　03.207

［翅］前缘　costal margin, protoloma　03.290

翅桥　alaraliae　03.206

翅韧带　alar frenum（拉）　04.041

翅室　cell　03.364

［翅］外缘　outer margin　03.291

翅形体　pteromorpha　11.324

翅形体铰链　pteromorpha hinge　11.326

翅胸　pterothorax　03.192

翅褶　plica, plicae（复）　03.330

翅痣　pterostigma, stigma　03.305

虫草菌素　cordycepin　10.154

虫道菌圃　ambrosia　06.193

虫粪　fecula, frass　08.061

虫红素　insectorubin　08.111

虫绿素　insectoverdin　08.094

虫尿色素　entomourochrome　08.110

虫期特异基因表达　stage-specific gene expression　08.298

虫漆酶　laccase　08.164

*虫漆酸　laccaic acid　08.073

虫青素　insecticyanin　08.095

虫瘿　gall, cecidium　06.217

重叠像　superpositon image　08.262

重叠眼　superposition eye　04.111

重寄生　epiparasitism, hyperparasitism　06.139

重演行为　reiterative behavior　07.010

重组杆状病毒　recombinant baculovirus　10.103

*臭腺　scent gland　04.023

臭腺孔　ostiola, ostiolae（复）, scent gland orifice　03.422

初生分节　primary segmentation　03.024

初生节　primary segment, embryonic metamere　03.025

出生率　natality　06.088

储藏物螨类　stored product mites　11.525

触动态　stereokinesis　07.022

触角　antenna, antennae（复）　03.078

触角电位图　electroantennogram, EAG　08.281

触角神经元　antennal neuron　04.100

触角窝　antennal socket, antennal fossa　03.079

触角叶　antennal lobe　04.064

触觉通讯　tactile communication　07.236

触毛　tactile seta　11.410

触腺毛　antennal glandularia　11.394

川楝素　toosendanin　09.079

川膝蜕皮酮　cyasterone　08.177

传出神经元　efferent neuron　04.094

传粉昆虫　pollinator　07.104

传粉作用　anthophily, pollination　07.103

传精器　sperm transfer　11.441

传入神经元　afferent neuron　04.095

*串毛　tandem setae　11.389

垂蛹　suspensi　05.066

垂直传递　vertical transmission　10.197

春季病　spring disease　10.063

*蝽　Hemiptera, Rhynchota, Rhyngota　02.164

唇瓣　labellum, labella（复）　03.173

唇瓣环沟　pseudotrachea　03.172

唇侧片　pilifer　03.175

唇基　clypeus　03.075

唇舌　ligula　03.112

雌虫多型　poecilogyny　05.078

雌工嵌体　gynergate　05.084

雌工蚁　gynecoid　05.083

雌核生殖　gynogenesis　05.039

雌生殖节　gynium　03.427

雌雄间性　intersex　05.075

雌雄嵌合体　gynandromorph　05.120

雌雄同体　hermaphrodite　05.119

雌蚁　gyne　05.077

刺激素　irritant　07.225

刺突　furca, furcae（复）　03.409

刺吸式口器　piercing sucking mouthparts　03.158

刺形感器　sensillum chaeticum（拉）　04.131

刺序　acanthotaxy　03.401

次后头　postocciput　03.135

次后头沟　postoccipital sulcus　03.134

次卵　deutovum　11.466

次卵膜　deutovarial membrane　11.467

次模　secondary type　02.126

次生代谢物　secondary metabolite　07.217

次生分节　secondary segmentation　03.026

次生节　secondary segment　03.027

*次生生殖孔　phallotreme, secondary gonopore

03.441

丛缩病　brooming　11.576

*丛枝病　brooming　11.576

促泌素　secretogogue　08.035

促前胸腺激素　prothoracicotropic hormone, PTTH, prothoracicotropin　08.190

促性腺激素　gonadotropic hormone, gonadotropin　08.211

促性信息素肽　pheromonotropin　08.202

促咽侧体神经肽　allatotropin　08.192

窜飞　protean display　07.151

催欲素　aphrodisiac　07.227

存活率　survival rate　06.090

存活曲线　survival curve　06.091

锉吸式口器　rasping-sucking mouthparts　03.160

D

大赤螨亚目　Anystina　11.505

大分类学　macrotaxonomy　02.015

*大孔甲螨　Macropylina　11.509

大量诱捕法　mass trapping　07.233

大毛　heavy seta, macrochaeta　11.391

大体　thanosome　11.109

大血管　aorta　04.206

戴氏定律　Dyar's rule　05.058

*戴氏法则　Dyar's rule　05.058

带毒状态　carrier state　10.038

代谢抗性　metabolic resistance　09.037

单胺氧化酶　monoamine oxidase, MAO　09.115

*单基节板群　single epimeral group　11.254

单加氧酶　monooxygenase　09.117

单交种类　monocoitic species　07.122

单孔式　monotrysian type　03.442

单粒包埋型病毒　single embedded virus, single capsid virus　10.090

*单毛类　Anactinochaeta　11.492

单母建群　haplometrosis　05.093

单配偶　monogamy　07.118

单配生殖　monogamy　05.034

单食性　monophagy　07.081

*单宿主蜱　one-host tick　11.538

单王群　monogynous colony, haplometrotic colony, monoqueen colony　07.169

单系　monophyly　02.026

单型属　monotypical genus　02.072

单序趾钩　uniordinal crochets　03.411

单眼　ocellus, ocelli（复）　03.057

*单眼　ocellus　11.090

单眼梗　ocellar pedicel　04.117

单眼三角区　ocellar triangle　03.060

单主寄生　monoxenous parasitism　06.146

胆碱能突触　cholinergic synapse　09.099

胆碱能系统　cholinergic system　09.093

导管端片　antrum　03.532

导精沟　spermatotreme　11.438

导精管　afferent duct, ductus seminalis（拉）　04.277

导精趾　spermatodactyl, spermatophoral carrier, spermatophoral process　11.437

导卵器　egg-guide　03.523

盗食共生　cleptobiosis　06.173

盗食寄生　cleptoparasitism　06.149

等翅目　Isoptera　02.162

等氮饲料　isonitrogenous diet　08.042

等孤雌生殖　isoparthenogenesis　05.103

等级　rank　02.022

等模　homotype, homeotype　02.121

*低等甲螨　Lower Oribatida　11.509

低海藻糖激素　hypotrehalosemic hormone　08.195

低温滞育　athermobiosis　06.203

低兴奋性　hypo-irritability　09.012

滴滴涕脱氯化氢酶　DDT-dehydrochlorinase　09.121

*底毛　antapical seta　11.052

骶毛　sacral seta　11.377

地方种　endemic species　06.116

地理分布　geographical distribution　06.069

地理隔离　geographical isolation　06.080

地理亚种　geographic subspecies　02.093

地模　topotype　02.127

地中海实蝇性诱剂　trimedlure　07.203

*第二产卵瓣　intervalvula, intervalvulae（复）
03.519

第二若螨　deutonymph　11.473

*第二胸板　deutosternum　11.023

第二蛹　deutochrysalis　11.477

第三若螨　tritonymph　11.474

*第三胸板　tritosternum　11.170

*第三胸板基　tritosternal base　11.172

*第三胸板内叶　tritosternal lacinia　11.171

*第四喙毛　gnathobasal seta, gnathocoxal seta,
gnathosomal seta　11.008

*第四胸毛　metasternal seta　11.376

*第一产卵瓣　ventrovalvula, ventrovalvulae（复）
03.518

第一若螨　protonymph　11.472

*第一胸板　presternal plate, presternum, pretosternum　11.169

第一蛹　nymphophan　11.476

点滴法　topical application　09.019

点滴/注射毒性比率　topical/inject toxicity ratio,
TIR　09.007

点毛　trichobothrium, trichobothria（复）　03.399

电压钳　voltage clamp　08.280

调转动态　klinokinesis　07.020

调转趋性　klinotaxis　07.048

叠缝型　ptychoid　11.240

*丁酰胆碱酯酶　butyrylcholine esterate　09.096

顶角　apical angle, protogonia　03.294

顶毛　vertical seta　11.360

顶体颗粒　acrosomal granule　04.287

顶突　hood　11.088

*顶突　prodorsal hood　11.088

顶胸　capitular sternum　11.019

顶鬃　vertical bristle　03.050

定向　orientation　07.014

定趾　fixed chela, fixed digit, digitus fixus　11.061

东洋界　Oriental Realm　02.132

冬虫夏草　plant-worms, entomophyte　10.153

冬雌　deuterogyny, deutogyne　11.461

冬眠　hibernation　05.023

动态　kinesis　07.018

动物区系　fauna　02.129

动趾　movable digit, digitus mobilis　11.062

动作节律　locomotor activity rhythm　08.008

洞穴昆虫学　cave entomology　01.015

*毒力　virulence　10.023

毒物兴奋效应　hormesis　09.064

独寄生　eremoparasitism　06.145

独居种类　solitary species　07.160

独立联合作用　independent joint action　09.059

杜氏腺　Dufour's gland, alkaline gland　04.022

端背片　acrotergite, pretergite　03.196

端锤　terminal knob　11.447

端附器　apical appendage, dististylus　03.455

端跗节　telotarsus, distitarsus　11.287

*端跗毛　pretarsala　11.292

端感器　terminal sensillum　11.417

端股节　telofemur　11.268

端喙　distiproboscis　03.171

端节　mucro　03.407

端球爪　knobbed claw　11.303

端始种　incipient species　02.083

端丝　terminal filament　04.258

*端腿节　telofemur　11.268

端肢节　telopodite　03.030

端滋卵巢　telotrophic ovary　04.267

端滋卵巢管　telotrophic ovariole, acrotrophic ovariole 04.266

*短孔甲螨　Brachypylina　11.510

短胚带　brachyblastic germ band　05.144

短日照昆虫　short-day insect　05.026

K 对策昆虫　K-strategist　06.111

r 对策昆虫　r-strategist　06.113

对氧磷酶　paraoxonase　09.116

盾　aspis　11.113

盾板　scutum　11.116

盾板毛　scutala, scutal seta　11.137

盾沟　scutal sulcus, scutal suture　03.199

*盾脊　crista scutellata　11.144

盾间沟　scutoscutellar sulcus　03.195

盾片　scutum, scuti（复）　03.198

盾窝　fovea　11.456

盾窝腺　foveal gland　11.457

多巴　DOPA　08.121

多巴胺　dopamine　08.122

多巴脱羧酶　dopadecarboxylase　08.159

多巴氧化酶　dopa-oxidase, dopase　08.158

*多孢子母细胞　pansporoblast　10.182

多倍性　polyploidy　08.296

多度　abundance　06.102

多分 DNA 病毒　polydanvirus, PV　10.128

多化性　polyvoltine, polygoneutism, plurivoltine 05.019

多交种类　multicoitic species　07.123

多角体　polyhedron, PIB　10.081

多角体蛋白　polyhedrin　10.083

多角体膜　polyhedron envelope, PE　10.082

多角体衍生病毒　polyhedron-derived virus, PDV 10.109

多精入卵　polyspermy　05.126

*多精受精　polyspermy　05.126

多粒包埋型病毒　multiple embedded virus, multi-capsid virus　10.091

多尿　diuresis　08.064

多胚生殖　polyembryony　05.127

多配偶　polygamy　07.119

多色现象　polychromatism　06.212

多食性　polyphagy, polyphagia　07.083

多态性状　multistate character, polymorphic character　02.039

多王群　polygynous colony, pleometrotic colony, polyqueen colony　07.170

多线染色体　polytene chromosome　08.293

多效激素　pleiotropic hormone　08.230

多型群聚　polytypic aggregation　06.070

多型现象　polymorphism　05.029

多型雄螨　polymorphic male　11.464

多种抗药性　multiple resistance　09.039

多滋卵巢　polytrophic ovary　04.265

多滋卵巢管　polytrophic ovariole　04.264

多足细胞　polypodocyte　04.218

E

额　frons, front　03.065

额唇基　frontoclypeus　03.076

额唇基沟　frontoclypeal suture　03.077

额缝　frontal suture, epicranial arm　03.049

额颊沟　frontogenal suture, subantennal suture 03.116

*额瘤　frontal elevation　03.088

额毛　frontal seta　11.138

*额眉片　frontal lunule　03.068

额囊　ptilinum　03.066

额囊缝　ptilinal suture　03.051

额片　frontal plate　11.096

额神经　frontal nerve　04.069

额神经节　frontal ganglion　04.068

额突　frontal tubercle　03.069

轭合作用　conjugation　09.156

轭脉　jugal vein　03.350

轭区　jugal region, neala　03.302

轭褶　jugal fold, plica jugalis　03.298

*颚床　capitular sternum　11.019

*颚床毛　interpalpal seta　11.051

颚底　infracapitulum　11.020

颚缝　infracapitulum furrow　11.021

颚盖　gnathotectum　11.002

颚喙　infracapitular rostrum　11.005

颚基　gnathobase　11.004

颚[基]沟　gnathosomal groove　11.015

颚基环　gnathosomal base ring　11.014

颚基[节]毛　gnathobasal seta, gnathocoxal seta, gnathosomal seta　11.008

颚基内叶　inner lobe of palpal base　11.013

颚[基]湾　capitular bay, infracapitular bay　11.022

*颚基窝　camerostoma　11.018

颚角　corniculus, corniculi（复）　11.027

颚节　gnathal segment　03.038

颚内突　capitular apodeme, infracapitular apodeme　11.011

颚体　gnathosoma　11.001

*颚体茎　gnathosomal base ring　11.014

颚腺　infracapitular gland　11.449

颚形突　gnathos, scaphium, subscaphium　03.503

*颚肢　pedipalp, pedipalpus　11.029

*颚肢基毛　interpalpal seta　11.051

颚足沟　podocephalic canal　11.017

颚足腺　podocephalic gland　11.016

耳形突　oreillets, oreilletor　03.486

耳状突　auricula　11.025

二次寄生　secondary parasitism　06.142

二化性　bivoltine, digoneutism　05.017

*3,4-二羟苯丙氨酸　3,4-dihydroxyphenyla-lanine　08.121

二宿主蜱　two-host tick　11.539

二态性状　two-state character, bimorphic character　02.037

二型现象　dimorphism　05.027

二型雄螨　bimorphic male　11.463

*二元酚酶　dopa-oxidase, dopase　08.158

F

发病率　incidence　10.033

*发育膜　developmental membrane　10.087

发育起点温度　threshold temperature, thermal threshold, development zero　06.103

法医昆虫学　forensic entomology　01.014

繁殖力　fecundity　06.095

反射出血　reflex bleeding　07.158

*反向移动　anatrepsis　05.162

返祖[现象]　atavism　02.043

芳基酯水解酶　arylester hydrolase　09.111

芳基贮存蛋白　arylphorin　08.126

方向听觉　directional hearing　08.267

方向选择神经元　directionally selective neuron　04.099

纺锤体　spindles　10.119

纺锤体蛋白　fusolin　10.121

纺锤体毒素　spindle poison　09.081

纺足目　Embioptera　02.167

放射枝　ray　11.299

非包含体病毒　noninclusion virus, nonoccluded virus　10.073

非动型翅形体　immovable pteromopha　11.327

*非多孢子母细胞　apansporoblast　10.182

非辐毛总目　Anactinotrichida　11.492

非减数孤雌生殖　apomictic parthenogenesis, ameiotic parthenogenesis　05.104

非密度制约因子　density independent factor　06.055

非生物因子　abiotic factor, abiotic component　06.003

非同源共同衍征　nonhomologus synapomorphy　02.034

非洲界　Afrotropical Realm　02.133

非自发性生殖　anautogeny　08.241

飞行肌　flight muscle　04.033

*蜚蠊　Blattodea　02.160

蜚蠊肌激肽　leucokinin　08.223

蜚蠊硫激肽　leucosulfakinin　08.224

蜚蠊目　Blattodea　02.160

肺螨症　pulmonary acariasis　11.568

分层随机抽样法　stratified random sampling　06.067

分蜂　swarming　07.060

分缝型　dichoid　11.239

分横脉　sectorial crossvein　03.354

分化中心　differentiation center　05.140

分脊　costula, costulae（复）　11.344

分节基因　segmentation gene　08.301

*分颈缝　sejugal furrow　11.235

分类　classification　02.003

α分类　alpha taxonomy　02.005

β分类　beta taxonomy　02.006

γ分类　gamma taxonomy　02.007

分类单元　taxon, taxa（复）　02.021

分类阶元　category　02.023

分类学　taxonomy　02.001

分突　discidium　11.329

分支单元　cladon　02.046

分支点　node　02.049

分支发生　cladogenesis　02.047

分子靶标　molecular target　09.145

分子系统学　molecular systematics　02.020

*粉螨目　Acaridida　11.499

粉纹夜蛾性诱剂　looplure　07.200

粪食性螨类　coprophagous mites　11.528

*丰度　abundance　06.102

蜂毒　apitoxin, bee venom　08.080

*蜂毒激肽　polisteskinin　08.079

蜂毒溶血肽　melittin　08.076

蜂房　comb　05.096

蜂胶　propolis　08.069

蜂蜡　bees wax　08.068

蜂粮　bee bread　06.163

蜂螨病　acarine disease　10.048

蜂神经毒肽　apamin　08.081

蜂舒缓激糖肽　vespulakinin　08.078

蜂舒缓激肽　polisteskinin　08.079

蜂王信息素　queen substance, queen pheromone　07.192

风洞　wind tunnel　07.228

缝　suture　03.021

缝颚螨亚目　Raphignathina　11.507

凤蝶醇　selinenol　08.092

凤蝶色素　papiliochrome　08.099

否定名　rejected name　02.104

肤纹突　dorsal lobes　11.330

跗鞭毛　mastitarsala, mastitarsal seta　11.295

跗垫　tarsal pulvillus, tarsal pulvilli（复）, euplantula　03.267

跗分节　tarsomer　03.265

跗感器　tarsal sensillum　11.290

跗节　tarsus, tarsi（复）　03.262

跗[节]毛束　tarsal cluster　11.289

*跗节器　tarsal organ　11.290

跗线螨　tarsonemid mite　11.519

跗线螨亚目　Tarsonemina　11.508

跗爪　tarsungulus　03.266

孵化　hatching, eclosion　05.072

*蜉蝣　Ephemeroptera, Ephemerida　02.150

蜉蝣目　Ephemeroptera, Ephemerida　02.150

辐孔　rosette pore　11.316

辐孔区　areolae　11.317

*辐螨目　Actinedida　11.498

辐毛总目　Actinotrichida　11.493

*辐射模拟剂　radiomimetic agent　09.091

伏击　ambush　07.127

浮水器　hydrostatic organ　03.423

腐食类　scavenger, saprophage, saprozoic　07.098

腐食性螨类　saprophagous mites　11.529

副步行器毛　parambulacral seta　11.302

副肛侧板　accessory plate　11.220

*副肛毛　para-anal seta　11.217

副沟　accessory groove　11.246

副核　mitochondrial derivative, MD, paracrystalline body　04.285

副口针　auxiliary stylet　11.421

副毛　accessory seta　11.388

副模　paratype　02.116

副室　accessory cell, areoles　03.365

副选模　paralectotype　02.123

副穴　accessory burrow　07.153

*副爪　accessory prong　11.039

覆翅　tegmen, tegmina（复）　03.315

复变态　hypermetamorphosis　05.006

复巢　compound nest　06.160

*复毛类　Actinochaeta　11.493

复系　polyphyly　02.028

复序趾钩　multiordinal crochets　03.413

复眼　compound eye　03.056

腹板　sternum, sterna（复）03.015, ventral plate, ventral shield　11.175

＊腹板线　sternal line　11.249

腹柄　petiole, petiolus, petioli（复）, petiolar segment　03.387

腹部　abdomen　03.374

腹［部］　abdomen　11.108

腹侧片　sternopleurite　03.237

腹侧线　sternopleural line　03.010

腹产卵瓣　ventrovalvula, ventrovalvulae（复）03.518

腹肛板　ventri-anal shield, ventro-anal plate　11.219

腹膈　ventral diaphragm　04.212

腹管　cornicles, corniculus, corniculi（复）, siphunculus　03.448

腹肌　ventral muscle, musculus ventralis（拉）04.025

腹脊　ventral ridge　11.345

腹脊沟　sternacostal sulcus　03.239

腹节　abdomere, abdominal segment　03.375

腹颈沟突　ventrosejugal enantiophysis　11.354

腹毛　ventrals, ventral seta　11.373

腹毛式　ventral setation formula　11.374

腹内脊　sternocosta　03.240

腹内突　sternal apophysis　04.019

＊腹内突　ventral apodeme　11.011

腹片　sternite　03.016, ventralia, ventral platelet　11.176

腹气管　ventral trachea　04.234

腹气管干　ventral tracheal trunk　04.236

腹气管连索　ventral tracheal commissure　04.241

腹鳃　abdominal gill　03.420

腹神经节　abdominal ganglion　04.087

腹神经索　ventral nerve cord　04.088

腹腺　abdominal gland　04.195

腹腺毛　ventrogladularia　11.398

腹栉　abdominal comb　03.377

腹足　proleg, abdominal leg　03.376

负瓣片　valvifer　03.521

负唇须节　palpiger, kappa　03.111

负颚须节　palpifer　03.103

负二项分布　negative binomial distribution　06.010

负交互抗性　negative cross resistance　09.036

负头突　cephaliger　03.182

富营养作用　eutrophication　08.044

附触角神经　accessory antennal nerve　04.065

附肢　appendage　03.028

附着胞　appresorium　10.156

G

盖表皮　tectocuticle, cement layer　04.003

＊盖表皮　cerotegument　11.308

盖角层　tectostracum　11.310

盖片　operculum　03.492

干雌　fundatrigenia, fundatrigeniae（复）05.116

干母　stem mother, fundatrix, fundatrices（复）05.111

干群　stemgroups　02.080

干燥蛋白　desiccation protein　08.148

α－甘油磷酸穿梭　α-glycerophosphate shuttle　09.135

＊α－甘油磷酸循环　α-glycerophosphate shuttle　09.135

杆状病毒　baculovirus　10.098

＊Y 杆状病毒　polyhedron-derived virus, PDV　10.109

杆状病毒表达载体系统　baculovirus expression vector system, BEVS　10.104

杆状病毒穿梭载体　bacmid　10.105

柑桔同心环纹枯病　concentric ring blotch of citrus　11.579

感棒　solenidion, solenidia（复）, sensory rod, sensory club　11.416

感杆　rhabdomere　04.124

感杆束　rhabdom　04.125

＊感觉神经元　sensory neuron　04.095

感概　scolopale, scolopalia（复）, scolops　04.153

感毛　sensory seta　11.406

感毛基　sensillary base　11.407

感器　sensillum, sensilla（复）　04.126, 11.415

感器窝　bothridium, bothridia（复）　11.414

感器窝侧突　parastigmatic enantiophysis　11.352

感器窝后突　postbothridial enantiophysis　11.353

＊感器窝后外毛　posterior exobothridial seta
11.419

＊感器窝前外毛　anterior exobothridial seta
11.419

感器窝外毛　exobothridial seta　11.419

感器酯酶　sensillar esterase　08.166

感染　infection　10.040

感染力　infectivity　10.032

感染期　infection phase　10.047

感受性　susceptibility　09.009

刚毛　seta, setae（复）, macrotrichia　03.394

肛板　anal shield, anal plate　11.207

肛瓣　anal valva　11.208

肛柄　anal pedicel　11.228

肛侧板　paraproct, parapodial plate　03.467,
adanal plate, adanal shield　11.216

肛侧孔　adanal pore　11.218

肛侧毛　adanal seta　11.217

肛垫　anal pads　03.472

肛附器　anal appendage　03.487

肛沟　anal groove　11.224

肛后板　postanal plate　11.221

肛后侧毛　lateral postanals　11.223

肛后横沟　postanal transversal groove　11.227

肛后毛　postanal seta, postanals　11.222

肛后中沟　postanal median groove　11.226

肛节　anal segment　03.464

肛毛　anal seta　11.209

肛门　anus, anali（复）, anal orifice, vent　03.471

肛门腺　anal gland　03.470

肛前板　preanal plate　11.210

肛前沟　preanal groove　11.225

＊肛前横沟　preanal transversal groove　11.225

肛前孔　preanal pore　11.213

肛前毛　preanal seta　11.211

肛前器　preanal organ　11.212

肛乳突　anal papilla, anal papillae（复）　03.469

肛上板　epiproct, supraanal plate　03.466

肛吸盘　anal sucker　11.215

肛吸盘板　anal sucker plate　11.214

肛下板　hypoproct, hypopygium　03.468

肛下犁突　vomer subanalis　03.493

纲　class　02.064

高氨酸血［症］　aminoacidemia　08.023

＊高等甲螨　Higher Oribatida　11.510

高海藻糖激素　hypertrehalosemic hormone　08.194

＊睾丸管　testicular tube, testicular follicle　04.284

革翅目　Dermaptera　02.163

＊革螨目　Gamasida　11.497

革片　corium　03.318

格式塔　gestalt　07.006

格氏器　Grandjean's organ　11.453

根螨　root mites　11.520

梗节　pedicel, pedicellus, pedicelli（复）　03.083

工兵蚁　desmergate　05.090

工雌蚁　dinergatogynomorph　05.081

工雄蚁　ergatandromorph　05.086

工蚁　ergate　05.082

攻击拟态　aggressive mimicry　07.147

攻击趋声性　aggressive phonotaxis　07.032

攻击行为　aggressive behavior　07.129

功能反应　functional response　06.128

＊功能群　guild　06.077

弓脉　arculus　03.360

共存　coexistence　06.168

共毒系数　co-toxicity coefficient　09.008

共寄生　synparasitism, multiparasitism　06.138

共生　symbiosis　06.167

共生起源　symbiogenesis　02.054

共同衍征　synapomorphy　02.033

共同祖征　symplesiomorphy　02.031

共位群　guild　06.077

沟　sulcus, sulci（复）　03.019

孤雌生殖　parthenogenesis　05.101

孤雌胎生蚜　virginogenia, virginogeniae（复）
05.112

鼓膜　tympanum, tympana（复）, timbal　04.142

＊鼓膜器　tympanic organ, tympanal organ　04.141

鼓膜叶　tympanal lobe　03.416

古北界　Palearctic Realm　02.131

古翅类　paleopterans, Paleoptera　02.148

古昆虫学　paleoentomology　01.016

骨化［作用］　sclerotization　08.056

*骨脊　cristaossiforma　11.144

骨结　scleronoduli　11.331

骨片　sclerite　03.012

谷胱甘肽 S-转移酶　glutathione S-transferase
　09.119

股鞭毛　mastifemorala, mastifemoral seta　11.269

股节　femur, femora（复）　03.257, 11.266

股膝节　femur-genu, femorogenu　11.270

固导声　solid-borne sound　08.266

刮器　scraper, rasp　03.418

刮吸式口器　scratching mouthparts　03.177

瓜实蝇性诱剂　cuelure　07.204

寡合饲料　oligidic diet　08.041

寡食性　oligophagy　07.082

关键因子分析　key-factor analysis　06.092

关键种　keystone species　06.119

关节　articulation　03.094

*关节刷　arthrodial brush　11.057

冠缝　coronal suture　03.048

冠脊　crista metopica　11.341

光动态　photokinesis　07.021

光毒性化合物　phototoxic compound　09.086

光感器　sensillum opticum（拉）　04.146

光感受野　receptive field　08.247

光罗盘定向　light-compass orientation　07.015

光毛质　actinopiline　11.409

光期　photophase　06.199

光适应　light adaptation　08.243

光稳定色素　photostable pigment　08.116

*光相　photophase　06.199

光周期　photoperiod　06.096

光周期现象　photoperiodicity, photoperiodism
　06.097

广翅目　Megaloptera　02.171

广幅种　euryecious species　06.121

广谱昆虫病毒　broad-spectrum insect virus　10.030

*广适种　euryecious species　06.121

果蝇蝶呤　drosopterin　08.103

果蝇硫激肽　drosulfakinin　08.217

果蝇西格马病毒　*Drosophila* sigma virus, DσV
　10.132

果蝇抑肌肽　dromyosuppresin　08.216

裹蛹　incased pupa, pupa folliculata　05.065

过交配　hypergamesis　08.242

过冷却点　supercooling point　06.198

过兴奋性　hyper-irritability　09.011

H

哈氏器　Haller's organ　11.291

海藻糖　trehalose　08.120

海藻糖酶　trehalase　08.154

害虫生物防治　biological control of insect pests
　01.037

含菌体　mycetome　04.198

含菌细胞　mycetocyte　04.199

核壳体　nucleocapsid　10.084

核心分布　contagious distribution　06.109

核型　karyotype　02.019

核型多角体病　nucleopolyhedrosis　10.077

核型多角体病毒　nucleopolyhedrosis virus, NPV
　10.078

*核衣壳　nucleocapsid　10.084

合腹节　synsternite　03.391

合神经节　synganglion　11.436

黑变作用　melanization　10.015

黑化病　melanosis　10.065

*黑僵病　green-muscardine　10.166

横带片　transtilla　03.511

横腹型　diagastric type　11.231

横肌　transverse muscle, musculus transversalis（拉）
　04.026

横脉　crossvein　03.351

横向定位　transverse orientation　07.016

横叶　translamella　11.338

恒向趋地性　geomenotaxis　07.041

恒向趋性　menotaxis　07.047

虹彩病毒病　iridescent virus disease　10.123

虹膜反光层　iris tapetum　04.123

* 虹膜色素细胞　iris pigment cell　04.118

虹膜细胞　iris cell　04.118

虹吸式口器　siphoning mouthparts　03.174

红蝶呤　erythropterin　08.101

红铃虫性诱剂　gossyplure　07:198

后半体　hysterosoma　11.103

后半体板　hysterosomal shield　11.114

后半体背侧毛　dorsolateral hysterosomal seta　11.381

后半体背中毛　dorsocentral hysterosomal seta　11.380

后半体腹毛　ventral hysterosomal seta　11.178

后半体亚背侧毛　dorsosublateral hysterosomal seta　11.382

后背板　postnotum, posttergite, phragmanotum　03.202, notogaster　11.115

后背板毛　notogastral seta　11.179

后背翅突　posterior notal wing process　03.205

后侧瓣　lateroposterior flap　11.056

后侧缝　disjugal suture　11.238

后侧毛　posterior lateral seta　11.369

后侧片　epimeron, epimera（复）, postpleuron　03.213

后肠　proctodeum, proctodaeum　04.189

后成期　epigenetic period　05.038

后成现象　metathetely　05.122

后触腺毛　postantennal glandularia　11.396

后唇基　postclypeus　03.166

* 后额片　postfrontalia　11.096

后跗节　metatarsus　11.286

后基片　meron, mera（复）　03.255

后颊　postgena　03.137

后颊桥　postgenal bridge, genaponta　03.138

后胫毛　posterior tibiala　11.284

后颏　postmentum　03.107

后口式　opisthognathous type　03.041

后模　metatype　02.120

后脑　tritocerebrum, oesophageal lobe　04.066

后气门　poststigma　03.384

后气门孔　poststigmatic pore　11.429

* 后气门目　Metastigmata　11.496

后躯　metasoma　03.007

* 后若螨　deutonymph　11.473

后上侧片　subalare, postalifer　03.221

后天行为　learned behavior　07.008

后头　occiput　03.131

后头沟　occipital sulcus　03.130

后头孔　foramen magnum, occipital foramen　03.141

后头突　odontoidea　03.136

后膝毛　posterior genuala　11.276

后胸　metathorax　03.245

后胸背板　metanotum　03.246

后胸侧板　metapleuron, metapleura（复）　03.248

后胸腹板　metasternum　03.247

后悬骨　postphragma　04.016

后阴片　lamella postvaginalis　03.535

* 后蛹　deutochrysalis　11.477

后殖片　postgenital sclerite　11.200

后中沟　posterior median groove　11.247

后足　hindleg　03.252

后足体　metapodosoma　11.102

后足体腹中毛　medioventral metapodosomal seta　11.384

呼吸角　respiratory trumpet　04.252

* 互惠共生　mutualism　06.174

互利共生　mutualism　06.174

互益素　synomone　07.177

花粉夹　pollen press　03.286

花粉篮　pollen basket, corbicula, corbiculae（复）　03.284

花粉刷　pollen brush, scopa, scopae（复）　03.285

* 华斯曼拟态　Wasmannian mimicry　07.143

化感毛　chemosensory seta　11.408

化性　voltinism　05.015

化学不育剂　chemosterilant　09.075

化学发光　chemiluminescence　08.012

化学分类学　chemotaxonomy　02.017

化学感觉　chemoreception　08.283

化学规定饲料　chemically defined diet　08.039

化学通讯　chemical communication　07.237

化源感觉　topochemical sense　07.078

环管　tubulus annulatus, sperm access　11.313

环管口　solenostome　11.312

环境昆虫学　environmental entomology　01.007

环境容量　environmental capacity　06.017

环境适度　environmental fitness　06.019

环境阻力　environmental resistance　06.018

环式趾钩　circle crochets　03.414

环腺　ring gland, Weismann's ring　04.078

环氧[化]物酶　epoxide hydrolase　09.110

缓释剂　controlled release formulation　09.077

换气气管　ventilation trachea　04.245

荒漠类群　eremophilus group, deserticolous group　06.071

*黄疸病　grasserie, jaundice　10.099

黄僵病　yellow muscardine　10.167

蝗促肌肽　locustamyotropin　08.221

蝗黄嘌呤　acridioxanthin　08.104

蝗焦激肽　locustapyrokinin　08.225

蝗抗利尿肽　neuroparsin　08.226

蝗硫激肽　locustasulfakinin　08.222

蝗速激肽　locustatachykinin　08.219

蝗眼色素　acridiommatin　08.118

蝗抑肌肽　locustamyosuppresin　08.220

回肠　ileum　04.190

回神经　recurrent nerve, stomogastric nerve　04.070

会集　assembling, sembling　07.056

喙　proboscis, promuscis, rostrum　03.161

喙槽　rostral though　11.010

喙齿　dents of proboscis　03.164

喙盾　rostral shield　11.089

喙沟　rostral groove　03.165

喙毛　rostral seta　11.006

婚飞　nuptial flight, mating flight　07.111

婚食　courtship feeding, nuptial feeding　07.116

混合感染　mixed infection　10.046

混隐色　disruptive coloration　07.138

活动范围　home range　07.051

活动图　actograph　07.067

活动休眠体　active hypopus, hypopus motile　11.481

活化作用　activation　09.055

活食者　biophage　06.049

活体代谢　in vivo metabolism　09.132

活质体　energid　05.135

霍氏封固液　Hoyer's medium　11.583

J

击倒抗性　knock down resistance, kdr　09.041

击倒中量　median knock-down dosage, KD_{50}　09.029

击倒中时　median knock-down time, KT_{50}　09.030

基侧片　coxopleurite, eutrochantin, trochantinopleura　03.216

基跗节　basitarsus　03.263

*基跗节　metatarsus　11.286

基腹弧　vinculum　03.500

基腹片　basisternum　03.233

基骨片　basilar sclerite　11.301

基股节　basifemur　03.267

基后桥　postcoxale, postcoxalia (复), postcoxal bridge　03.229

基喙　basiproboscis　03.170

基节　coxa, coxae (复)　03.254

基节板　epimeral plate, coxal plate　11.252

基节板孔　epimeron pore　11.255

基节板毛　epimeral seta　11.253

基节板群　coxal group, epimeron group　11.254

*基节板组　coxal group, epimeron group　11.254

*基节侧毛　laterocoxal seta　11.257

*基节间毛　subhumeral seta　11.143

*基节臼　coxal cavity, acetabulum, acetabula (复)　03.253

基节毛　coxisternal seta, coxal seta　11.256

*基节器　coxal organ　11.448

基节上毛　supracoxal seta　11.257

基节上腺　supracoxal gland　11.259

基节上褶　supracoxal fold　11.262

基节窝　coxal cavity, acetabulum, acetabula (复)　03.253

基节腺　coxal gland　11.258

基节腺毛　epiroglandularia　11.401

基节液　coxal fluid　11.260

基节褶　coxal fold　11.261

基毛　bases seta　11.009

基膜　basement membrane　04.011

基前桥　precoxale, precoxalia（复）, precoxal bridge　03.228

基突　cornu, cornua（复）　11.024

*基腿节　basifemur　11.267

基因扩增　gene amplification　09.146

基褶　basal fold, plica basalis　03.296

基肢节　coxopodite　03.029

基肢片　coxite　03.378

基转片　trochantin　03.218

机会因子　opportunity factor　09.134

*机械抽样法　systematic sampling　06.068

机值分析　probit analysis　09.017

畸形发生　teratogenesis　05.108

畸形细胞　teratocyte, giant cell　04.228

畸形学　teratology　10.005

襀翅目　Plecoptera, Plectoptera　02.159

肌节　myotome　04.037

肌粒　sarcosome　04.038

激活因子　incitant　10.039

激活中心　activation center　05.139

激素应答单元　hormone response element, HRE　08.291

激脂激素　adipokinetic hormone, AKH　08.198

姬蜂病毒　ichnoviruses　10.129

吉氏器　Gene's organ　11.450

*吉氏腺　Gene's gland　11.450

*极管　polar tube　10.184

极丝　polar filament　10.184

极丝柄　manubrium　10.185

极细胞　pole cell　05.137

极质体　polaroplast　10.186

棘区　cribrum　11.347

*集合种群　metapopulation　06.076

集聚细胞　nephrocyte　04.196

急性毒性　acute toxicity　09.003

急性麻痹病　acute paralysis　10.059

级　grade　02.097, caste　06.153

几丁二糖　chitobiose　08.060

几丁质　chitin　08.057

几丁质合成酶　chitin synthetase　08.156

几丁质合成酶抑制剂　chitin-synthetase inhibitor　09.084

几丁质酶　chitinase　08.157

脊　crista　11.144

T脊　Tau ridge　11.161

脊椎动物选择性比例　vertebrate selectivity ratio, VSR　09.052

嵴　ridge　11.132

*蓟马　Thysanoptera　02.166

季节胎生　seasonal viviparity　05.124

剂量对数－机值回归线　LD-P line　09.016

剂量反应　dose response　09.065

剂量与反应关系　dosage-response relationship　09.130

剂型　formulation　09.076

*寄螨目　Parasitiformes　11.492

*寄生共生　pseudosymphile　06.184

寄生［现象］　parasitism　06.131

寄生性螨类　parasitic mites　11.535

寄食昆虫　inquiline　06.188

寄殖螨亚目　Parasitengona　11.506

*寄主　host　06.141

记忆　memory　07.076

继发感染　secondary infection　10.043

家蚕猝倒病　satto disease　10.139

家蚕空头性软化病　silkworm viral flacherie　10.111

家蚕肽　bombyxin　08.191

家蚕微粒子病　pebrine disease　10.188

家蝇病毒　house fly virus, HFV　10.112

家蝇性诱剂　muscalure　07.201

家族群　kin group　07.168

*荚膜　capsule　10.097

颊　gena, genae（复）, cheeks　03.117

颊毛　genal seta　11.086

颊突　genal process　03.121

颊下沟　subgenal sutures　03.122

颊叶　cheek　11.087

颊栉　genal comb　03.119

*甲虫　Coleoptera　02.175

甲螨目　Oribatida　11.500

甲脒类杀虫剂　formamidine　09.071

假螯　pseudochela　11.069

*假螯螯　pseudorutellum, pseudorutella（复）

11.076

假单孢氧还蛋白　putidaredoxin　09.129

*假胆碱酯酶　pseudocholine esterase, ψChE
09.096

假盾区　pseudoscutum　11.119

假寄生　pseudoparasitism　06.137

*假眉　eye-brow　11.132

*假气管　pseudotrachea　03.172

*假气门　pseudostigma　11.414

*假气门器　pseudostigmata, pseudostigmatal organ
11.415

假死　thanatosis　07.154

*假头　capitulum　11.001

*假头沟　capitular groove　11.023

*假头基　basis capituli　11.004

假眼　pseudoculus　03.062

*假衍征　pseudoapomorphy　02.034

假助螯器　pseudorutellum, pseudorutella（复）
11.076

胛毛　scapular seta　11.141

尖突　cuspis, cuspides（复）　11.358

*尖形翅形体　oxyptera　11.324

*间插脉　intercalary vein　03.358

间额　interfrontalia, frontal vitta　03.067

间腹片　interesternite　03.235

间级　intercaste　05.076

间毛　intercalary seta, intermedial seta　11.366

间生态　anabiosis　06.218

间弦音器　intermediate chordotonal organ　04.144

兼性病原体　facultative pathogen　10.026

兼性病原性细菌　facultative pathogenic bacteria
10.138

兼性孤雌生殖　facultative parthenogenesis　05.110

兼性寄生　facultative parasitism　06.135

兼性滞育　facultative diapause　06.197

肩板　humeral plate　03.309

肩横脉　humeral crossvein　03.352

肩胛　humeral callus　03.336

肩角　humeral angle　03.293

肩毛　humeral seta, humerals　11.142

肩区　humeral region　11.133

肩突　humeral projection, scapula　11.134

*肩下毛　subhumeral seta　11.143

茧蜂病毒　bracoviruses　10.130

茧酶　cocoonase　08.162

检索表　key　02.059

检疫　quarantine　06.229

检疫昆虫学　quarantine entomology　01.011

检疫区　quarantine area　06.230

简缩发生　tachygenesis　05.032

减毒作用　attenuation　10.192

*渐变群　ecocline　06.075

渐变态　paurometamorphosis　05.009

僵病　muscardine　10.151

僵住状　catalepsy　07.068

浆膜表皮　serosal cuticle　05.150

浆细胞　plasmatocyte　04.219

绛色细胞　oenocyte　04.214

胶蛋白　glue protein　08.132

交哺现象　trophallaxis　06.162

交哺腺　trophallactic gland　04.197

交叉感染　cross infection, cross transmission
10.042

交感神经系统　sympathetic nervous system, stomatogastric nervous system, stomodeal nervous system　04.079

交互抗性　cross resistance　09.035

*交配　mating　07.115

交配干扰　mating disruption　07.232

交配孔　ostium, ostia（复）　03.526

交配囊　copulatory pouch, bursa copulatrix（拉）
04.278

交替底物抑制　alternative substrate inhibition
09.082

交尾　copulation　07.115

嚼吸式口器　biting-sucking mouthparts　03.153

角后瘤　postantennal tubercle　03.088

角基膜　antacoria, basantenna　03.080

*角下沟　frontogenal suture, subantennal suture
03.116

*角状器　cornuti　03.489

接眼式　holoptic type　03.053

阶脉　gradate crossvein　03.357

*阶元系统　hierarchy　02.024

*节腹螨目　Opilioacarida　11.494

节间膜　intersegmental membrane, conjunctivum,

conjunctivae（复） 03.023

节间褶 intersegmental fold 03.022

节肢动物门 Arthropoda 02.137

节肢弹性蛋白 risilin 08.130

结脉 node, nodus, nodi（复） 03.362

结群防卫 group defence 07.156

结群行为 grouping behavior 07.011

拮抗作用 antagonism 09.057

拮鬃 antagonistic bristle 11.044

解毒作用 detoxification 09.056

解离常数 dissociation constant 09.147

姐妹群 sister group 02.029

*姐妹种 sibling species 02.085

芥毛 famulus, famuli（复） 11.411

介体 vector 10.136

疥疮 scabies 11.570

疥螨 sarcoptid mite 11.513

金蝶呤 chrysopterin 08.100

紧张感受器 tonic receptor 04.150

进化对策 evolutionary strategy 06.209

进化分类学 evolutionary taxonomy 02.012

进化新征 evolutionary novelty 02.044

进化种 evolutionary species 02.089

荆毛 eupathidium, eupathidia（复）, acanthoides 11.412

茎节 stipes, stipites（复） 03.098

茎口 stylostome 11.566

晶突 conea 11.094

晶锥 crystalline cone, vitreous body 04.115

*晶锥细胞 Semper cell 04.119

晶锥眼 eucone eye, eucone ommatidium 04.112

精包 spermatophore, spermatophora（拉） 04.281

精包蛋白 spermatophorin 08.237

精包膜 ectospermatophore 11.439

精泵 sperm pump, ejaculatory pump 04.295

精巢 testis, testes（复） 04.283

精巢管 testicular tube, testicular follicle 04.284

*精荚 spermatophore, spermatophora（拉） 04.281

精孔 micropyle 03.537

精器 phorotype, spermatophorotype 11.440

经发育期传递 transstadial transmission 10.200

*经济昆虫学 economic entomology 01.003

经济阈值 economic threshold 06.220

经口 peroral, per os 10.202

经卵表传递 transovum transmission 10.199

经卵巢传递 transovarian transmission 10.198

警戒色 warning coloration, aposematic coloration 07.134

警戒信息素 alarm pheromone, alert pheromone 07.191

颈板 jugularia, jugular plate, jugular shield 11.166

颈部 cervicum, cervix, rag 03.179

颈缝 sejugal suture 11.235

颈沟 cervical groove 11.244

颈片 cervical sclerites, cervicalia jugular sclerites 03.180

静止期 quiescene 05.020

静止子 meront 10.179

径分脉 radial sector 03.345

径干脉 radial stem vein 03.346

径横脉 radial crossvein 03.353

径脉 radius 03.344

径中横脉 radio-medial crossvein 03.355

竞争 competition 06.050

净繁殖率 net reproductive rate 06.098

净角器 strigilis, antenna cleaner 03.283

胫背毛 dorsal tibial seta 11.042

胫鞭毛 mastitibiala, mastibial seta 11.281

胫侧毛 lateral tibial seta 11.041

胫腹毛 ventral tibial seta 11.043

胫节 tibia, tibiae（复） 03.258

胫节距 tibial spur 03.260

胫毛 tibiala, tibial seta 11.279

胫跗节 tibiotarsus 11.285

臼齿 mola 03.092

就地保育 in situ conservation 06.227

局部分泌 merocriny, merocrine secretion 08.026

局部卵裂 meroblastic division 05.160

咀嚼式口器 chewing mouthparts, biting mouthparts 03.152

聚集 aggregation 07.057

*聚集分布 negative binomial distribution 06.010

聚集信息素 aggregation pheromone, assembly pheromone 07.188

聚扰 mobbing 07.150

巨板型　macrosclerosae　11.487

巨螨目　Holothyrida　11.495

巨轴突　giant axon　04.089

＊具翅胸节　pterothorax　03.192

具刺腹片　spinasternum　03.236

具橄感器　scolopidium, scolopophorous sensillum, sensillum scolopophorum（拉）　04.137

具橄神经胞　scolophore, integumental scolophore　04.154

具滋卵巢管　meroistic ovariole　04.263

距　spur　03.259

锯齿形飞行　zigzag flight　07.062

卷喙　lacinia convoluta　03.163

均匀分布　uniform distribution　06.106

菌食性螨类　mycetophagous mites, mycophagous mites　11.531

菌室　mycangial cavity　03.538

菌丝段　hyphal body　10.159

K

开掘足　fossorial leg　03.278

开室　open cell　03.367

凯萨努森林病　Kyasanur forest disease　11.543

凯氏液　Keifer's solution　11.582

抗胆碱酯酶剂　anticholinesterase agents　09.105

抗冻蛋白　antifreeze protein　08.144

＊抗寒性　cold hardiness, cold tolerance, cold resistance　06.204

抗击倒基因　knock down resistance gene　09.043

抗聚集信息素　epideictic pheromone　07.189

＊抗利尿激素　antidiuretic hormone　08.208

抗利尿肽　antidiuretic peptide　08.208

抗生作用　antibiosis　06.214

抗性基因频率　resistance gene frequency　09.042

抗性治理　resistance management　09.048

抗药性　insecticide resistance　09.033

抗药性监测　monitoring for resistance　09.046

抗药性检测　detection for resistance　09.047

＊抗药性诊断　detection for resistance　09.047

抗药性指数　resistance index　09.044

抗引诱剂　anti-attractant　07.222

柯氏液　Koenike's solution　11.580

颗粒体　granule　10.097

颗粒体病　granulosis　10.094

颗粒体病毒　granulosis virus, GV　10.095

颗粒体蛋白　granulin　10.096

颗粒血细胞　granulocyte, granular hemocyte　04.222

科　family　02.067

颏　mentum　03.109

颏盖　mentotectum　11.085

颏毛　mentum seta　11.084

髁　condyle　03.093

髁突　condyle, condylus, condyli（复）　11.359

可动型翅形体　movable pteromopha　11.328

可逆性抑制剂　reversible inhibitor　09.090

可用名　available name　02.117

克里木－刚果出血热　Crimean-Congo haemorrhagic fever　11.546

克氏器　Claparede's organ　11.448

刻点　punctation　11.145

刻纹　sculpture　03.327

客虫　synoëkete　06.185

客观异名　objective synonym　02.100

客栖　metochy, synoëcy　06.183

空间视觉　spatial vision　08.254

空间整合　spatial integration　08.255

孔道　pore canal　04.010

孔区　porosa area　11.026

＊孔区　area porosa　11.026

口　mouth　03.142

口侧沟　pleurostomal suture　03.124

口侧毛　adoral seta　11.078

口侧区　pleurostomal area　03.125

口道　stomodaeum, stomodeum　04.172

口钩　oral hooks, mouth hooks　03.178

口后沟　hypostomal suture　03.126

口后片　hypostomal sclerite　03.128

口后桥　hypostomal bridge　03.129

口后区　hypostomal area　03.127

口盘　oral disc　03.144

口器　mouthparts, trophi　03.145

口前腔　preoral cavity, mouth cavity　03.150

口腔　buccal cavity, oral cavity　03.146

*口上板　epistome　11.002

*口上沟　epistomal suture　03.077

口上片　epistoma　03.123

口外消化　extra-oral digestion　08.033

口下板　hypostomal plate, hypostome　11.079

口下板后毛　posthypostomal seta　11.081

口下板毛　hypostomal seta　11.080

口缘　peristome, peristomium, peristoma（拉）　03.143

口针　stabbers, stylet　03.168

口针鞘　stylophore　11.420

苦毒宁受体　picrotoxin receptor　09.143

跨纤维传导型　across fiber patterning　08.270

昆虫病理学　insect pathology　01.036

昆虫病原性　entomopathogenicity　10.027

昆虫超微结构　insect ultrastructure　01.023

昆虫痘病毒　entomopox virus, EPV　10.117

昆虫痘病毒病　entomopox virus disease　10.122

昆虫毒理学　insect toxicology　01.032

昆虫分子生物学　insect molecular biology　01.029

昆虫纲　Insecta　02.139

昆虫虹彩病毒　insect iridescent virus, IIV　10.124

昆虫技术学　insect technology　01.017

昆虫寄生性线虫　entomogenous nematode　10.189

昆虫精子学　insect spermatology　01.025

昆虫拒食剂　insect antifeedant　09.074

昆虫免疫原　insect immunogen　10.013

昆虫胚胎学　insect embryology　01.026

昆虫群落　insect community　06.038

昆虫神经肽　insect neuropeptide　08.189

昆虫生理学　insect physiology　01.027

昆虫生态学　insect ecology　01.030

昆虫生物地理学　insect biogeography　01.019

昆虫生物化学　insect biochemistry　01.028

昆虫生物学　insect bionomics, insect biology　01.020

昆虫生长调节剂　insect growth regulator, IGR　09.083

昆虫食谱学　insect dietics　08.047

昆虫系统学　insect systematics　01.018

昆虫细胞遗传学　insect cytogenetics　01.024

昆虫形态测量　insect morphometrics　01.022

昆虫形态学　insect morphology　01.021

昆虫行为学　insect ethology, insect behavior　01.031

昆虫学　entomology　01.001

昆虫药理学　insect pharmacology　01.035

昆虫资源　insect resources　01.038

扩散　dispersion, dispersal　06.205

L

蜡被　cerotegument　11.308

蜡丝　wax filaments　11.309

莱姆病　Lyme disease　11.550

蓝色病　blue disease　10.055

兰加特脑炎　Langat encephalitis　11.544

酪氨酸酚溶酶　tyrosine phenol-lyase　09.107

累变发生　anagenesis　02.045

类白僵菌素Ⅱ　bassianolide Ⅱ　10.163

类共生　parasymbiosis　06.171

类社会性昆虫　parasocial insect　06.155

类信息素　parapheromone　07.181

梨浆虫病　piroplasmosis　11.556

离壁具橛胞　subintegumental scolophore　04.155

离壳型　apopheredermes　11.484

离体代谢　in vitro metabolism　09.131

离眼式　dichoptic type　03.054

离蛹　free pupa, pupa exarata　05.064

离子通道　ionic channel　09.144

离子转运肽　ion transport peptide　08.227

丽蝇蛋白　calliphorin　08.127

*利尿激素　diuretic hormone　08.207

利尿肽　diuretic peptide　08.207

联立像　apposition image　08.261

联立眼　apposition eye　04.110

M

麻蝇半胱氨酸蛋白酶抑制蛋白 sarcocystatin
08.152

马来亚病 Malaya disease 10.102

马氏管 Malpighian tube, Malpighian tubule, vasa
mucosa（拉） 04.200

脉翅目 Neuroptera 02.172

*脉相 venation, nervulation, neuration 03.340

脉序 venation, nervulation, neuration 03.340

*螨 mite 11.491

螨病 acariasis, acaridiasis, acarinosis 11.559

螨岛 mite island 11.490

螨类群落带 zone of acarina 11.488

螨性变态反应 mite sensitivity 11.560

螨性皮炎 acarodermatisis 11.561

慢性麻痹病 chronic paralysis 10.060

盲管 diverticulum 11.426

锚突 anchoral process 11.012

毛 pilus, pili（复） 11.390

毛翅目 Trichoptera 02.176

毛瘤 verruca 03.052

毛隆 chaetosema 03.044

毛窝 alveolus, alveoli（复） 03.400

毛形感器 trichoid sensillum, sensillum trichodeum
（拉） 04.130

毛序 chaetotaxy 03.393

毛瘿 erineum, erinea（复） 11.572

毛原细胞 trichogen, trichogenous cell 04.129

*毛毡 erineum, erinea（复） 11.572

矛形雄蚁 dorylaner 05.087

莓螨器 rhagidial organ 11.452

*DDT 酶 DDT-dehydrochlorinase 09.121

美洲幼虫腐臭病 American foulbrood 10.049

门控电流 gating current 08.271

*迷向法 mating disruption 07.232

米勒拟态 Müllerian mimicry 07.142

米勒器 Müller's organ 04.145

觅食 foraging 07.055

觅食策略 foraging strategy 06.164

泌丝器 sericterium, sericteria（复） 04.167

蜜蜂抗菌肽 apidaecin 10.020

蜜蜂微粒子病 nosema disease 10.187

蜜蜂蝇蛆病 apimyiasis 10.052

蜜露 manna, honeydew 08.067

*蜜囊 honey sac 04.178

蜜胃 honey stomach 04.178

密度制约因子 density dependent factor 06.054

棉铃虫矮缩病 *Helicoverpa armigera* stunt disease
10.115

棉象甲性诱剂 grandlure 07.199

敏感性 sensitivity 09.010

明斑 corneus point 03.328

明斑室 thyridial cell 03.329

命名法 nomenclature 02.060

模拟多态 mimetic polymorphism 07.145

模式标本 type specimen 02.113

模式产地 type locality 02.128

模式识别 pattern recognition 08.251

模式种 type species 02.079

膜翅目 Hymenoptera 02.179

*膜孔 fenestra, fenestrae（复） 03.485

膜片 membrane 03.320

膜片钳 patch clamp 08.279

膜原细胞 tormogen, tormogen cell 04.128

摩擦发音 stridulation 07.240

末体 opisthosoma 11.104

末体板 opisthosomatal plate 11.155

末体背板 opisthonotal shield, opisthonotum
11.157

*末体背腺 opisthonotal gland 11.156

末体侧腺 latero-opisthosomal gland 11.156

末体腹板 opisthoventral shield 11.158

末体腹中毛 medioventral opisthosomal seta
11.385

*末体殖板 opisthogenital shield 11.205

母体效应基因 maternal effect gene 08.300

幕骨 tentorium, tentoria（复） 04.017

幕骨陷 tentorial pit 04.018

目 order 02.065

N

纳精型 tocospermic type 11.442

耐寒性 cold hardiness, cold tolerance, cold resistance 06.204

*耐热外毒素 β-exotoxin 10.146

耐药性 insecticide tolerance 09.045

南部松小蠹诱剂 frontalin 07.210

囊雏病 sacbrood 10.062

囊导管 ductus bursae（拉） 04.255

囊毛 vesicular seta 11.403

囊膜 envelope 10.087

囊泡病毒 ascovirus, AV 10.127

囊突 signum 03.536

囊形突 saccus 03.505

脑 cerebrum, supraoesophageal ganglion 04.042

*脑激素 brain hormone 08.190

脑下神经节 hypocerebral ganglion, occipital ganglion 04.067

内表皮 endocuticle, entocuticle, endocuticula（拉） 04.008

内禀增长力 innate capacity for increase 06.100

*内禀增长率 intrinsic rate of increase 06.100

*内侧唇 paralabrum internum 11.077

内产卵瓣 intervalvula, intervalvulae（复） 03.519

内翅类 endopterygotes, Endopterygota 02.147

内唇 epipharynx, epiglossa, epiglottis 03.147

内唇片 epipharyngeal sclerites 03.155

*δ内毒素 δ-endotoxin 10.147

内颚侧叶 lacinella 03.101

内颚叶 lacinia, laciniae（复） 03.100

内分泌腺 endocrine gland 04.156

内感受器 interoceptor 04.147

内共生 endosymbiosis 06.169

内骨骼 endoskeleton 04.013

内寄生 endoparasitism 06.132

内寄生螨类 endoparasitic mites 11.537

内交叉 internal chiasma 04.057

内卵壳 endochorion 05.130

*内膜 inner membrane, intimate membrane 10.086

*内磨叶 internal malae 11.028

内群 ingroup 02.035

内吞作用 endocytosis 08.027

内外偶联 entrainment 08.010

内吸杀虫剂 systemic insecticides 09.073

内膝毛 internal genual seta 11.277

内阳茎 endophallus 03.477

内阳［茎］基鞘 endotheca 03.482

内叶 endite 03.031

内源节律 endogenous rhythm 07.066

内在毒性 intrinsic toxicity 09.001

*内在选择性 physiological selectivity 09.050

内肢节 endopodite 03.035

内殖毛 endogenital seta 11.189

*内趾 digitus internus 11.061

*能量金字塔 energy pyramid 06.012

能量流动 energy flow 06.007

能量收支 energy budget 06.084

能量锥体 energy pyramid 06.012

*能流 energy flow 06.007

拟辨识色 pseudosematic color 07.137

拟除虫菊酯类杀虫剂 pyrethroid insecticides 09.069

拟胆碱酯酶 pseudocholine esterase, ψChE 09.096

拟工蚁 ergatoid 05.089

拟寄生物 parasitoid 06.136

拟客栖 pseudosymphile 06.184

拟平衡棒 pseudohalteres, pseudoelytra 03.314

*拟气门 urstigma 11.448

拟青腰虫素 pseudopederin 08.084

拟三爪蚴 triungulid 05.051

拟态 mimicry 07.140

拟态客虫 mimetic synoèkete 06.186

拟蛹 subnymph 05.060

黏管 collophore, ventral tube 03.403

黏毛 tenent hair, adhesive organ 03.274

*黏质层 tectocuticle, cement layer 04.003

年龄特征生命表 age-specific life table 06.086

*捻翅虫 Strepsiptera 02.174

捻翅目 Strepsiptera 02.174

*鸟虱 Mallophaga 02.169

尿囊素 allantoin 08.063

尿囊酸 allantoic acid 08.065

尿酸盐细胞 urocyte, urate cell 04.204

颞毛 temporal seta 11.139

*啮虫 Psocoptera, Copeognatha, Corrodentia 02.168

啮虫目 Psocoptera, Copeognatha, Corrodentia 02.168

牛膝蜕皮酮 inokosterone 08.176

脓病 grasserie, jaundice 10.099

浓核病毒 densonucleosis virus, densovirus, DNV 10.126

浓核症 densonucleosis 10.125

农药环境毒理学 environmental toxicology 01.033

农业昆虫学 agricultural entomology 01.004

农业螨类学 agricultural acarology 11.571

*农螨学 agricultural acarology 11.571

奴工蚁 auxiliary worker 07.166

奴役[现象] dulosis 07.124

O

欧洲幼虫腐臭病 European foulbrood 10.050

*偶发性孤雌生殖 sporadic parthenogenesis 05.110

偶见宿主 accidental host 10.071

偶然共栖 synclerobiosis 06.182

P

排拒作用 antixenosis 06.215

排胃 enteric discharge 07.159

攀附足 scansorial leg 03.281

盘窝 disc 11.146

旁额缝 adfrontal suture 03.071

旁额片 adfrontal sclerites 03.070

胚带 germ band, germinal band 05.141

胚动 blastokinesis 05.161

*胚盘 germ disc 05.141

胚胎包膜 embryonic envelope 05.152

胚胎表皮 embryonic cuticle 05.151

胚体上升 anatrepsis 05.162

胚体下降 catatrepsis, katatrepsis 05.163

配模 allotype 02.115

配偶素 matrone 08.235

膨大跗端 vexillum 03.514

皮层溶离 apolysis 08.054

皮刺螨亚目 Dermanyssina 11.501

皮肌纤维 tonofibrilla, tonofibrillae（复） 04.040

皮腺 dermal gland 04.020

*蜱 tick 11.491

蜱传麻痹症 tick-borne paralysis 11.552

蜱螨亚纲 Acari 11.491

*蜱媒出血热 Crimean-Congo haemorrhagic fever 11.546

蜱媒回归热 tick-borne recurrens, spirochaetosis 11.551

蜱媒脑炎 tick-borne encephalitis 11.542

蜱目 Ixodida 11.496

*蜱瘫 tick-borne paralysis 11.552

偏害共生 amensalism 06.176

偏利共生 commensalism 06.175

偏益素 apneumone 07.178

偏振光视觉 polarization vision 08.253

瓢虫生物碱 coccinellin 08.086

苹果小卷蛾性诱剂 codlemone 07.202

平衡棒 halter 03.313

平整 levelling 07.152

葡糖胺 glucosamine 08.123

葡糖醛酸糖苷酶 glucuronidase 09.103

葡糖苷酸基转移酶 glucuronyl transferase 09.120

普通昆虫学 general entomology 01.002

谱系学 genealogy 02.008

Q

前口式　prognathous type　03.039

前连索　anterior dorsal commissure　04.060

前脑　procerebrum, protocerebrum　04.043

前脑桥　protocerebral bridge, pons cerebralis（拉）04.044

前气门　prostigma　03.383

前气门目　Prostigmata　11.498

前躯　prosoma　03.005

前驱症状　prodrome　10.009

前上侧片　basalare, preparapteron, preparaptera（复）03.220

前体　prosoma　11.098

前突　naso　11.136

前胃　gizzard, cardia, proventriculus（拉）04.179

前膝毛　anterior genuala　11.274

前信息素　propheromone　07.182

前胸　prothorax　03.184

前胸背板　pronotum　03.185

前胸侧板　propleuron, propleura（复）03.188

前胸腹板　prosternum　03.186

前胸腹突　prosternal process　03.187

前胸腺　prothoracic gland　04.157

前悬骨　prephragma　04.015

前叶　prolamella　11.336

前叶突　anterior shield lobe　11.349

前阴片　lamella antevaginalis　03.534

*前蛹　protochrysalis　11.470

前幼螨　prelarva　11.468

前缘刺　costal spine　03.334

前缘脉　costa　03.342

前殖板　epigynium, epigynial plate　11.186

前殖片　pregenital sclerite　11.199

前中毛　anteromedian seta, anterior medial seta　11.365

前中突　anteromedian projection　11.135

前足　foreleg　03.250

前足体　propodosoma　11.101

前足体板　propodosomatal plate, proponotal shield　11.148

前足体背毛　dorsal propodosomal seta　11.379

前足体侧隆突　propodolateral apophysis　11.357

前足体腹突　propodoventral enantiophysis　11.356

前足体腹中毛　medioventral propodosomal seta　11.383

前足体突　propodosomal lobe　11.350

潜伏期　potential period, incubation period　10.035

潜伏型病毒　occult virus　10.134

潜伏性感染　latent infection　10.036

潜伏学习　latent learning, exploratory learning　07.074

潜势病原体　potential pathogen　10.031

*20－羟基蜕皮酮　20-hydroxy-ecdysterone　08.172

腔锥感器　coeloconic sensillum, sensillum coeloconicum（拉）04.134

蔷薇丛枝病　rose rosette　11.574

敲击反应　drumming reaction　07.105

侨蚜　alienicola, alienicolae（复）05.118

壳粒　capsomere　10.085

壳体　capsid　10.086

鞘翅　elytron, elytra（复）03.322

鞘翅目　Coleoptera　02.175

鞘翅缘突　elytral flange　03.324

鞘肌　muscularis（拉）04.032

切齿　incisor　03.091

侵染期幼虫　infective juvenile　10.190

侵袭　infestation　10.034

亲代照料　parental care, brood care　07.172

*琴形器　lyriform organ, lyrifissure, lyriform fissure　11.318

青腰虫素　pederin　08.083

青腰虫酮　pederone　08.085

*蜻蜓　Odonata　02.151

蜻蜓目　Odonata　02.151

*蛩蠊　Grylloblattodea　02.156

蛩蠊目　Grylloblattodea　02.156

球形细胞　spherulocyte, spherule cell, spherocyte　04.224

球状体　spheroid　10.118

*球状体病　spheroidosis　10.122

球状体蛋白　spheroidin　10.120

求偶　courtship　07.107

求偶声　courtship song　07.113

求偶行为　epigamic behavior　07.112

趋暗性　skototaxis　07.026

趋避性　phobotaxis　07.046

趋触性　thigmotaxis, stereotaxis　07.033
趋地性　geotaxis　07.040
趋风性　amenotaxis　07.029
趋高性　hypsotaxis　07.039
趋光性　phototaxis　07.025
趋化性　chemotaxis　07.028
趋激性　telotaxis　07.038
趋流性　rheotaxis　07.036
趋气性　aerotaxis　07.030
趋声性　phonotaxis　07.031
趋湿性　hydrotaxis　07.037
趋同进化　convergent evolution　02.055
趋同性　convergence　06.210
趋位性　topotaxis　07.044
趋温性　thermotaxis　07.027
趋星性　astrotaxis　07.043
趋性　taxis　07.024
趋异进化　divergent evolution　02.056
趋异性　divergence　06.211
趋荫性　phototeletaxis　07.034
区分剂量　discriminating dose　09.054
*l_x曲线　survival curve　06.091
躯体　idiosoma　11.097
驱避性　repellency　09.053
*蠼螋　Dermaptera　02.163
*曲霉病　aspergilosis　10.151

去氨基甲酰化常数　decarbamylation constant　09.151
去磷酰化常数　dephosphorylation constant　09.150
全北界　Holarctic Realm　02.130
全背板　holonotal shield, holodorsal shield　11.123
全变态　complete metamorphosis　05.005
全变态类　Holometabola　02.154
*全纯饲料　holidic diet　08.039
全缝型　holoid　11.241
全腹板　holoventral plate, holoventral shield　11.174
全腹型　hologastric type　11.230
全模　syntype, cotype　02.119
全质分泌　holocriny, holocrine secretion　08.025
全周期性种　holocyclic species　05.100
全足板　holopodal plate　11.150
*缺翅虫　Zoraptera　02.155
缺翅目　Zoraptera　02.155
缺环式趾钩　penellipse crochets　03.415
群　group　02.096
群集现象　colonization　11.489
群寄生　gregarious parasitism　06.144
群居寄生　social parasitism, social symbiosis　06.148
群居种类　communal species　07.161
群落交错区　ecotone　06.039

R

染色体疏松团　chromosome puff　08.294
Q热　Q fever　11.549
*热激蛋白　heat shock protein, HSP　08.146
热激关联蛋白　heat shock cognate protein　08.147
热休克蛋白　heat shock protein, HSP　08.146
热滞蛋白　thermal hysteresis protein　08.145
人工饲料　artificial diet　08.038
日本丽金龟性诱剂　japanilure　07.205
日·度　degree-day　06.105
日光霉素　nikkomycin　10.172
溶泡作用　lyocytosis　08.029
鞣化激素　bursicon　08.196
肉食螨　cheyletid mite　11.522

*蠕螨症　demodicidosis　11.567
蠕形螨　demodicid mite　11.512
蠕形螨病　demodicidosis　11.567
乳状菌病　milky disease　10.066
入侵板　penetration plate　10.158
入侵丝　penetration peg, infection peg　10.157
入侵种　invasive species　06.120
软化病　flacherie　10.058
锐带　acute zone　04.109
闰脉　intercalary vein　03.358
若保幼激素　dendrolasin　08.187
若虫　nymph　05.045
若蛹　nymphochrysalis　11.470

弱毒感染 attenuate infection, inapparent infection 10.191

S

三次寄生 tertiary parasitism 06.143

三化性 trivoltine, trigoneutism 05.018

* 三基节板群 three epimeral group 11.254

三角步法 triangle gait 07.050

三角冠 tricuspid cap 11.068

三名法 trinomen, trinominal name, trinominal nomenclature 02.062

三宿主蜱 three-host tick 11.540

三型现象 trimorphism 05.028

三爪蚴 triungulin 05.050

* 伞状翅形体 umbellate pteromorpha 11.324

散发 emission 07.212

散发器 dispenser 07.214

森林昆虫学 forest entomology 01.005

* 森林脑炎 forest encephalitis, spring-summer encephalitis 11.542

森氏细胞 Semper cell 04.119

杀虫剂前体 preinsecticide 09.085

杀虫抗生素 antiinsect antibiotic 10.148

杀螨素 tetranactin 10.171

杀青虫素 A piericidin 10.170

杀雄作用 androcidal action 10.150

沙蚕毒类杀虫剂 nereistoxin insecticides 09.070

沙蝗抑咽侧体肽 schistostatin 08.228

沙栖类群 ammophilous group 06.072

* 沙虱 chigger mite, trombiculid mite 11.511

杉毒病 Wadtracht disease 10.069

闪光 flashing light 07.106

* 蝙 Strepsiptera 02.174

上表皮 epicuticle, epicuticula（拉） 04.004

上侧背片 superior pleurotergite 03.201

上侧片 epipleurite 03.219

上唇 labrum 03.089

上唇神经 labral nerve 04.081

上颚 mandible 03.090

* 上颚 oral hooks, mouth hooks 03.178

上颚杆 mandibular lever 03.095

上颚神经节 mandibular ganglion 04.082

上颚腺 mandibular gland 04.165

上后侧片 anepimeron 03.214

上后头 epicephalon 03.132

上基侧片 anapleurite 03.217

上内唇 labrum-epipharynx 03.148

上前侧片 anepisternum, supraepisternum 03.211

上腋瓣 upper squama, alar calypter 03.332

上肢节 epipodite 03.033

* 蛇蛉 Raphidioptera, Raphidiodea 02.173

蛇蛉目 Raphidioptera, Raphidiodea 02.173

舌侧片 lorum, lora（复） 03.159

舌悬骨 suspensorium of the hypopharynx, fulturae 03.154

射精管 ejaculatory duct, ductus ejaculatorius（拉） 04.293

射精管球 ejaculatory bulb, bulbus ejaculatorius（拉） 04.294

社会信息素 social pheromone 07.184

社会性昆虫 social insects 06.151

社会性易化 social facilitation 07.072

神经递质 neurotransmitter 08.284

神经调质 neuromodulator 08.285

神经毒素 neurotoxin 09.080

神经毒性酯酶 neurotoxic esterase, NTE 09.106

神经分泌细胞 neurosecretory cell 04.072

神经分泌作用 neurosecretion 08.188

神经节层 periopticon 04.055

神经节连索 ganglionic commissure 04.071

神经纤维球 glomerulus, glomeruli（复） 04.062

神经血器官 neurohaemal organ 04.073

神经整合作用 nervous integration 08.268

肾上腺素能神经纤维 adrenergic fiber 04.106

肾综合征出血热 haemorrhagic fever with renal syndrome, RSHF 11.545

声波引诱[作用] sonic attraction 07.230

声反应 phonoresponse 07.244

声通讯 acoustic communication 07.238

声响图 sonagram 07.245

声嗅感觉 aeroscepsy 08.264

生活史 life history 05.001

*生活周期 life cycle 05.002

生境 habitat 06.020

生境选择 habitat selection 06.022

生理选择性 physiological selectivity 09.050

生命表 life table 06.085

生命周期 life cycle 05.002

生态表型 ecophene 06.074

生态毒理学 ecotoxicology 01.034

生态对策 ecological strategy 06.032

生态分布 ecological distribution 06.024

生态幅[度] ecological amplitude 06.026

生态隔离 ecological isolation 06.082

生态平衡 ecological equilibrium 06.031

生态适应 ecological adaptation 06.029

生态梯度 ecocline 06.075

生态位 ecological niche, niche 06.034

生态位重叠 niche overlap 06.036

生态位分化 niche differentiation 06.035

生态系统 ecosystem 06.001

生态效率 ecological efficiency 06.083

生态信息素 ecomone 07.194

生态型 ecotype 06.073

生态选择性 ecological selectivity 09.051

生态亚种 ecological subspecies 02.092

生态演替 ecological succession 06.033

生态优势 ecological dominance 06.028

*生态阈限 ecological threshold 06.027

生态阈值 ecological threshold 06.027

*生态值 ecological amplitude 06.026

生态治理 ecological management 06.221

生态种 ecospecies 02.091

生态[种]发生 ecogenesis 06.030

生态锥体 ecological pyramid 06.014

生态宗 ecological race 02.094

生物胺系统 biogenic amine system 09.136

生物测定 bioassay 09.015

生物地球化学循环 biogeochemical cycling 06.006

生物发光 bioluminescence 08.013

生物放大 biological magnification 06.015

生物隔离 biological isolation 06.079

生物降解性 biodegradability 09.133

生物量锥体 biomass pyramid 06.013

*生物浓缩 biological concentration 06.015

生物气候图 bioclimatic graph, bioclimatograph 06.037

生物潜力 biotic potential 06.047

生物杀虫剂 biotic insecticide 10.193

生物烷化剂 biological alkylating agent 09.091

生物蓄积系数 bioaccumulative coefficient 09.153

生物学种 biological species 02.090

生物因子 biotic factor, biotic component 06.002

生物障碍 biological barrier 06.048

生育力 fertility 06.094

生长区 vitellarium 04.261

生长阻滞肽 growth-blocking peptide 08.213

生殖板 gonoplac 03.429

生殖窗 fenestra, fenestrae（复） 03.485

生殖刺突 gonostylus, gonostyli（复） 03.437

生殖道 genital meatus 04.296

生殖盖 genital shield, genital operculum 11.194

生殖隔离 reproductive isolation 06.081

生殖沟 genital groove 11.248

生殖后节 postgenital segment 03.426

生殖基片 gonocoxite 03.436

生殖脊 gonocrista, gonocristae（复） 03.494

生殖节 genital segment, gonosomite 03.424

生殖孔 gonopore 03.440

生殖口 gonotreme 03.439

*生殖棱 gonangulum, gonangula（复） 03.522

生殖毛 gonosetae 03.434

生殖囊 genital capsule, pygophore, gonosaccus 03.433

生殖片 genital sclerite 11.185

生殖器盖片 genital coverflap 11.195

生殖前板 pregenital plate 11.198

生殖前节 pregenital segment 03.425

生殖腔 genital chamber, vagina 03.438

生殖区 genital area, genital field 11.184

生殖乳突 genital papilla 11.192

生殖突 gonapophysis 03.435

生殖帷 apron, genital apron 11.445

生殖细胞 germ cell 05.042

生殖腺 gonad 04.254

生殖翼 genital wing 11.197

守护共生 phylacobiosis 06.180

受精囊 spermatheca, receptaculum seminis（拉） 04.279

受精囊管 spermathecal tube 11.446

受精囊腺 spermathecal gland 04.280

兽医昆虫学 veterinary entomology 01.013

*梳毛 pectinate seta, feathered seta 11.392

*舒缓激肽 bradykinin 08.079

输精管 seminal duct, vas deferens（拉）, vasa deferentia（复） 04.291

输卵管 oviduct, oviductus（拉） 04.273

输卵管萼 egg calyx 04.275

熟精内肽酶 initiatorin 08.167

熟精内肽酶抑制素 initiatorin inhibitor 08.168

属 genus, genera（复） 02.070

属模 type species of genus 02.118

树顶病 tree-top disease, Wipfelkrankheit（德） 10.100

*树梢病 tree-top disease, Wipfelkrankheit（德） 10.100

数量性状 quantitative character 02.038

数值反应 numerical response 06.129

数值分类学 numerical taxonomy 02.014

栓毛 peg-like seta 11.393

栓锥感器 styloconic sensillum, sensillum styloconicum（拉） 04.133

双翅目 Diptera 02.180

双重抽样法 double sampling 06.065

双重感染 double infection 10.045

双分子速率常数 bimolecular rate constant, K_1 09.152

双孔式 ditrysian type 03.443

双毛 duplex setae 11.389

双名法 binominal nomenclature 02.061

*双尾虫 Diplura 02.143

双尾目 Diplura 02.143

双序趾钩 biordinal crochets 03.412

水龙骨素B polypodine B 08.180

水螨 water mite 11.523

水平传递 horizontal transmission 10.196

水生昆虫学 aquatic entomology 01.008

水压感受器 hydrostatic pressure receptor 04.148

*水中平衡器 hydrostatic organ 03.423

瞬彩 flash coloring 07.139

*顺向移动 catatrepsis, katatrepsis 05.163

顺序进化 sequential evolution 02.058

丝氨酸蛋白酶抑制蛋白 serpin, serine protease inhibitor 08.153

丝胶蛋白 sericin 08.129

丝心蛋白 fibroin 08.128

丝心蛋白酶 fibroinase 08.161

丝压背棍 raphe 04.169

死亡率 mortality 06.089

*四环菌素 tetranactin 10.171

*四基节板群 four epimeral group 11.254

*四气门目 Tetrastigmata 11.495

松天蛾β病毒 Nudarell β virus, NβV 10.113

苏铁蜕皮酮 cycasterone 08.178

苏云金杆菌 *Bacillus thuringiensis* 10.140

*苏云金素 thuringiensin 10.146

俗名 common name, vernacular name 02.102

速激肽 tachykinin 08.218

宿主特异性 host specificity 10.028

宿主域 host range 10.029

宿主专一性 host specificity 06.150

嗉囊 crop, oesophageal diverticulum 04.176

嗉囊神经节 ingluvial ganglion, gastric ganglion, stomachic ganglion 04.083

*觫 solenidion, solenidia（复）, sensory rod, sensory club 11.416

随机抽样法 random sampling 06.066

随机分布 random distribution 06.107

髓核 core, nucleoid 10.088

缩短病 brachyosis 10.064

羧基酰胺酶 carboxylamide hydrolase, carboxyamidase 09.122

羧酸酯酶 carboxylic ester hydrolase, carboxylesterase 09.109

琐飞 appetitive flight, trivial flight 07.054

索节 funicle 03.087

锁突 locking flange 03.325

T

＊他感化合物　allelochemics, allelochemicals 07.174

＊他感作用　allelopathy 06.216

泰勒虫病　theileriasis 11.557

肽能信号　peptidergic signal 08.288

坛形感器　ampullaceous sensillum, sensillum ampullaceum（拉） 04.139

弹器　furcula, saltatorial appendage 03.404

弹器基　manubrium, furcular base 03.405

弹尾目　Collembola 02.142

＊螳螂　Mantodea 02.161

螳螂目　Mantodea 02.161

桃花叶病　peach mosaic 11.577

逃避对策　avoidance strategy 06.130

特氏器　Tràgàrdh's organ 11.071

特异嗅觉细胞　odor specialist cell 04.108

＊特征　character 02.041

体壁　integument 04.001

体壁神经系统　integumental nervous system 04.092

＊体壁弦音器　scolophore, integumental scolophore 04.154

体刺　armature 03.392

体段　tagma, tagmata（复） 03.004

体段划分　tagmosis 03.002

体节　segment, somite, metamera 03.001

体孔　body pore 11.314

体内卵发育　endotoky 05.036

体外卵发育　exotoky 05.037

体液免疫　humoral immunity 10.017

替代名　replacement name 02.108

替代宿主　alternate host 10.072

天蚕抗菌肽　attacin 10.019

天蚕素　cecropin 10.018

天然宿主　natural host 10.070

条纹　stria, striae（复） 03.326

＊跳虫　Collembola 02.142

＊跳器　furcula, saltatorial appendage 03.404

跳跃足　saltatorial leg 03.276

听脊　crista acoustica（拉） 04.143

听觉　hearing 07.243

听觉信号　acoustic signal 07.239

听器　tympanic organ, tympanal organ 04.141

同步肌　synchronous muscle 04.035

同翅目　Homoptera 02.165

同动态昆虫　homodynamic insect 05.013

同类相残　cannibalism 07.125

同栖共生　calobiosis 06.172

同色现象　homochromatism 06.213

同属种　congeneric species 02.086

同窝相残　brood cannibalism 07.165

[同物]异名　synonym, syn. 02.099

同向转运　symport 08.024

同型雄螨　homomorphic male 11.462

同域物种形成　sympatric speciation 02.076

同源异形基因　homeotic gene 08.302

偷袭　sneak attack 07.117

头　head 03.036

头顶　vertex 03.042

＊头盖缝　ecdysial line, epicranial suture 03.047

头盖[突]　tectum 11.003

头前叶　procephalic lobe 03.003

头壳　head capsule 03.037

头窝　camerostoma 11.018

头胸部　cephalothorax 11.107

＊透明斑　fenestra, fenestrae（复） 03.485

透明质酸酶　hyaluronidase 08.165

突变性　mutagenicity 09.087

突触传递　synaptic transmission 09.097

突触后电位　postsynaptic potential 08.276

突触后膜　postsynaptic membrane 04.102

突触后抑制　postsynaptic inhibition 08.275

突触间隙　synaptic cleft, synaptic gap 04.104

突触可塑性　synaptic plasticity 08.273

突触前膜　presynaptic membrane 04.101

突触前抑制　presynaptic inhibition 08.274

突触小泡　synaptic vesicle 04.103

突触小体　synaptosome 04.105

突发病征　paroxysm　10.012

图形检测细胞　figure direction cell　04.097

土拉菌病　tularaemia　11.554

土壤昆虫学　soil entomology　01.009

土壤螨类　soil mites　11.526

吐丝器　spinneret, fusus, fusi（复）　03.176

*兔热病　tularaemia　11.554

*团囊作用　encapsulation　10.014

*腿长毛　mastifemorala, mastifemoral seta　11.269

*腿节　femur, femora（复）　03.257, 11.266

蜕　exuvium, exuvia（复）　05.054

蜕裂线　ecdysial line, epicranial suture　03.047

蜕皮　moult, ecdysis, ecdyses（复）　05.053

蜕皮素　ecdysone　08.171

*α蜕皮素　α-ecdysone　08.171

*β蜕皮素　β-ecdysterone　08.172

蜕皮腺　exuvial gland, moulting gland　04.012

蜕皮液　ecdysial fluid, moulting fluid　08.053

蜕皮引发激素　ecdysis triggering hormone, ETH　08.229

蜕皮周期　moulting cycle　08.055

蜕皮甾类　ecdysteroids　08.170

蜕皮甾酮　ecdysterone　08.172

蜕壳激素　eclosion hormone, EH　08.199

蜕壳节律　eclosion rhythm　08.007

蜕壳时钟　eclosion clock　08.011

吞噬细胞　phagocyte, phagocytic hemocyte　04.227

吞噬作用　phagocytosis　10.016

臀板　pygidium, pygidia（复）, suranal plate, anal plate　03.456

臀棘　cremaster　03.460

臀角　anal angle　03.295

臀裂　anal cleft　03.461

臀脉　anal vein　03.349

臀毛　clunal seta　11.378

臀前区　remigium, preanal area　03.299

臀前鬃　antepygidial bristle, antepygidial setae　03.457

臀区　anal region, vannal region, vannus　03.300

臀腺素　marginalin　08.091

臀叶　anal lobe　03.303

臀褶　vannal fold, anal fold, plica vannalis　03.297

臀胝　callus cerci　03.463

臀栉　anal comb　03.459

臀足　caudal leg, caudal proleg　03.462

脱脂载脂蛋白　apolipoprotein　08.142

唾液泵　salivary pump, infunda　04.162

唾液窦　salivarium　04.163

唾液管　salivary canal, salivary duct　04.161

唾液腺　salivary gland, sialisterium　04.160

*唾针　salivary stylet　11.422

W

瓦斯曼拟态　Wasmannian mimicry　07.143

外表皮　exocuticle, exocuticula（拉）　04.006

*外侧唇　paralabrum exernum　11.077

外翅类　exopterygotes, Exopterygota　02.146

α外毒素　α-exotoxin　10.145

β外毒素　β-exotoxin　10.146

外颚叶　galea　03.099

外分泌腺　exocrine gland　04.158

外共生　ectosymbiosis　06.170

外骨骼　exoskeleton　03.011

外呼吸　exterior respiration　08.048

外激素　ectohormone　07.180

外寄生　ectoparasitism　06.133

外寄生螨类　ectoparasitic mites　11.536

外交叉　external chiasma　04.058

外晶锥眼　exocone eye　04.113

外孔式　exotrysian type　03.444

外来种　exotic species　06.118

外卵壳　exochorion　05.129

*外膜　outer membrane　10.087

*外磨叶　external malae　11.027

外颞毛　extratemporal seta　11.140

外群　outgroup　02.036

外生殖器　genitalia　03.473

外膝毛　external genual seta　11.278

外咽缝　gular suture　03.140

外咽片 gula, gular plate 03.139

外叶 exite 03.032

*外叶 galea 11.063

外源节律 exogenous rhythm 07.065

外肢节 exopodite 03.034

*外趾 digitus externus 11.062

弯胚带 ankyloblastic germ band 05.143

*完形 gestalt 07.006

王浆 royal jelly 08.070

*王浆腺 hypopharyngeal gland, lateral pharyngeal gland 04.170

王室 royal chamber 05.097

网膜投射图 retinotopic map 08.263

威瑟器 With's organ 11.454

微孢子虫 microsporidium, microsporidia（复） 10.174

微孢子虫病 microsporidiosis 10.173

微刺 microtrichi 03.402

*微跗毛 microtarsala 11.296

微胫毛 microtibiala, microtibial seta 11.280

微距 microspur 11.296

微粒体多功能氧化酶系 microsomal mixed function oxidases, MFO 09.114

微量喂饲 microfeeding 10.201

微瘤 microtubercle 11.332

微卵黄原蛋白 microvitellogenin 08.136

微气管 tracheole 04.244

微绒毛 microvilli 04.182

微生物防治 microbial control 10.194

微生物杀虫剂 microbial insecticide, microbial pesticide 10.195

微膝毛 microgenual seta, microgenuala 11.272

微循环产孢 microcycle conidiation 10.168

微植食性螨类 microphytophagous mites 11.534

围被细胞 enveloping cell 04.127

*围雌器 perigynium 03.528

围腹缝 circumgastric suture 11.233

*围肛节 telson, periproct 03.449

围食膜 peritrophic membrane 04.181

围腺片 glandular sclerite 11.402

围心窦 pericardial sinus 04.209

*围心膈 pericardial diaphragm, pericardial septum 04.210

*围心腔 pericardial chamber 04.209

围心细胞 pericardial cell 04.211

*围咽神经连索 circumoesophageal commissure 04.084

围阳茎器 periphallic organ 03.483

围阳茎鞘 manica 03.509

围阴器 perigynium 03.528

围蛹 coarctate pupa 05.063

围殖毛 perigenital seta 11.191

围足节缝 peripodomeric fissure 11.265

萎缩病 wilt disease 10.101

伪产卵器 false ovipositor 03.531

伪横腹型 pseudodiagastric type 11.232

伪尖突 pseudosaccus, pseudosacci（复） 03.506

伪脉 false vein 03.359

伪瞳孔 pseudopupil 08.246

伪阳茎 pseudophallus, pseudopenis 03.490

尾板 caudal plate 11.164

尾叉 urogomphus, urogomphi（复）, anal fork 03.458

尾铗 forceps, forcipes（复） 03.446

尾交感神经系统 caudal sympathetic nervous system 04.093

尾节 telson, periproct 03.449

尾毛 telosomal seta, caudal seta 11.159

尾器 terminalia 03.453

尾鳃 caudal gill, cercobranchiate 03.452

尾体 telosome 11.110

尾突 socius, socii（复） 03.504, caudal appendage, caudal process, caudal protrusion 11.165

尾臀 cauda 11.160

尾臀膜 caudal membrane 11.162

尾须 cercus, cerci（复） 03.445

尾肢 pygopod 03.451

尾足螨亚目 Uropodina 11.503

未定种 species indeterminata（拉）, sp. indet. 02.082

*胃盲囊 gastric caeca 11.426

*胃神经 recurrent nerve, stomogastric nerve 04.070

硝基烯 nitroalkene 08.088

纹饰 ornamentation 11.147

纹状缘 striated border 04.185

227

稳态　homeostasis　06.016

握弹器　tenaculum, clasp, catch　03.408

无包含体突变株　∞-variant　10.106

＊无变态　ametabola　05.011

无变态类　Ametabola　02.152

无翅雌蚁　ergatogyne　05.085

无翅形体　aptera　11.325

无翅亚纲　Apterygota　02.140

无颚蛹　adecticous pupa　05.068

无花果花叶病　fig mosaic　11.578

无记述名　nomen nudum（拉）, nom. nud., nomina nuda（复）　02.103

无晶锥眼　acone eye　04.114

无气门目　Astigmata　11.499

无壳型　apheredermes　11.486

无头幼虫　acephalous larva　05.049

无效名　invalid name　02.107

无益共生　hamabiosis　06.177

无滋卵巢　panoistic ovary　04.269

无滋卵巢管　panoistic ovariole　04.268

舞毒蛾性诱剂　disparlure　07.197

＊物质循环　biogeochemical cycling　06.006

物种形成　speciation　02.074

X

西部松小蠹诱剂　exo-brevicomin　07.209

吸液汁类　sap feeder, juice sucker　07.099

稀有种　rare species　06.124

膝鞭毛　mastigenuala, mastigenual seta　11.273

膝毛　genuala　11.271

＊膝棘　genuala　11.271

袭击行为　raiding behavior　07.128

习惯化　habituation　07.071

喜花类　anthophila　07.102

喜蝎性　chrymsymphily　07.133

系缰钩　retinaculum　03.372

系统抽样法　systematic sampling　06.068

系统发生　phylogeny　02.010

系统发生图　phylogram　02.011

系统发生学　phylogenetics　02.009

系统学　systematics　02.002

＊隙孔　lyriform organ, lyrifissure, lyriform fissure　11.318

隙状器　lyriform organ, lyrifissure, lyriform fissure　11.318

细胞分类学　cytotaxonomy　02.018

细胞色素b5　cytochrome b5　09.128

细胞色素P450　cytochrome P450　09.124

细胞色素b5还原酶　cytochrome b5 reductase　09.127

＊NADH－细胞色素b5还原酶　cytochrome b5 reductase　09.127

＊NADPH－细胞色素c还原酶　cytochrome P450 reductase　09.126

细胞色素P450还原酶　cytochrome P450 reductase　09.126

细胞色素P450基因　cytochrome P450 gene　09.125

细胞释放病毒　cell-released virus, CRV　10.108

细须螨　tenuipalpid mite, false spider mite　11.516

狭幅种　steroecious species　06.122

＊狭适种　steroecious species　06.122

下沉胚带　immersed germ band　05.146

＊下齿形突　gnathos, scaphium, subscaphium　03.503

下唇　labium　03.105

下唇神经节　labial ganglion　05.156

下唇腺　labial gland　04.159

下唇须　labial palp, labipalp　03.110

下颚　maxilla, maxillae（复）　03.096

下颚杆　maxillary lever　03.104

下颚沟　hypognathal groove　11.023

下颚神经节　maxillary ganglion　05.155

＊下颚体　subcapitulum, hypognatum　11.020

下颚下唇复合体　labio-maxillary complex　03.115

下颚腺　maxillary gland　04.164

下颚须　maxillary palp　03.102

下后侧片　hypopleuron, hypopleura（复）, katepimeron, infraepimeron　03.215

下后头　metacephalon　03.133

下颊　temple　03.120

下口式　hypognathous type, orthognathous type　03.040

下前侧片　katepisternum, infraepisternum　03.212

下生殖板　subgenital plate, vulvar scale, hypandrium　03.430

下咽　hypopharynx　11.028

下腋瓣　lower squama, thoracic calypter　03.333

下阴片　hypogynium, hypogynia（复）　03.491

夏蛰　aestivation　05.022

先成现象　prothetely　05.121

先天行为　innate behavior　07.007

先蛹　pseudopupa, semipupa　05.059

仙人掌甾醇　schottenol　08.181

纤维肌　fibrillar muscle　04.034

*酰胺酶　carboxylamide hydrolase, carboxyamidase　09.122

涎针　salivary stylet　11.422

弦音感器　chordotonal sensillum　04.140

现患率　prevalence rate　10.022

腺苷酰萤光素　adenylluciferin　08.016

腺苷酰氧化萤光素　adenyloxyluciferin　08.017

腺毛　glandular seta　03.397

腺养胎生　adenotrophic viviparity　05.125

限制因子　limiting factor　06.053

相对毒性比　relative toxicity ratio　09.006

相似联合作用　similar joint action　09.058

镶嵌式防治　mosaic control　09.049

香鳞　androconia　03.289

硝基还原酶　nitro-reductase　09.113

消黄细胞　vitellophage　05.133

小 RNA 病毒　picornavirus　10.133

小背片　dorsalia, dorsal platelet　11.117

小盾片　scutellum, scutelli（复）　03.200

小分类学　microtaxonomy　02.016

小腹片　sternellum　03.234

小核浆细胞　micronucleocyte　04.220

小颊　buccula, bucculae（复）　03.118

小浆细胞　microplasmatocyte　04.221

小麦条纹花叶病　wheat streak mosaic　11.575

小生境　microhabitat　06.021

小眼　ommatidium, ommatidia（复）　03.063

小眼间角　interommatidial angle　08.257

小眼面　facet　03.061

小叶板　lobula plate　04.059

小原血细胞　microcyte　04.216

小爪　unguiculus, unguiculi（复）　03.273

楔片　cuneus, cunei（复）　03.319

*蝎蛉　Mecoptera　02.178

协调趋性　coordinated taxis　07.049

协同进化　coevolution　02.057

携播　phoresy　07.058

携播螨类　phoretic mites　11.524

携粉足　corbiculate leg　03.282

携配　phoretic copulation　07.059

斜脉　oblique vein　03.363

屑食类　detritivore　07.097

新北界　Nearctic Realm　02.135

新翅类　neopterans, Neoptera　02.149

*新疆出血热　Crimean-Congo haemorrhagic fever　11.546

新毛　neotrichy　11.386

新名　nomen novum（拉）, nomina nova（复）, nom. nov.　02.109

新模　neotype　02.124

新热带界　Neotropical Realm　02.136

新属　new genus, n. gen., genus novum（拉）, gen. nov.　02.071

新体现象　neosomy　11.458

新月片　lunule　03.068

新种　new species, n. sp., species nova（拉）, sp. nov.　02.081

心侧体　corpus cardiacum, corpus paracardiacum（拉）　04.074

心侧体神经　nervus corpusis cardiacus（拉）　04.075

心肌壁　myocardium　04.039

心门　ostium, ostia（复）　04.207

心翼肌　alary muscle, musculus alaris（拉）　04.031

信号刺激　token stimulus　07.234

信号分子　signaling molecule　08.286

信号肽　signal peptide　08.287

信号转导　signal transduction　08.289

信息化学物质　semiochemicals, infochemicals　07.173

信息素　pheromone　07.179

信息素结合蛋白 pheromone binding protein 08.150

信息素抑制剂 pheromone inhibitor 07.223

兴奋性突触后电位 excitatory postsynaptic potential, EPSP 08.277

型 morph 02.095

形状辨别 shape discrimination 08.250

行为 behavior 07.001

行为多型 polyethism 07.012

行为抗性 behavior resistance 09.040

行为可塑性 behavioral plasticity 07.009

行为模式 behavior pattern 07.002

行为生理学 ethophysiology 07.004

行为生态学 behavioral ecology 07.003

行为调节剂 behavior regulator 07.216

行为图表 ethogramme 07.013

行为遗传学 ethogenetics, behavioral genetics 07.005

性比螺旋体 SR spirochete 10.149

*性比螺原体 SR spirochete 10.149

性母 sexupara, sexuparae（复） 05.115

性色 epigamic color 07.110

性特异基因表达 sex-specific gene expression 08.297

性信息素 sex pheromone 07.183

性信息素合成激活肽 pheromone biosynthetic activating neuropeptide, PBAN 08.201

性蚜 sexuale 05.114

性引诱剂 sex attractant 07.195

性状 character 02.041

性状极化 character polarization 02.040

胸板 sternal shield, sternal plate, sternum 11.167

胸板孔 sternal pore 11.168

胸部 thorax, thoraces（复） 03.183

胸叉 tritosternum 11.170

胸叉基 tritosternal base 11.172

*胸叉内叶 lacinia, laciniae（复） 11.171

胸叉丝 lacinia, laciniae（复） 11.171

胸腹板 sterno-ventral shield 11.180

胸后板 metasternal plate, metasternal shield, metasternum 11.173

胸后毛 metasternal seta 11.376

胸毛 sternalia, sternal seta 11.375

胸前板 presternal plate, presternum, pretosternum 11.169

胸神经节 thoracic ganglion 04.086

胸唾腺 thoracic gland 04.166

胸线 sternal line 11.249

胸殖板 sterno-genital plate 11.181

胸足 thoracic leg 03.249

雄虫多型 poecilandry 05.079

雄虫灭绝 male annihilation 06.224

雄尾柄 petiole 11.163

雄性附腺 paragonia gland 04.297

雄性生殖背板 epandrium 03.431

雄性生殖腹板 hypoandrium 03.432

[雄]性肽 sex peptide 08.236

休眠 dormancy 05.021

休眠体 hypopus, hypopodes（复） 11.480

修饰行为 grooming behavior 07.131

*䗛 Phasmatodea, Phasmida 02.158

嗅觉条件化 olfactory conditioning 07.079

嗅觉仪 olfactometer 07.229

*嗅叶 olfactory lobe 04.064

须跗毛 tarsala, palptarsal seta 11.048

须感器 palpal receptor 11.050

须股毛 femorala, femoral seta 11.047

须肢 palp, palpus, palpi（复） 11.029

须肢底毛 antapical palpal seta 11.052

须[肢]跗节 palpal tarsus, palptarsus, pedipalpal tarsus 11.037

须[肢]股节 palpfemur, pedipalpal femur 11.034

须[肢]基 palpal base 11.031

须[肢]基节 palpal coxa, palpcoxa, pedipalpal coxa 11.032

须[肢]间毛 interpalpal seta 11.051

须[肢]胫节 palptibia, pedipalpal tibia 11.036

须[肢]胫节爪 palptibial claw 11.045

须肢毛 palpal seta 11.030

*须肢拇爪 palpal thumb-claw 11.045

须[肢]膝节 palpgenu, pedipalpal genu 11.035

须[肢]爪 palpal claw, pedipalpal claw 11.039

须[肢]爪复合体 palpal claw complex, thumb-claw complex 11.046

须[肢]转节 palptrochanter, pedipalpal trochanter 11.033

230

须肢转器　palptrochanteral organ　11.040

须趾节　palpal apotele　11.038

序贯抽样法　sequential sampling　06.064

序位体系　hierarchy　02.024

悬骨　phragma, phragmata（复）　04.014

悬韧带　suspensory ligament　04.256

选模　lectotype　02.122

K 选择　K-selection　06.110

r 选择　r-selection　06.112

选择毒性　selective toxicity　09.002

选择行为　choice behavior　07.132

选择抑制比　selective inhibitory ratio　09.158

学名　scientific name　02.101

学习　learning　07.070

血蛋白缺乏［症］　hypoproteinenia　08.022

血淋巴　hemolymph, haemolymph　08.018

血尿热　red-water fever　11.558

血腔　hemocoel, haemocoel　04.205

血腔受精　haemocoelic insemination　05.040

血腔胎生　haemocoelous viviparity　05.041

血清型　serotype　10.141

血鳃　blood gill　03.421

血细胞　hemocyte, haemocyte　04.213

血细胞激肽　hemokinin　08.215

血细胞减少［症］　hemocytopenia　08.021

血细胞凝集素　lectin, hemagglutinin　08.020

血相　hemogram　08.019

蕈巢共生　mycetometochy　06.178

蕈毒碱性受体　muscarinic receptor, mAChR　09.141

蕈毒酮样受体　muscaronic receptor　09.140

蕈体冠　calyx, calyces（复）　04.047

蕈状体　mushroom body, corpora pedunculatum（拉）　04.046

蕈状体柄　peduncle, pedunculus（拉）, pedunculi（复）　04.050

Y

压丝器　thread press, silk press　04.168

芽孢杆菌麻痹病　bacillary paralysis　10.061

芽生孢子　blastospore, blastodium　10.160

蚜橙素　lanigern, strobinin　08.109

蚜虫疫霉　*Entomophthora aphidis*　10.152

蚜虫致死麻痹病　aphid lethal paralysis, ALP　10.114

蚜红素　erythroaphin　08.108

蚜黄液　aphidilutein　08.074

蚜色素　aphins　08.107

亚背毛　subdorsal seta　11.371

亚成虫　subimago　05.074

亚端毛　subterminala, subterminal seta　11.049

亚肩毛　subhumeral seta　11.143

亚科　subfamily　02.068

亚颏　submentum　03.108

亚卵黄原蛋白　paravitellogenin　08.135

亚前缘脉　subcosta　03.343

亚社会性昆虫　subsocial insect　06.156

亚属　subgenus　02.073

亚叶　sublamella　11.337

亚缘毛　submarginal seta　11.363

亚殖毛　subgenital seta　11.190

亚中毛　submidian seta　11.294

亚种　subspecies　02.078

胭脂　kermes　08.105

胭脂酮酸　kermesic acid　08.106

咽　pharynx　04.173

咽板　pharyngeal plate　11.423

咽泵　pharyngeal pump　11.425

咽侧体　corpus allatum（拉）, corpora allata（复）　04.076

咽侧体切除术　allatectomy　08.185

咽侧体神经　nervus corpusis allatica（拉）　04.077

咽泡　pharyngeal bulb　11.424

咽片　pharyngeal sclerite, pharyngea　04.174

咽下神经　subpharyngeal nerve　04.085

*咽下神经节　suboesophageal ganglion　04.080

咽下腺　hypopharyngeal gland, lateral pharyngeal gland　04.170

烟碱受体　nicotinic receptor, nAChR　09.142

*檐形突　propodosomal lobe　11.350

颜脊 facial carina 03.074

颜面 face, facia（复） 03.073

眼 eye 11.090

眼板 eye plate, ocular plate, ocular shield 11.092

*眼点 eye 11.090

眼红素 erythropsin 08.115

*眼后毛 postocularia 11.095

眼后体 postocular body 11.091

眼黄素 xanthommatin 08.117

眼眶 orbit 03.055

眼毛 ocularia 11.095

*眼前毛 preocularia 11.095

眼桥 eye bridge 11.093

眼色素 ommochrome 08.112

眼色素小体 chromasome 08.258

眼耀 eyeshine 08.245

衍征 apomorphy 02.032

厌恶学习 aversion learning 07.075

阳基侧突 paramere 03.478

阳茎[端] aedeagus, distiphallus 03.476

阳茎端环 anellus 03.507

阳茎端膜 vesica 03.498

阳[茎]基 phallobase, tegmen 03.475

阳茎基腹铗 volsella 03.515

阳茎基环 juxta 03.508

阳[茎]基鞘 phallotheca 03.481

阳茎口 phallotreme, secondary gonopore 03.441

阳茎针 cornuti 03.489

阳具 phallus 03.474

阳具叶 phallomere 03.488

氧化氮能神经元 nitrergic neuron 04.107

*恙虫 chigger mite, trombiculid mite 11.511

恙虫病 tsutsugamushi disease, scrub typhus 11.563

恙虫病立克次氏体 *Rickettsia tsutsugamushi* 11.564

恙螨 chigger mite, trombiculid mite 11.511

*恙螨[斑疹]热 chigger-borne typhus, trombityphosis, trombiculiasis 11.565

恙螨[立克次氏体]热 chigger-borne rickettsiosis 11.565

恙螨皮炎 trombiculosis 11.562

叶 lamella, lamellae（复） 11.333

α叶 alpha lobe 04.048

β叶 beta lobe 04.049

叶蛾素 phyllobombycin 08.075

叶间毛 interlamellar seta 11.335

叶浸渍法 leaf-dipping method 09.020

叶螨 tetranychid mite, spider mite 11.515

叶毛 lamellar seta 11.334

叶状血细胞 lamellocyte 04.223

腋瓣 calypter, calypteres（复）, squama, squamae（复） 03.331

腋片 axillaries 03.308

腋区 axillary region 03.301

腋索 axillary cord 03.311

一雌多雄 polyandry 07.121

一宿主蜱 one-host tick 11.538

一雄多雌 polygyny 07.120

医学昆虫学 medical entomology 01.006

医学蜱螨学 medical acarology 11.541

*衣壳 capsid 10.086

遗忘名 nomen oblitum（拉） 02.111

*移动若螨 nymph migratrice 11.481

疑名 nomen dubium（拉）, nomen dubia（复）, nom. dub. 02.110

蚁播 myrmecochory 06.161

蚁巢 formicary 05.095

蚁盗 synecthran 06.191

蚁菌瘤 bromatium, bromatia（复） 06.192

蚁客 myrmecoxene, symphile 06.190

蚁客共生 myrmecoclepty 06.179

*蚁真客 myrmecoxene, symphile 06.190

蚁聚昆虫 myrmecophile 06.194

乙酰胆碱 acetylcholine 09.094

乙酰胆碱受体 acetylcholine receptor 09.137

乙酰胆碱酯酶 acetylcholinesterase, AChE 09.095

乙酰胆碱酯酶复活[作用] acetylcholinesterase reactivation 09.101

乙酰胆碱酯酶老化 aging of acetylcholinesterase 09.100

乙酰化作用 acetylation 09.157

N-乙酰葡糖胺 N-acetylglucosamine 08.059

乙氧香豆素O-去乙基酶 ethoxylcumarin O-dethylase, ECOD 09.118

抑虫作用 insectstatics 08.005

抑卵激素　oostatic hormone　08.209

抑性信息素肽　pheromonostatin　08.203

抑血细胞聚集素　hemolin　08.214

抑咽侧体神经肽　allatostatin　08.193

抑制中浓度　median inhibitory concentration, I₅₀ 09.027

*易地保护　ex situ conservation, off site conservation　06.228

易化　facilitation　08.006

益己素　allomone　07.175

益它素　kairomone　07.176

异步肌　asynchronous muscle　04.036

异地保育　ex situ conservation, off site conservation　06.228

异动态昆虫　heterodynamic insect　05.014

异盾　alloscutum　11.118

异配生殖　heterogamy　05.035

异时发生　heterochrony　05.012

异时种　allochronic species　02.084

异速生长　allometry, heterogonic growth　05.055

*异态交替　alloiogenesis, heterogeny　05.099

［异物］同名　homonym, hom.　02.098

异型爪　paralycus　11.306

异形再生　heteromorphosis, heteromorphous regeneration　08.003

异养生物　heterotroph　06.005

异域分布　allopatry, allopatric distribution　06.078

异域物种形成　allopatric speciation　02.075

异源同形　homoplasy　02.050

异质种群　metapopulation　06.076

异种化感　allelopathy　06.216

异种化感物　allelochemics, allelochemicals　07.174

翼状突　ala, alae（复）　11.444

缢蛹　succincti　05.067

音锉　stridulitrum, file　03.417

阴道　vagina　03.524

阴门　vulva　03.525

阴门瓣　valvula vulvae　03.529

阴片　sterigma　03.533

引诱剂　attractant　07.221

隐蔽期　eclipse period　10.092

隐成虫　pharate adult　05.070

隐存种　cryptic species　02.085

隐母　cryptogyne　05.080

*隐气门目　Cryptostigmata　11.500

隐肾管　cryptonephridial tube　04.201

隐态　crypsis　07.148

隐头蛹　cryptocephalic pupa　05.069

隐影　counter shading　07.149

印记　imprinting　07.077

印棟素　azadirachtin　09.078

樱桃斑驳叶病　cherry mottle leaf　11.573

应激反应　stress response　08.292

应用昆虫学　applied entomology　01.003

缨翅目　Thysanoptera　02.166

*缨毛　fringe　03.335

缨尾目　Thysanura　02.144

瘿螨　eriophyoid mite　11.518

萤光　luminescence　08.014

萤光素　luciferin　08.015

萤光素酶　luciferase　08.163

营养级　trophic level　06.011

营养体　trophoroite　10.176

营养体时期　vegetative cell phase　10.143

营养性不育　alimentary castration　08.238

营养性特化　nutritional specialization　08.045

蝇抗菌肽　diptercin　10.021

*硬化病　muscardine　10.151

蛹　pupa, pupae（复）　05.062

蛹便　meconium　08.062

*蛹胎生　pupaparity　05.125

涌散　swarming　07.061

幽门括约肌　pyloric sphincter　04.188

幽门腔　pyloric chamber　04.187

优势度　dominance　06.114

优势种　dominant species　06.115

优先律　law of priority　02.063

游移期　wandering phase　07.063

游泳足　natatorial leg　03.279

*游走子　meront　10.179

有翅亚纲　Pterygota　02.145

有害生物综合治理　integrated pest management, IPM　06.219

有机磷类杀虫剂　organophosphorus insecticides　09.067

有机氯类杀虫剂　organochlorine insecticides

09.066

有效积温法则　law of effective temperature　06.104

有效名　valid name　02.106

有效中量　median effective dose, ED_{50}　09.022

有效中浓度　median effective concentration, EC_{50}
09.032

有性雌蚜　amphigonic female, gamic female
05.113

有性生殖　gamogenesis　05.033

诱捕器　trap　07.231

＊诱饵　lure　07.215

诱发　induction　10.037

诱发因子　incitant　07.220

诱芯　lure　07.215

幼虫　larva, larvae（复）　05.044

幼虫白垩病　chalk brood　10.056

幼虫多型　poecilogony　05.031

幼虫结石病　stonebrood　10.068

＊幼虫前期　deutovum　11.466

＊幼虫血清蛋白　larval serum protein, LSP
08.125

幼螨　larva　11.469

＊幼蜱　larva　11.469

幼态延续　neoteny, neoteinia, neotenia　08.004

幼体发育　paedomorphosis　05.030

幼体生殖　paedogenesis　05.048

幼征　paedomorphy　02.053

蝓螨器　ereynetal organ　11.451

羽化　emergence, eclosion　05.071

＊羽化激素　eclosion hormone, EH　08.199

＊羽化节律　eclosion rhythm　08.007

＊羽化时钟　eclosion clock　08.011

＊羽虱　Mallophaga　02.169

羽状爪　feather claw　11.298

育精囊　spermatocyst　04.290

预蛹　prepupa　05.061

原白细胞　proleucocyte　04.217

原表皮　procuticle　04.005

原病毒　provirus　10.135

原雌　protogeny　11.460

原发感染　primary infection　10.041

原蜂毒溶血肽　promelittin　08.077

原喙毛　protorostral seta　11.007

原甲螨部　Division Archoribatida　11.509

原芥毛　profamulus　11.405

原卵区　germarium　04.260

原躯　protocorm　05.154

＊原若螨　protonymph　11.472

原始型　archetype　02.052

原头　protocephalon, procephalon　05.153

＊原尾虫　Protura　02.141

原尾目　Protura　02.141

原血细胞　prohemocyte　04.215

原阳具叶　primary phallic lobe　03.484

缘凹　emargination　11.120

缘垛　festoon　11.121

缘沟　marginal groove　11.245

缘毛　fringe　03.335, marginal seta　11.362

缘片　embolium　03.321

缘折　epipleuron, epipleura（复）　03.323

越冬巢　hibernaculum, hibernacula（复）　05.024

＊运动神经元　motor neuron　04.094

Z

杂合群体　allometrosis, allometroses（复）　06.159

杂食类　omnivore　07.084

杂植食性螨类　panphytophagous mites　11.533

＊载瓣片　valvifer　03.521

载肛突　proctiger　03.465

＊载体状态　carrier state　10.038

载脂蛋白　lipophorin　08.141

甾源激素　steroidogenic hormones　08.169

再感染　reinfection　10.044

＊再生胞囊　regenerative cyst　04.184

脏肌　visceral muscle, musculus viscerum（拉）
04.027

早熟素　precocene　08.212

＊蚤　Siphonaptera, Rhophoteira　02.181

蚤目　Siphonaptera, Rhophoteira　02.181

造血器官　hemocytopoietic organ, hemopoietic organ

04.229

增节变态　anamorphosis　05.010

* 增生毛　neotrichy　11.386

增效比　synergic ratio, SR　09.062

增效差　synergic difference, SD　09.063

增效剂　synergist　09.061

* 增效系数　synergic ratio, SR　09.062

增效作用　synergism　09.060

增养作用　auxotropy　08.043

展肌　abductor, abductor muscle, musculus abductor
（拉）04.029

章鱼胺能激动剂　octopaminergic agonist　09.088

章鱼胺受体　octopamine receptor　09.139

* 蟑螂　Blattodea　02.160

沼螨腺　glandularia limnesiae　11.400

召唤　calling　07.241

* 蛰伏　dormancy　05.021

真黑色素　eumelanin　08.096

真甲螨部　Division Euoribatida　11.510

* 真螨目　Acariformes　11.493

真皮　epidermis, hypodermis　04.009

真壳型　eupheredermes　11.485

真社会性昆虫　eusocial insect　06.154

真殖孔　eugenital opening　11.187

真殖毛　eugenital seta　11.188

* 真爪　true claws　11.297

真足螨亚目　Eupodina　11.504

针突　stylus, style, styli（复）03.450

诊断病征　pathognomonic　10.011

挣扎声　protest sound　07.157

征召　recruitment　07.171

争偶声　rivalry sound, rival song　07.114

争偶行为　rivalry behavior　07.130

正模　holotype　02.114

症状　symptom　10.008

症状学　symptomatology　10.006

* 枝　ray　11.299

支角突　antennifer　03.081

支序分类学　cladistics　02.013

支序分析　cladistic analysis　02.025

支序图　cladogram　02.048

脂肪体　fat body, adipose tissue　04.202

脂肪细胞　adipocyte, fat cell　04.203

脂褐质　lipofuscin　08.124

脂卵黄蛋白　lipovitellin　08.137

脂色素　lipochrome　08.097

脂血细胞　adipohemocyte, adipohaemocyte　04.225

脂族酯酶　aliesterase　09.108

直肠　rectum　04.191

直肠垫　rectal pad　04.193

直肠囊　rectal sac　11.427

直肠乳突　rectal papilla　04.194

直肠鳃　rectal gill　04.253

直肠肽　proctolin　08.200

直肠腺　rectal gland　04.192

直翅目　Orthoptera　02.157

直动态　orthokinesis　07.019

* 直接变态　direct metamorphosis　05.007

直胚带　orthoblastic germ band　05.142

植食性螨类　phytophagous mites　11.532

植绥螨　phytoseiid mite　11.521

植物性蜕皮素　phytoecdysone　08.174

植物性蜕皮甾类　phytoecdysteroids　08.173

殖腹板　genito-ventral shield　11.205

殖腹毛　genito-ventral seta　11.206

殖肛板　anogenital plate, genito-anal plate　11.182

殖肛毛　genito-anal seta　11.183

殖弧梁　tignum　03.495

殖弧叶　gonarcus　03.496

* 殖吸盘　genital acetabulum　11.192

殖吸盘板　acetabular plate　11.193

殖下片　gonapsis, gonapsides（复）03.497

* B-酯酶　carboxylic ester hydrolase, carboxylesterase　09.109

趾　digit, digitus, digiti（复）11.060

趾钩　crochet　03.410

* 趾节　apotele　11.038

致病力　virulence　10.023

致死剂量　lethal dosage　09.021

致死性合成　lethal synthsis　09.155

* 致死中量　median lethal dose, LD_{50}　09.024

致死中浓度　median lethal concentration, LC_{50}
09.026

致死中时　median lethal time, LT_{50}　09.028

稚虫　naiad　05.046

质型多角体病　cytoplasmic polyhedrosis　10.079

质型多角体病毒 cytoplasmic polyhedrosis virus, CPV 10.080

质型多角体病毒电泳型 electrophorotype of cypovirus 10.110

胝 callus, calli（复） 03.338

滞留喷洒 residual spray 09.018

滞留素 arrestant 07.224

滞育 diapause 06.195

滞育蛋白 diapause protein 08.143

滞育激素 diapause hormone, DH 08.197

栉 ctenidium, ctenidia（复） 03.398

栉毛 pectinate seta, feathered seta 11.392

中板 medial shield, median plate 11.126

中背板 mesonotal shield 11.124

中背片 mediotergite 03.379

中背小盾片 mesonotal scutellum 11.125

中表皮 mesocuticle 04.007

*中侧片 mesopleuron, mesopleura（复） 03.244

中肠 midgut, mesenteron（拉） 04.180

中肠激素 midgut hormone 08.210

中唇舌 glossa, glossae（复） 03.114

中单眼 median ocellus 03.058

中垫 arolium, arolia（复）, arolella, arolanna, arolannae（复） 03.272

中垛 parma 11.122

中横脉 medial crossvein 03.356

中黄卵 centrolecithal egg 05.134

中喙 haustellum, haustella（复） 03.162

中间神经元 interneuron 04.096

中胫毛 median tibiala 11.283

中脉 media 03.347

中毛 central seta 11.364

中脑 deutocerebrum 04.061

中脑连索 deutocerebral commissure 04.063

中片 median plate 03.312

中气门目 Mesostigmata 11.497

中躯 mesosoma, mesosomata（复） 03.006

中舌瓣 flabellum 03.156

中神经索 median nerve cord 04.090

中室 discoidal cell, median cell 03.368

中输卵管 median oviduct, oviductus communis（拉） 04.276

中尾丝 caudal filament, median cercus 03.447

中膝毛 median genuala 11.275

中心粒旁体 centriole adjunct 04.286

中性客虫 neutral synoëkete 06.187

中胸 mesothorax 03.241

中胸背板 mesonotum 03.242

中胸侧板 mesopleuron, mesopleura（复） 03.244

中胸腹板 mesosternum 03.243

中央体 central body, corpus centrale（拉） 04.045

中殖板 mesogynal plate, mesogynal shield 11.201

中鬃 acrostichal bristle 03.190

中足 middle leg, midleg 03.251

盅毛 trichobothrium 11.413

*盅毛窝 bothridium, bothridia（复） 11.414

钟形感器 campaniform sensillum, sensillum campaniformium（拉） 04.138

终蛹 teleochrysalis, teleiophane 11.478

种 species 02.077

种群 population 06.042

种群波动 population fluctuation 06.059

种群动态 population dynamics 06.057

种群结构 population structure 06.043

种群密度 population density 06.044

种群生态学 population ecology 06.041

种群数量统计 population census 06.063

种群衰退 population depression 06.060

种群调节 population regulation 06.058

种群萎缩 population contraction 06.061

种群增长 population growth 06.045

种下阶元 infraspecific category 02.087

周期时限 gate 08.009

周期性孤雌生殖 cyclic parthenogenesis, heteroparthenogenesis 05.092

周限增长率 finite rate of increase 06.099

轴节 cardo, cardines（复） 03.097

轴丝 axoneme, axial filament 04.289

轴突传导 axonal transmission 09.098

轴突投射 axonal projection 08.269

肘脉 cubitus 03.348

昼夜节律 circadian rhythm, diurnal rhythm, diel periodicity 07.064

朱砂精酸 cinnabarinic acid 08.119

*竹节虫 Phasmatodea, Phasmida 02.158

竹节虫目 Phasmatodea, Phasmida 02.158

蠋　caterpillar　05.047

主腹片　eusternum　03.231

主观异名　subjective synonym　02.105

＊主爪　axial prong　11.039

助螯器　rutellum, rutella（复）　11.072

助螯器缝　antiaxial fissure　11.074

助螯器颈　collum of rutellum　11.075

助螯器刷　rutellar brush　11.073

助食素　phagostimulant, feeding stimulant　07.218

助增释放　augmentation release　06.225

贮存蛋白　storage protein　08.125

贮精囊　seminal vesicle, vesicula seminalis（拉）　04.292

筑巢　nidification　07.162

爪　claw, onychium, onychia（复）　03.268

爪垫　pulvillus, pulvilli（复）　03.270

爪间突　empodium, empodia（复）　03.271

爪片　clavus, clavi（复）　03.317

爪窝　fossa, claw fossa　11.304

爪窝毛　fossary seta　11.305

爪形突　uncus, unci（复）　03.501

专性病原体　obligate pathogen　10.025

专性病原性细菌　obligate pathogenic bacteria　10.137

专性孤雌生殖　obligate parthenogenesis　05.109

专性寄生　obligatory parasitism　06.134

专性滞育　obligatory diapause　06.196

转导级联　transductory cascade　08.290

转节　trochanter　03.256

转节距　trochanter spur　11.263

转节毛　trochanter seta　11.264

转向趋地性　geotropotaxis　07.042

转主寄生　heteroxenous parasitism　06.147

锥形感器　basiconic sensillum, sensillum basiconicum（拉）　04.132

锥形距　conical spur　11.070

准社会性昆虫　quasisocial insect　06.158

＊滋卵细胞　trophocyte, nurse cell　04.262

滋养索　nutritive cord　04.270

滋养细胞　trophocyte, nurse cell　04.262

滋养羊膜　trophamnion　05.148

髭　vibrissa, vibrissae（复）　03.045

髭角　vibrissal angle　03.046

紫黄质　violaxanthin　08.098

紫胶　lac　08.071

紫胶酸　laccaic acid　08.073

紫胶糖　laccose　08.072

自残　appendotomy, autotomy　07.155

＊自出血　autohemorrhage　07.158

自发性生殖　autogeny　08.240

自复寄生　autoparasitism, adelphoparasitism　06.140

自拟态　automimicry　07.144

自然分类　natural classification　02.004

自然抗性　natural resistance　09.034

自然控制　natural control　06.222

自然抑制　natural suppression　06.223

自融孤雌生殖　automictic parthenogenesis　05.102

自噬作用　autophagocytosis　08.031

自体分解　autolysis　08.032

自养生物　autotroph　06.004

自有衍征　autapomorphy　02.042

鬃　bristle　03.043

踪迹信息素　trail pheromone　07.185

综合症状　syndrome　10.010

总科　superfamily　02.066

纵脉　longitudinal vein　03.341

纵室　oblongum　03.369

足板　podal shield　11.149

足背板　podonotal shield, podonotum, podoscutum　11.153

＊足侧板　parapodal shield　11.152

足盖　pedotecta, tectopedium　11.251

足后板　metapodal plate, metapodalia, metapodal shield　11.154

足纳精型　podospermic type　11.443

足内板　endopodalia, endopodal plate, endopodal shield　11.151

足鳍　leg-fin　11.307

足前体　epiprosoma　11.105

＊足丝蚁　Embioptera　02.167

足体　podosoma　11.100

＊足体板　podosomatal shield　11.149

足外板　exopodal plate　11.152

足窝　leg socket, fovea pedales　11.250

族　tribe　02.069